できる
PowerPoint
パーフェクトブック
困った!&便利ワザ大全 2016/2013/2010/2007 対応

井上香緒里 & できるシリーズ編集部

インプレス

ご購入・ご利用の前に必ずお読みください

本書は、2016年12月現在の情報をもとに「Microsoft® PowerPoint 2016」「Microsoft® PowerPoint 2013」「Microsoft® PowerPoint 2010」「Microsoft® PowerPoint 2007」の操作方法について解説しています。本書の発行後に「Microsoft® PowerPoint 2016」の機能や操作方法、画面などが変更された場合、本書の掲載内容通りに操作できなくなる可能性があります。本書発行後の情報については、弊社のWebページ（http://book.impress.co.jp/）などで可能な限りお知らせいたしますが、すべての情報の即時掲載ならびに、確実な解決をお約束することはできかねます。また本書の運用により生じる、直接的、または間接的な損害について、著者ならびに弊社では一切の責任を負いかねます。あらかじめご理解、ご了承ください。

本書で紹介している内容のご質問につきましては、巻末をご参照のうえ、メールまたは封書にてお問い合わせください。電話やFAX等でのご質問には対応しておりません。また、本書の発行後に発生した利用手順やサービスの変更に関しては、お答えしかねる場合があることをご了承ください。

●用語の使い方

本文中では、「Microsoft® Windows® 10」のことを「Windows 10」または「Windows」、「Microsoft® Windows® 8.1」のことを「Windows 8.1」または「Windows」、「Microsoft® Windows® 8」のことを「Windows 8」または「Windows」、「Microsoft® Windows® 7」のことを「Windows 7」または「Windows」と記述しています。また、「Microsoft® Office」（バージョン2016）のことを「Office 2016」または「Office」、「Microsoft® Office」（バージョン2013）のことを「Office 2013」、「Microsoft® Office」（バージョン2010）のことを「Office 2010」または「Office」、「Microsoft® Office」（バージョン2007）のことを「Office 2007」または「Office」、「Microsoft® PowerPoint 2016」のことを「PowerPoint 2016」または「PowerPoint」、「Microsoft® PowerPoint 2013」のことを「PowerPoint 2013」または「PowerPoint」、「Microsoft® Office PowerPoint 2010」のことを「PowerPoint 2010」または「PowerPoint」、「Microsoft® Office PowerPoint 2007」のことを「PowerPoint 2007」または「PowerPoint」と記述しています。また、本文中で使用している用語は、基本的に実際の画面に表示される名称に則っています。

●本書の前提

本書では、「Windows 10」と「Office 2016」がインストールされているパソコンで、インターネットに常時接続されている環境を前提に画面を再現しています。画面解像度やエディションの違い（Office Premium、Office 365 Solo、Office）により、一部のメニュー名が異なる可能性があります。

「できる」「できるシリーズ」は、株式会社インプレスの登録商標です。
Microsoft、Windows 10は、米国Microsoft Corporationの米国およびその他の国における登録商標または商標です。
そのほか、本書に記載されている会社名、製品名、サービス名は、一般に各開発メーカーおよびサービス提供元の登録商標または商標です。
なお、本文中には™および®マークは明記していません。

Copyright © 2017 Kaori Inoue and Impress Corporation. All rights reserved.
本書の内容はすべて、著作権法によって保護されています。著者および発行者の許可を得ず、転載、複写、複製等の利用はできません。

まえがき

　今や、ビジネスのさまざまなシーンでプレゼンテーション力が求められています。PowerPoint は、アイデアの推敲からスライドの作成、リハーサル、プレゼンテーションの実行まで、プレゼンテーション全体をトータルにサポートするアプリです。短時間で見栄えのするプレゼンテーション資料を作成できるだけでなく、PowerPoint 2016や2013では、インターネット上の保存場所である OneDriveを介した編集作業が強化されました。データをインターネットに保存するのが主流になってきた昨今、OneDriveにファイルを保存したり開いたりする操作がよりスムーズに行えるのが特徴です。

　しかし、せっかく便利な機能があっても、それを知らずに遠回りの操作をしてしまったり、トラブルを解決するのに多くの時間を費やしているケースもあるでしょう。

　本書では、「できるシリーズ」の読者の方々から寄せられた質問や私の講師経験の中で、利用者がつまずきやすい操作やトラブルを取り上げました。これからPowerPointを使い始める方が直面する基本操作の疑問を解決するのはもちろんのこと、よくあるトラブルの解決方法やPowerPointを便利に使いこなすワザを解説しています。さらに、WordやExcelと連携して使う操作や、OneDriveの活用方法も解説しています。PowerPoint 2007から2016までの幅広いバージョンに対応しているので、きっと多くの方の参考になることでしょう。

　本書は先頭ページから順番に読み進める必要はありません。PowerPointを利用していて困ったときに必要なページを開いてください。プレゼンテーション資料にとどまらず、ポスターやアルバム作成など、皆さまの資料作成を強力にサポートする1冊になれば幸いです。

　最後に、本書の作成にあたり、ご尽力いただいた編集部および関係者の皆さまに心より感謝申し上げます。

2016年12月
井上香緒里

できるPowerPointパーフェクトブック 困った！＆便利ワザ大全について

本書では、PowerPoint 2016/2013/2010/2007を使いこなすためのテクニックのほか、よくある疑問について解説しています。カテゴリーやジャンル別にワザを掲載しているので、目的から知りたいワザを探せます。関連ワザや用語集を参照すれば、関連知識がもれなく身に付きます。

本書の使い方

●知りたい情報の探し方

大項目からワザを探す
目次では、各章で取り上げているワザをテーマごとに色分けして、大項目に分類しています。大まかなテーマからワザを探すときに利用してください。

中項目からワザを探す
中項目では、目的や機能別にワザを紹介しています。知りたいジャンルから該当するワザを探してください。

索引からワザを探す
巻末の索引にはPowerPointの機能名やキーワードを掲載しています。知りたいキーワードから該当するワザを探せます。

本書の読み方

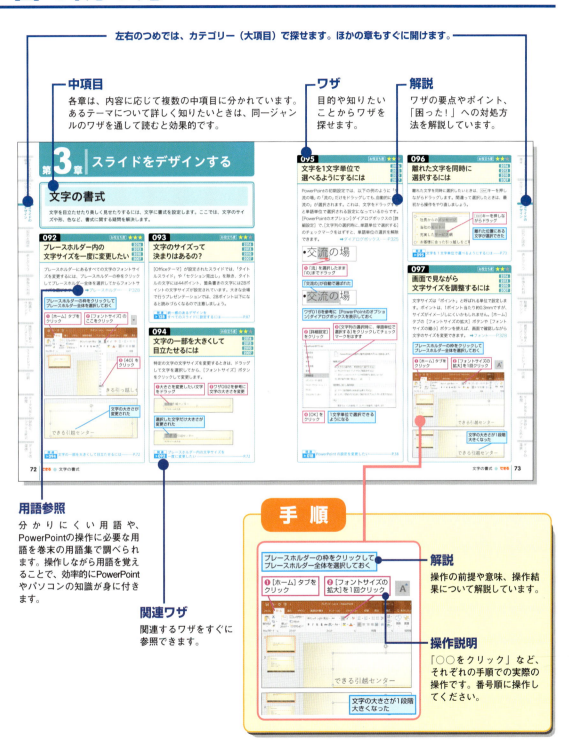

目次

まえがき ……………………… 3	本書の読み方 ……………………… 5
本書の使い方 ……………………… 4	伝わる資料作成7つの法則 ……27

第1章　PowerPointの疑問

PowerPointについて知ろう　　30

001	PowerPointで何ができるの？ …………………………………………… 30
002	Office 2016のラインアップとPowerPointの入手方法を知りたい ……………… 31
003	PowerPoint 2016の新機能って何？ …………………………………… 31

起動と終了　　32

004	Windows 10/7でPowerPointを起動するには ……………………… 32
005	Windows 8.1でPowerPointを起動するには …………………………… 32
006	デスクトップから簡単に起動するには ………………………………… 33
007	スタート画面から簡単に起動するには ………………………………… 33
008	タスクバーから簡単に起動するには ……………………………………… 34
009	起動後に表示される画面は何？ ………………………………………… 34
010	Officeでサインインを実行するには …………………………………… 35
011	PowerPointを終了するには …………………………………………… 35

画面表示の調整　　36

012	ペインの大きさを変更するには …………………………………………… 36
013	ペインの大きさを標準設定の状態に戻すには ………………………… 36
014	ノートペインを非表示にしたい …………………………………………… 36
015	画面の倍率を一度で元に戻すには ……………………………………… 37
016	ルーラーを表示するには ………………………………………………… 37
017	スライドを左右に並べて内容を確認するには ………………………… 37
018	PowerPointの設定を変更したい ………………………………………… 38
019	画面左上に並ぶボタンは何？ …………………………………………… 38
020	キーボードでリボンの項目を選ぶには ………………………………… 38
021	編集画面に表示される小さなツールバーは何？ ……………………… 39
022	どのボタンを選べばいいのかが分からない …………………………… 39
023	よく使う機能のボタンを登録するには ………………………………… 39

PowerPointの基本

6 できる ● 目次

024	スライドにある用語の意味を調べるには	40
025	リアルタイムプレビューとは	40
026	画面の表示倍率をすぐに変更したい	40
027	表示モードを切り替えるには	41
028	Office 全体の設定を変更するには	41

STEP UP●PowerPointを手動で更新するには

リボンの操作　　42

029	リボンの構成を知りたい	42
030	リボンを非表示にするには	42
031	見慣れないタブがリボンに表示された	43
032	詳細設定のダイアログボックスを表示するには	43
033	リボンを一時的に小さくするには	43
034	キーワードを入力して目的の機能を実行するには	44
035	オリジナルのタブによく使うボタンを追加するには	44

ショートカットキーの使用　　45

036	スライドを閉じるには	45
037	操作を取り消すには	45
038	操作を繰り返すには	45
039	操作をやり直すには	45

タッチ操作の方法　　46

040	PowerPointでどんなタッチ操作ができるの？	46
041	タッチ操作で文字を選択するには	47
042	2本の指で画面の表示倍率を変更するには	47
043	自分のパソコンでもタッチ操作ができるの？	48
044	タッチパネルでスライドの表示位置を変更するには	48
045	タブやボタンを指先でタップしやすくするには	48
046	タッチキーボードで文字を入力したい	49
047	タッチキーボードでショートカットキーを使いたい	49
048	タッチキーボードで絵文字を入力したい	49

第2章　資料作成の基本技

資料を作る準備　　50

049	プレゼンテーションの**主題**を決めよう	50
050	スライドの**全体像**を決めよう	51
051	スライドの**枚数**を決めるには	51
052	説明する**順序**を決めるには	51

スライドの操作　　52

053	**表紙**になるスライドには何を入れるの？	52
054	**タイトル**に入力する内容が分からない	52
055	**スライドを追加**するには	52
056	**テンプレート**を使うには	53
057	スライドを**削除**するには	53
058	スライドを**コピー**するには	54
059	用途に合わせてスライドの**レイアウトを選ぶ**には	54
060	スライドの**レイアウトを変更**するには	55
061	スライドの**順番を変更**するには	55
062	**セクション**を使って整理するには	56
063	セクションを**削除**するには	57

文字の入力　　58

064	**形式を選択**して貼り付けるには	58
065	先頭のアルファベットを**小文字**にするには	58
066	アルファベットで入力した**文字の種類**を変更するには	59
067	**特殊な記号**を入力するには	59
068	**複雑な数式**を入力するには	60
069	**好きな位置に文字**を入力するには	61
070	**赤い波線**を非表示にしたい	61
071	**文章の校正**をするには	62
072	**分数の設定**を解除するには	62
073	**51以上の丸数字**を入力する	62

箇条書きの活用　　63

074	**箇条書き**で入力するには	63
075	スライドペインで**項目のレベル**を変更するには	63

スライドと文字入力

8 できる ● 目次

スライドと文字入力

076	ドラッグで項目のレベルを変更するには	64
077	箇条書きの先頭を連番にするには	64
078	段落番号の種類を変更するには	65
079	箇条書きの行頭文字を変更するには	65
080	行頭文字の大きさを変更するには	66
081	文字数が違う項目を特定の位置にそろえるには	66
082	行間と段落前の間隔の違いは何？	67
083	行の間隔を変更するには	67
084	ルーラーを使って箇条書きの開始位置を変更するには	68

アウトライン入力 69

085	アウトライン表示モードに切り替えるには	69
086	アウトラインの領域を広げるには	69
087	アウトライン画面で項目を追加せずに改行するには	70
088	アウトライン画面でスライドのタイトルだけを表示するには	70
089	アウトライン画面で文字の先頭位置を変更するには	70
090	アウトライン画面でスライドの順番を入れ替えるには	71
091	アウトライン画面で素早く操作するには	71

第3章　スライドをデザインする

文字の書式 72

スライドのデザイン

092	プレースホルダー内の文字サイズを一度に変更したい	72
093	文字のサイズって決まりはあるの？	72
094	文字の一部を大きくして目立たせるには	72
095	文字を1文字単位で選べるようにするには	73
096	離れた文字を同時に選択するには	73
097	画面で見ながら文字サイズを調整するには	73
098	スライドにある文字の大きさをまとめて変更したい	74
099	文字の背景を好きな色で塗りつぶすには	74
100	下線の種類や色を設定するには	75
101	さまざまな文字飾りを使うには	75
102	プレゼンテーションに向いているフォントとは	75
103	タイトルと箇条書きのフォントをまとめて変更するには	76
104	オリジナルのフォントの組み合わせを登録するには	76

105	文字を一括で置き換えるには	77
106	フォントの種類を一括で置き換えるには	77
107	文字を縦書きで入力するには	78
108	［ホーム］タブに切り替えずに書式を変更するには	78
109	縦書きの半角数字を縦に並べるには	78
110	一覧にない色を選択するには	79
111	文字に設定した書式を一度に解除するには	79
112	伝えたいポイントを効果的に目立たせたい	79
113	ノートペインの文字に書式を設定するには	79
114	同じ書式をほかの文字にも繰り返し設定するには	80
115	URLに設定されたハイパーリンクを解除するには	80
116	ハイパーリンクで自動的に設定される色を変更するには	81

スライドのレイアウト　　82

117	プレースホルダーの大きさや位置を変更するには	82
118	プレースホルダーの位置を微調整するには	82
119	スライドのレイアウトで気を付けることは何？	82
120	オリジナルのレイアウトを作成するには	83
121	プレースホルダーに枠線を付けるには	83
122	スライドの縦横比を変更するには	84
123	A4用紙やはがきサイズのスライドを作成するには	84
124	スライドを縦方向で使うには	85
125	プレースホルダーを削除するには	85
126	削除したプレースホルダーを復活させるには	86
127	横向きと縦向きのスライドを混在できないの？	86

スライドのデザイン　　87

128	統一感のあるデザインをすべてのスライドに設定するには	87
129	［テーマ］って何？	87
130	テーマに応じて文字の色が変わった！	88
131	ありきたりのデザインに飽きた	88
132	ほかの人とスライドのデザインが被ってしまった	88
133	テーマが設定されたスライドで一部の色を変更するには	89
134	スライドの背景に木目などの模様を付けるには	90
135	背景に付けた模様を控えめにしたい	90
136	テーマの色はどうやって選べばいいの？	91

137	白紙のテーマに戻すには	91
138	デザインのアイデアを教えて欲しい	91
139	テーマ用に新しい配色パターンを登録したい	92
140	特定のスライドだけ背景色を変更するには	92
141	特定のスライドだけ別のテーマを適用するには	93
142	特定のスライドだけ配色を変更するには	93
143	色を多用しても大丈夫?	94
144	聞き手の印象に残る配色とは	94
145	新しいスライドの作成時に設定されるテーマを変更するには	94

スライドマスターの設定　　　　　95

146	スライドマスターって何?	95
147	テーマに使われている画像や図形を削除するには	95
148	すべてのスライドに会社のロゴを表示したい	96
149	スライドマスターのレイアウトって何?	96
150	すべてのスライドのタイトルを太字にするには	96
151	オリジナルのテーマを作成するには	97
152	オリジナルのテーマを保存するには	97
153	スライドマスターのレイアウトを削除してしまった!	98
154	登録したテーマを削除するには	98

ヘッダーやフッターの活用　　　　　99

155	スライドに番号を付けるには	99
156	表紙のスライド番号を非表示にするには	99
157	2枚目のスライド番号を「1」に変更するには	100
158	ページ番号が表示されないときは	100
159	スライド番号が小さすぎて見えない!	100
160	スライドに今日の日付を自動的に表示するには	101
161	特定の日付を常に表示するには	101
162	すべてのスライドに会社名を表示するには	101
163	スライドのヘッダーを設定するには	102
164	削除したフッター領域を復活させるには	102

ワードアートの挿入　　　　　103

165	目立つ見出しを作成するには	103
166	ワードアートを変形させるには	103

スライドのデザイン

167	ワードアートの色を変更するには	104
168	ワードアートを区切りのいいところで改行したい	104
169	縦書きのワードアートを使うには	105
170	入力済みの文字をワードアートに変換するには	105

第4章　図形や図表を入れる

図形の描画　106

171	真ん丸な円を描くには	106
172	同じ図形を続けて描きたい	106
173	円を中心から描くには	107
174	水平・垂直な線を描くには	107
175	間違って挿入した図形を別の図形に変更したい	107
176	2つの図形を線でつなぐには	108
177	図形の色を変更するには	108
178	図形の塗りつぶしや枠線の色をまとめて変更するには	109
179	図形の中に文字を入力したい	109
180	図形の外に文字が表示されてしまう	110
181	図形の大きさと文字の長さをぴったり合わせたい	110
182	図形に入れた文章を読みやすくしたい	111
183	円を立体的な球にしたい	111
184	2色のグラデーションを図形に設定したい	112
185	前の図形がジャマで後ろのものが見えない！	112
186	図形のまわりにある矢印付きのハンドルは何？	113
187	図形を上下逆さまにするには	113
188	図形を90度ぴったりに回転するには	113
189	角丸四角形の角をもっと丸くしたい	114
190	吹き出し口の位置はどうやって変えるの？	114
191	複数の図形を同時に選択するには	114
192	図形を部分的に変更したい	115
193	もっと簡単に複数の図形を選択するには	116
194	図形を素早くコピーしたい	116
195	図形を真下にコピーするには	116
196	図形の端をきれいにそろえるには	117
197	図形の位置を微調整するには	117

図形と図表

198	図形をきれいに整列させるには	117
199	図形を結合するには	118
200	図形で文字が隠れてしまった！	118
201	図形に影を付けるには	119
202	図形の影の位置を少しだけずらすには	119
203	見えていない図形を選択するには	119
204	図形を一時的に見えなくしたい	120
205	図形の色をスライドの色にぴったり合わせたい！	120
206	矢印の形を変更するには	121
207	極太の線を描くには	121
208	直線から矢印に変更できるの？	122
209	実線を点線に変更したい	122
210	線を二重線にするには	123
211	図形の表面に凹凸を付けたい	123
212	図形に3-Dのような奥行き感を付けたい	124
213	複数の図形をグループ化するには	124
214	図形に入力した文字の方向を変更するには	124
215	作った図形を画像として保存するには	125
216	スライドの中心に図形を配置するには	126
217	スライドにガイドを表示するには	126
218	ガイドの線を追加するには	127
219	追加したガイドを消すには	127
220	図形をドラッグしたときに表示される赤い点線は何？	127
221	スライドにグリッド線を表示するには	128
222	図形をグリッド線に合わせるには	128

SmartArtの利用 129

223	SmartArtとは	129
224	組織図を作成するには	130
225	SmartArtの図表に図形を追加するには	130
226	図表内の不要な図形を削除するには	131
227	形や構成はそのままで図表のデザインを変更したい	131
228	図表の色だけを変更するには	132
229	図表の種類を変更するには	132
230	「ピラミッド」の図表はどうやって使うの？	133
231	フローチャートを作成するには	133

232	図表の中で**レベル分け**をするには	134
233	**テキストウィンドウ**を非表示にするには	134
234	入力済みの**文字を図表に変更**したい	135
235	図表内にある**一部の図形を大きく**したい	135

第5章　表とグラフの作成方法

表の作成　136

236	スライド上に**表を作成**するには	136
237	1枚のスライドに**2つの表を並べて配置**したい	137
238	ドラッグで**列数と行数を指定**して表を挿入するには	137
239	表全体の**大きさを変更**するには	137
240	**表全体を移動**するには	138
241	**行の高さや列の幅**を変更するには	138
242	行の高さや列の幅を**一発でそろえたい！**	139
243	列幅を**均等**にそろえるには	139
244	作成済みの表に**新しい列を挿入**したい	139
245	行や列を**削除**するには	140
246	**列の順番を入れ替え**たい	140
247	表の**［スタイル］**って何？	141
248	**1行目のデザイン**をほかとそろえたい	141
249	列や行を**素早く選択**するには	142
250	セルの**余白を変更**するには	142
251	特定のセルに**色を付けて強調**したい	143
252	セルの**背景に模様**を付けたい	143
253	2つのセルを**1つにまとめ**たい	143
254	**セルを分割**して別の文字を入力したい	144
255	セルに**凹凸感**を出したい	144
256	文字をセルの**上下中央**に配置するには	145
257	セルの中で**文字を均等に配置**するには	145
258	セルの中で**文字の先頭位置**をずらすには	145
259	セルの**文字を縦書き**にするには	146
260	**表の罫線を全部なく**したい	146
261	**斜めの罫線**はどうやって引くの？	146
262	**強調したいデータ**に丸を付けて目立たせたい	147

263	表の外に出典や備考を入れたい	147
264	隣り合ったセル同士を一瞬でつなげるには	147
265	表のポイントを強調したい！	148
266	PowerPointの表では計算できないの？	148
267	罫線でセルを分割するには	148

グラフの挿入   149

268	PowerPointでグラフを作成するには	149
269	グラフにある要素と名前を知りたい	150
270	作成したグラフを別のグラフに変更したい	150
271	グラフ全体のデザインを変更するには	150
272	グラフの背景を明るい色に変更したい！	151
273	グラフタイトルを削除してしまった！	151
274	グラフを削除するには	152
275	グラフの元データはどうやって編集するの？	152
276	必要のないデータだけグラフから削除したい	153
277	折れ線グラフの角を滑らかにしたい	153
278	棒グラフと折れ線グラフを組み合わせて表示したい	154
279	棒グラフの棒を太くしたい	155
280	棒グラフの上にそれぞれの数値を表示するには	155
281	項目軸を縦書きにするには	156
282	グラフの目盛りをもっと細かくしたい	156
283	数値の差を意図的に強調するには	157
284	大きい数値を「千」や「百」で省略したい	157
285	スライドの模様が邪魔で表やグラフがよく見えない	158
286	グラフと表を同時に表示するには	158
287	ドーナツ型のグラフを作成するには	159
288	ヒストグラムを作成するには	159

第6章　写真でイメージを伝える

画像の挿入   160

289	パソコンに保存してある画像を挿入するには	160
290	複数の画像をまとめて挿入するには	160
291	自分で描いたイラストを挿入するには	160

292	フォトアルバムを作成するには	161
293	1枚のスライドに複数の写真を挿入するには	162
294	パソコンの画面をスライドに挿入するには	162
295	インターネット上にある画像を挿入するには	163
296	Bing検索で画像の出典を確認するには	164
297	クリエイティブコモンズライセンスって何？	164
298	コピーライトとは	164
299	スライドの背景を画像で彩るには	165

画像の編集　166

300	［図ツール］のコンテキストタブを表示するには	166
301	縦横比はそのままで画像のサイズを変更するには	166
302	画像のサイズを数値で指定するには	167
303	画像を好きな場所に移動するには	167
304	画像の角度を調整するには	168
305	画像の向きを左右反転するには	168
306	画像を図形の形で切り抜くには	169
307	画像の一部を切り取るには	169
308	画像全体の色味を変更するには	170
309	画像を鮮やかに補正するには	170
310	画像にアート効果を設定するには	171
311	画像をモノクロにするには	171
312	画像の効果を調整するには	172
313	背景画像を半透明にするには	172
314	画像の背景を削除するには	173
315	枠線に色を付けるには	174
316	画像のまわりに枠を付けるには	174
317	複数の画像から図表を作成するには	175
318	書式を保ったまま別の画像に差し替えるには	175
319	画像の調整を最初からやり直すには	175
320	画像の上に文字を入力するには	176
321	文字を画像と同じ色にするには	176
322	画像を圧縮するには	177
323	画像を削除するには	177
324	空白で「間」を演出しよう	177

画像の利用

第7章　動画やBGMを入れる

動画の挿入　　178

325	動画を挿入するには	178
326	スライドに挿入した動画を再生するには	179
327	スライドに挿入できる動画のファイル形式とは	179
328	動画の表紙画像を変更するには	180
329	スライドショーの実行時に動画を全画面で表示するには	180
330	動画再生用のボタンを作成するには	181
331	動画の再生中に別の音声を流すには	182
332	動画の再生時間を変更するには	182
333	動画に枠を付けるには	183
334	YouTubeの動画を挿入するには	184
335	YouTubeの埋め込みコードを使うには	185
336	パソコンの操作画面を簡単に録画するには	186

サウンドの挿入　　187

337	自分で用意したサウンドファイルを挿入するには	187
338	サウンドのアイコンを非表示にするには	188
339	スライドショーの実行中にずっとサウンドを流すには	188
340	サウンドが繰り返し再生されるようにするには	189
341	サウンドを削除するには	189
342	スライドに挿入できるサウンドのファイル形式とは	189
343	ナレーションを録音するには	190
344	ナレーションの一部分を録音し直すには	191
345	ナレーションとサウンドを同時に再生できるの？	191
346	音楽再生用のボタンを作成するには	191

第8章　スライドに動きを付ける

画面切り替えの効果　　192

347	スライドが切り替わるときに動きを付けるには	192
348	複数のスライドにまとめて画面切り替えの効果を付けるには	193
349	スライドが切り替わるときに効果音を付けたい	193
350	［ランダム］ってどんな効果？	194

351	設定した画面切り替えを**解除**するには	194
352	スライドを**自動的**に切り替えるには	194
353	画面切り替えの**効果を確認**するには	195
354	画面切り替えの**速度を変更**したい	195
355	クリックしてもスライドが**切り替わらない**ようにするには	195
356	どんな画面切り替えの効果を**設定したらいいの？**	196
357	画面切り替えの効果の**方向を変更**するには	196
358	**暗い画面**から徐々にスライドを表示したい	196

アニメーションの効果　　　197

359	**アニメーション**を設定するには	197
360	どんな**動き**があるの？	198
361	アニメーションが多すぎて**選択に迷う**	198
362	**一覧にないアニメーション**はどうやって選択するの？	198
363	設定したアニメーションの**一覧を表示**するには	199
364	アニメーションの**順序を変更**するには	199
365	アニメーションは**絶対**付けないといけないの？	199
366	**順番と種類**を確認したい	200
367	設定したアニメーションを**変更**するには	200
368	設定したアニメーションを**削除**するには	200
369	アニメーションが動く**速さを変更**するには	201
370	パソコンによって**アニメーションの速さ**が違う？	201
371	アニメーションの速さを**秒数で指定**するには	201
372	設定したアニメーションを**確認**するには	202
373	**同じアニメーション**を使い回したい	202
374	アニメーションが開始する**タイミングを設定**するには	203
375	アニメーションを**追加**するには	203

文字のアニメーション　　　204

376	箇条書きを**1行ずつ表示**するには	204
377	箇条書きを表示する**方向を変更**したい	204
378	箇条書きの下のレベルを**後から表示**するには	205
379	**一部の箇条書き**だけに適用するには	205
380	**1文字ずつ表示**するには	206
381	**文字**にはどんなアニメーションを付ければいいの？	206
382	文字を**大きくして強調**するには	206

383	文字が表示されて消えるまでを一連の流れにするには	206
384	説明の終わった文字を薄くするには	207
385	映画のようなスタッフロールを作成するには	207

図形や画像のアニメーション　208

386	複数の図形に同じアニメーションを設定するには	208
387	図形を次々と表示するには	208
388	図表の上の図形から順番に表示するには	209
389	表示した図形を見えなくするには	209
390	アニメーションに合わせて効果音を付けるには	209
391	1枚ずつ写真をめくるような動きを付けるには	210
392	クリックで画像の大きさが変わるようにするには	210
393	写真のクリック時に別の図形をポップアップさせるには	211
394	付箋を順番にはがすような演出がしたい	211
395	図形を点滅させるには	212
396	地図の道順を示すには	213
397	アニメーションの軌跡を滑らかにするには	214
398	矢印が伸びるようなアニメーションを設定したい	214

表やグラフのアニメーション　215

399	表やグラフにアニメーションを付けるには	215
400	どんなアニメーションでも設定できるの？	215
401	セルの中の文字にアニメーションを付けられる？	215
402	表を1行ずつ順番に表示するには	216
403	グラフにはどんなアニメーションを付ければいいの？	216
404	棒グラフの棒を1本ずつ伸ばすには	217
405	グラフの背景を固定したい	217
406	[系列別] と [項目別] の違いは何？	218
407	円グラフを時計回りで表示させるには	218
408	棒グラフと折れ線グラフが順番に伸びるようにするには	219

第9章　スライドショーの実行

スライドショーの準備　220

409	各スライドに移動できる目次を作成するには	220

410	経過時間を見ながらリハーサルを行うには	221
411	発表時間に応じて自動でスライドを切り替えるには	221
412	リハーサルをやり直すには	221
413	スライドショーに必要なファイルをメディアに保存するには	222
414	複数のファイルをまとめてCDに入れるには	223
415	プレゼンテーションパックをUSBメモリーに保存したい	223
416	リハーサルでは何に気を付ければいいの？	224
417	発表者用のメモを残しておきたい	224
418	スライドショー形式で保存するには	224
419	スライドショーの途中でExcelの資料を表示したい	225
420	［ハイパーリンクの追加］と［動作設定ボタン］は何が違うの？	225
421	別のスライドに移動するボタンを作成するには	226
422	スライドショーを中断せずにWebページを表示するには	227
423	ハイパーリンクを設定したのに画面が切り替わらない	227
424	アニメーションの設定をまとめてオフにするには	227
425	特定のスライドをスライドショーで見せるには	228
426	スライドショーで使えるキー操作を知りたい	228
427	繰り返し再生するスライドショーを作成するには	228
428	スライドの一部を非表示にするには	229
429	スライドの番号がバラバラになってしまった！	229
430	ナレーションだけオフにしたい	229
431	1つのファイルから複数のスライドショーを作成するには	230

スライドショーの実行 　　　　　　　　　　　　　　231

432	発表者ツールを利用するには	231
433	プレゼンテーションにはパソコン以外に何が必要？	232
434	最初のスライドからスライドショーを実行するには	232
435	スライドショーをスマートに中断するには	232
436	スライドショーを途中でやめるには	233
437	スライドの一部を指し示しながら説明したい	233
438	最後に表示される黒い画面は何？	234
439	スライドショーの実行中にスライドを一覧で表示したい	234
440	もっと簡単に離れたスライドに移動するには	234
441	スライドショーで使える便利なショートカットは何？	235
442	直前に表示したスライドに戻るには	235
443	スライドショーでスライドの一部を拡大するには	235

スライドショー

444	スライドショーの実行中に手書きで線を引くには	236
445	メニューを表示せず、すぐにペンで書き込みたい	236
446	ペンの色を赤以外にしたい	236
447	手書きの線がはみ出てしまった！	237
448	ペンで書き込んだ内容をすべて消去するには	237
449	スライドショーの実行中にタスクバーを表示したい	238
450	スライドが勝手に切り替わってしまう	238
451	プレゼン用のマウスがあるってホント？	238
452	スライドショーの中に別のスライドショーを挿入するには	239
453	[インク注釈を保存しますか？] を非表示にしたい	239

第10章　スライドや配布資料の印刷

スライドの印刷　　240

454	印刷前に印刷イメージを確認するには	240
455	作成済みのスライドをA4用紙いっぱいに印刷するには	241
456	ファイルを開かずに印刷できるの？	241
457	用紙の余白サイズを手動で小さくするには	242
458	グレースケールと単純白黒は何が違うの？	242
459	グレースケールにしたら文字が見づらくなった！	243
460	印刷イメージがモノクロで表示されるのはなぜ？	243
461	スライドの背景に設定した写真が印刷されない	243
462	特定のスライドだけを印刷するには	244
463	非表示にしたスライドを印刷したくない	245
464	スライドに挿入したコメントが印刷されてしまった	245
465	スライドショーに書き込んだペンの内容を印刷したい	246
466	印刷を中断したい！	246
467	[クイック印刷] って何？	247
468	背景が白いスライドに枠を付けて印刷したい	247

配布資料の用意　　248

469	1枚の用紙に複数のスライドを印刷するには	248
470	印刷するスライドの順序を変更したい	248
471	10枚以上のスライドを1枚の用紙に印刷するには	249
472	メモ欄を付けて配布資料を印刷するには	249

印刷

473	ビジネスでよく使う配布資料の形式は何？	249
474	[アウトライン] タブの内容だけを印刷するには	250
475	アウトラインに書式を設定して印刷するには	250
476	もっとコンパクトに印刷したい！	251
477	発表の要点をまとめたメモを印刷するには	251
478	配布資料やノートを横向きの用紙に印刷するには	251

ヘッダーやフッターの活用　252

479	すべての用紙にページ数や日付を印刷するには	252
480	配布資料にページ番号が付いていない	253
481	印刷イメージにページ番号が表示されない	253
482	配布資料の全ページに会社のロゴを印刷したい	254
483	ページ番号を左右中央に印刷したい	254
484	コメントやノートをまとめて削除するには	255

第11章　クラウドを利用したファイルの編集と共有

OneDriveの利用　256

485	クラウドって何？	256
486	Microsoftアカウントとは	256
487	エクスプローラーからOneDriveを開くには	257
488	WebブラウザーでOneDriveにサインインするには	257
489	Windows 7でOneDriveアプリを使いたい	258
490	PowerPointからファイルをOneDriveに保存するには	258
491	ファイルをOneDriveにアップロードするには	258
492	PowerPointからOneDriveのファイルを開くには	259
493	OneDriveにあるスライドをPowerPointで開くには	260
494	[スタート] メニューやスタート画面でOneDriveを開くには	260
495	ファイルをOneDriveで共有するには	261
496	複数のファイルをOneDriveで共有するには	261
497	ファイルの共有を解除するには	262
498	共有ファイルを変更されないようにしたい	262
499	OneDrive上にフォルダーを作成するには	263
500	共有しているファイルを一覧から開くには	263
501	OneDrive上のファイルを別のフォルダーに移動するには	264

| 502 | OneDriveからファイルを**ダウンロード**するには | 264 |

PowerPoint Onlineの活用 {#265}

503	PowerPoint Onlineで**スライドを編集**するには	265
504	共有されたファイルに**コメントを書き込む**には	266
505	PowerPoint Onlineで**スライドショー**を実行したい	267
506	PowerPoint Onlineで**ファイルを作成**するには	267
507	PowerPoint Onlineを**終了**するには	267

スライドの確認と校閲 {#268}

508	**手書き**で指示を書き込みたい！	268
509	**ペンの種類や太さ**を変更するには	269
510	手書きから**図形を作成**するには	269
511	ペンで入力した内容を**削除**するには	270
512	**コメント**を追加するには	270

スマートフォンアプリの利用 {#271}

513	スマートフォンに**PowerPoint**をインストールするには	271
514	スマートフォンに**OneDrive**をインストールするには	271
515	スマートフォンで**OneDrive**を利用するには	272
516	スマートフォンで**PowerPoint**を利用するには	273

第12章　ファイル操作の疑問

ファイル操作のテクニック {#274}

517	**さっきまで使っていたファイル**を簡単に開きたい	274
518	**パソコン内のファイル**をPowerPointから開くには	275
519	**［最近使ったファイル］**からファイルが開けなくなった	276
520	最近使ったファイルを履歴に**表示したくない**	276
521	特定のファイルが履歴から**消えないようにする**には	276
522	**大事なファイル**をうっかり上書き保存しそうで心配	277
523	ファイルをどこに保存したか**忘れてしまった**	277
524	**パスワード**でロックされていてファイルが開けない	278
525	正しいパスワードを入力したのに**正しくないと表示された**	278
526	ファイルを開く前に**作成者や作成日**を確認したい	278

527	ファイルを開く前にスライドの内容を確認したい	279
528	スライドの内容が表示されないときは	279
529	スライドショー形式で保存したファイルを編集するには	280
530	ファイルが壊れていて開けない	280

ファイルの保存やトラブル対策　281

531	ファイルはどうやって保存するの？	281
532	［上書き保存］と［名前を付けて保存］ってどう違うの？	282
533	ファイルの保存時にフォルダーを作成するには	282
534	スライドを古い形式で保存するには	283
535	ファイル名に使えない文字は何？	284
536	PDFとXPSって何が違うの？	284
537	スライドをPDF形式で保存するには	284
538	ほかの人がファイルを開けないようにしたい	285
539	ほかの人に内容を変更されたくないときは	286
540	パスワードを解除するには	287
541	プレゼンテーションを動画ファイルに変更するには	287
542	自動保存の間隔を変更するには	288
543	ほかのパソコンで見るとフォントがおかしい	288
544	［名前を付けて保存］でCD-Rに保存できない	289
545	［情報］はどんなときに使うの？	289
546	ファイルサイズを少しでも節約するには	289
547	個人情報がファイルに含まれているってホント？	289
548	作業中のファイルの個人情報を削除したい	290
549	最終版として保存するには	290

そのほかのファイル操作　291

550	別のファイルで作ったスライドを挿入したい	291
551	元のスライドのデザインのままコピーして使いたい	292
552	必要なファイルを間違えて削除してしまった！	292
553	ファイル名を保存後に変更したい	293
554	ファイル名を変更できない	293
555	パソコンの中にあるPowerPointのファイルを検索したい	293

第13章　そのほかの疑問

Excelとのデータ連携　294

556	Excelで作成した表をスライドに貼り付けるには	294
557	Excelで作成した表の書式を修正するには	295
558	元のデザインのままで表やグラフを貼り付けたい	295
559	Excelの機能を使えるように表を貼り付けるには	296
560	Excelの機能を使って表を修正するには	296
561	ExcelのグラフとPowerPointのグラフを連動させるには	297
562	リンク貼り付けしたグラフの背景の色を透明にしたい	298
563	[図] の形式はどれを選べばいいの？	298
564	ファイルを開いたら、リンクの更新を確認する画面が出た！	299
565	Excelの表やグラフを目立つようにするには	299

Wordとのデータ連携　300

566	Wordの文書からスライドを作成するには	300
567	Wordの文書をうまくスライドに分けるには	301
568	Wordの文書にあった表やグラフが読み込めない	301
569	スライドの修正に合わせてWordの資料を更新するには	301

そのほかのデータ連携　302

570	テキストファイルからスライドを作成するには	302
571	読み込んだテキストが文字化けしてしまった！	302
572	PDFファイルの文章をスライドに使うには	303
573	Webページ上の画像を勝手に利用しても大丈夫？	303
574	Webページ上の画像をスライドに貼り付けるには	303
575	Webページの文字をスライドに貼り付けるには	304
576	キー操作でパソコンの画面を貼り付けるには	304

マクロを使った操作　305

577	マクロって何？	305
578	マクロのボタンを増やすには	305
579	マクロを有効にするには	306
580	マクロを記述するには	306
581	マクロを有効にして保存するには	307
582	マクロを実行するには	308

| 583 | マクロをワンタッチで動かすには | 308 |

PowerPointに関する情報や関連機能　309

584	PowerPointの使い方を無料で学習するには	309
585	PowerPointの機能について調べるには	309
586	[ヘルプ] 作業ウィンドウで機能を調べるには	310
587	PowerPointのバージョンを確認するには	310
588	PowerPointをアンインストールするには	311

自動保存と画面のカスタマイズ　312

589	スライドの内容を前の状態に戻すには	312
590	ファイルを保存せずに閉じてしまった！	313
591	クイックアクセスツールバーをリボンの下に移動するには	313
592	スタート画面を表示せずに起動するには	314
593	リボンの背景は変更できるの？	314

テンプレートの保存と活用　315

594	オリジナルのテンプレートを作成するには	315
595	オリジナルのレイアウトを作成するには	315
596	オリジナルのテンプレートを保存するには	316
597	オリジナルのテンプレートを開くには	316
598	インターネット上にあるテーマを入手するには	317
599	インターネット上にあるテーマを使っても大丈夫？	317

用語集 318
索引 330

巻頭特集 本書のレッスンで身に付く！

伝わる資料作成 7つの法則

PowerPointを使うと、誰でも見栄えのするプレゼンテーション資料を簡単な操作で作成できます。プレゼンテーションのポイントを正しく伝えるためには、以下に述べる7つの法則を理解して、スライドにひと手間加えると効果的です。

ここで紹介するファイルをダウンロードできます！
http://book.impress.co.jp/books/1116101084

1 全体の構成は最初に決める

プレゼンテーション資料を作成する際に、いきなりスライドに文字やグラフ、画像を配置すると、何度も作り直す羽目になります。プレゼンテーションで大事なのは、「何をどんな順番で伝えたいか」という構成です。スライドを作り込む前に、PowerPointのアウトライン機能を利用してキーワードを列記し、全体の骨格をしっかり練りましょう。

1枚のスライドには、1つのメッセージを盛り込む ➡資料を作る準備……P.50	［アウトライン表示］モードに切り替えて、資料に必要なキーワードで骨格を作る ➡アウトライン入力……P.69

2 デザインは統一しつつ個性を出す

スライドに模様や色を付けるには、PowerPointに用意されている［テーマ］の機能を使いましょう。さらに［バリエーション］機能や［配色］機能を組み合わせると、同じテーマでも印象が大きく変わります。スライドの内容に合った配色を選ぶと、相乗効果が生まれ、スライドのイメージが伝わりやすくなります。

「テーマ」で統一感のあるデザインにして、「バリエーション」や「配色」で差を付ける
➡スライドのデザイン……P.87

3 強調したい部分は同じルールで繰り返す

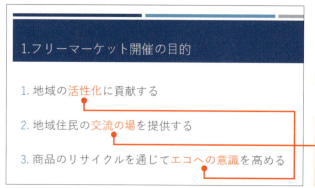

特に印象に残したい部分は、文字の色を変えたり太字にするなどして強調するといいでしょう。例えば、強調する文字を赤くするというルールを決めたら、<mark>すべてのスライドに同じルールを適用</mark>します。繰り返しの効果で、自然と「文字が赤」の部分が目に入るようになります。

色やスタイルを限定して繰り返すと、聞き手の印象に残りやすくなる
➡ スライドのデザイン……P.87

4 グラフや図表で全体像を分かりやすく伝える

概念や仕組み、手順などは文章よりも<mark>図表</mark>を使った方が効果的です。図形の配置や文字によって全体像が伝わります。また、<mark>グラフ</mark>を使えば数値の傾向や推移がひと目で分かります。種類や特徴を正しく理解して、目的や内容が伝わるグラフを選びましょう。

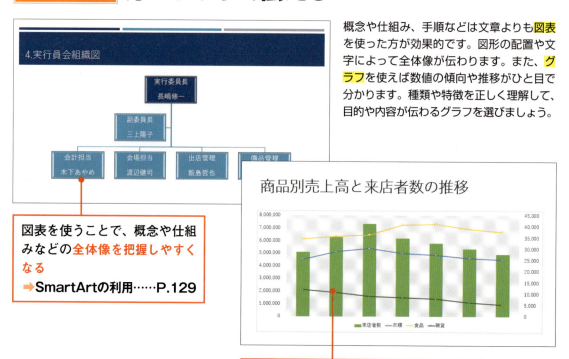

図表を使うことで、概念や仕組みなどの全体像を把握しやすくなる
➡ SmartArtの利用……P.129

棒グラフや折れ線グラフなどを使えば、数値の傾向が伝わりやすくなる
➡ グラフの挿入……P.149

5 ビジュアル要素は視線の流れを意識して配置する

文字ばかりが続くスライドは少々退屈です。スライドに写真やイラストなどの画像を入れると、スライドが華やかになり、内容をイメージしやすくなる効果がアップします。このとき、見る人の視線の流れを意識して画像を配置するといいでしょう。また、複数の画像を配置するときは、サイズや端、間隔をそろえると統一感が生まれます。

右下に配置した写真やイラストはスライドのアクセントになる
➡ 画像の編集……P.166

6 インパクトを狙った動的な仕掛けは要所に絞る

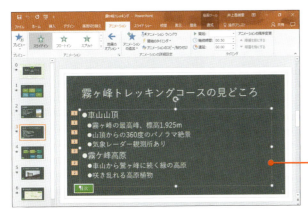

PowerPointには、文字や図形を動かす[アニメーション]、スライドを切り替える際の動きの[画面切り替え]、動画を再生する[ビデオ]など、動きのある機能が用意されています。動的な要素は華やかで注目を集める分、使いすぎると飽きられてしまう危険性があります。「動き」が聞き手の理解を助けるスライドに限定して使いましょう。

箇条書きを順番に出すアニメーションは、内容の理解を助ける効果がある
➡ アニメーションの効果……P.197

7 成功資料はテンプレート化して次に生かす

社内やプロジェクトでスライドのデザインを統一している場合は、書式が整ったデータ未入力のスライドを「テンプレート」として保存すると便利です。誰もが同じデザインをいつでも利用でき、スライドの内容を消して使い回す手間を省けます。成功したプレゼンのスライドを再利用するのもいいでしょう。

デザインや内容のひな形をテンプレートとしてまとめることで、資料作りを効率化できる
➡ テンプレートの保存と活用……P.315

第1章 PowerPointの疑問

PowerPointについて知ろう

PowerPointでプレゼン資料を作りたいけれど、何を準備すればいいのか分からない。ここでは、PowerPointを使い始める前の疑問を解決しましょう。

001

お役立ち度 ★★★
2016 / 2013 / 2010 / 2007

PowerPointで何ができるの？

PowerPointはマイクロソフトが開発したプレゼンテーションソフトです。大きな会場で行うプレゼンテーションや会議などで使用する資料の作成から印刷、プレゼンテーションの実行までをトータルにサポートするアプリです。
PowerPointを使うと、「スライド」と呼ばれる用紙に、文字や表、グラフやイラストなどを自由に配置しながら、分かりやすくて見栄えのする資料を作成できます。さらに、スライドにアニメーションを付けたり、動画やサウンドを入れたりすると、聞き手を引きつける効果的なプレゼンテーション資料を作成できます。作成したスライドは、プレゼンテーションの実行時に、パソコンのディスプレイやプロジェクターに大きく映し出して使います。
また、図形や写真などを簡単にレイアウトできるという特徴を生かし、スライドを画用紙に見立ててポスターやフォトアルバムも作成できます。
PowerPointは、プレゼンテーションを行うだけではなく、ビジネスシーンからプライベートシーンまで幅広く利用できるアプリなのです。

➡アプリ……P.320
➡スライド……P.324
➡プレゼンテーション……P.328

◆PowerPoint
企画のプレゼンテーションなどに使うスライド資料を作成できる

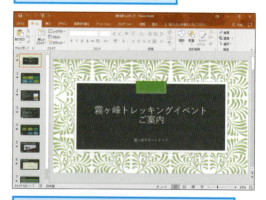

スライドショーを実行してプレゼンテーションを行うことができる

関連 ≫049 プレゼンテーションの主題を決めよう……P.50
関連 ≫050 スライドの全体像を決めよう……P.51

002 Office 2016のラインアップとPowerPointの入手方法を知りたい

お役立ち度 ★★★
2016 / 2013 / 2010 / 2007

Office 2016を利用できる製品には、「Office Premium」「Office 365 Solo」「Office 2016」があり、それぞれライセンスの形態やインストールできる端末の種類や台数、アップグレードの可否、OneDriveの容量などが異なります。

また、「Office Premium」と「Office 2016」には、「Personal」「Home & Business」「Professional」の3種類のラインアップがあります。Officeそのものがパソコンにインストールされていないときは、PowerPointが含まれる「Home & Business」か「Professional」を購入しましょう。パソコンにPowerPointのみがインストールされていないときは、単体の「PowerPoint 2016」を購入してインストールします。

➡インストール……P.320

●Office 2016のラインナップ

	Office Personal	Office Home & Business	Office Professional
Word 2016	●	●	●
Excel 2016	●	●	●
Outlook 2016	●	●	●
PowerPoint 2016	-	●	●
OneNote 2016	-	●	●
Access 2016	-	-	●
Publisher 2016	-	-	●

003 PowerPoint 2016の新機能って何？

お役立ち度 ★★★
2016 / 2013 / 2010 / 2007

使いたい機能がどのタブにあるか分からないときは、新機能の［操作アシスト］を使うと、入力したキーワードに関連する機能が一覧表示され、クリックするだけで実行できます。また、［ツリーマップ］［サンバースト］［ヒストグラム］［じょうご］［箱ひげ図］［ウォーターフォール］の6種類のグラフが追加され、表現の幅が広がりました。また、新たに搭載された［共有］タブを使えば、Web上の保存場所であるOneDriveでスライドの共有や共同作業ができます。

➡OneDrive……P.318

◆操作アシスト

◆ツリーマップ

| 関連 ≫034 | キーワードを入力して目的の機能を実行するには…………P.44 |
| 関連 ≫500 | 共有しているファイルを一覧から開くには…………P.263 |

起動と終了

PowerPointを起動するときや、終了するときのトラブルや疑問を解決します。基本中の基本であるPowerPointの起動と終了を正しく行えるようにしましょう。

004 Windows 10/7でPowerPointを起動するには

お役立ち度 ★★★
2016 / 2013 / 2010 / 2007

Windows 10とWindows 7では、[スタート]ボタンをクリックして表示される[スタート]メニューからPowerPointを起動します。Windows 10とWindows 7では、[スタート]ボタンをクリックした後の操作が異なるので注意しましょう。

❶[スタート]をクリック
❷ここを下にドラッグしてスクロール

❸[PowerPoint 2016]をクリック

> Anniversary Updateが適用されていないWindows 10では、操作1の後に[すべてのアプリ]をクリックする

> Windows 7の場合は、[スタート] - [すべてのプログラム] - [Microsoft Office] - [PowerPoint 2016]をクリックする

> PowerPointが起動する

関連 ≫007 スタート画面から簡単に起動するには ……P.33
関連 ≫008 タスクバーから簡単に起動するには ……P.34

005 Windows 8.1でPowerPointを起動するには

お役立ち度 ★★★
2016 / 2013 / 2010 / 2007

Windows 8.1でPowerPointを起動するには、[スタート]画面の左下にあるボタンをクリックして、アプリビューに切り替えます。アプリビューにある[PowerPoint 2016]をクリックすると、PowerPointが起動します。　→アプリ……P.320

スタート画面からアプリビューに切り替える

❶ここをクリック

アプリビューが表示された　❷[PowerPoint 2016]をクリック

PowerPointが起動する

006 デスクトップから簡単に起動するには

お役立ち度 ★★★
2016 / 2013 / 2010 / 2007

PowerPointを使うときに、毎回［スタート］ボタンから起動するのは面倒です。以下の操作で、デスクトップにPowerPointのショートカットアイコンを作っておけば、ショートカットアイコンをダブルクリックするだけでPowerPointを起動できます。

➡アイコン……P.319

［スタート］メニューを表示しておく

［PowerPoint 2016］をここまでドラッグ

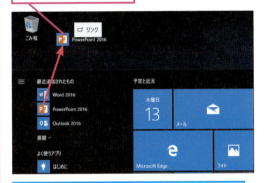

［最近追加されたもの］に［PowerPoint 2016］がないときは、ワザ004の操作で表示する

デスクトップにショートカットアイコンが作成された

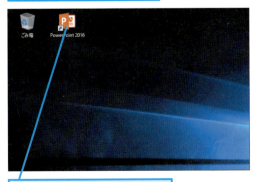

アイコンをダブルクリックするとPowerPointが起動する

| 関連 ≫007 | スタート画面から簡単に起動するには……P.33 |
| 関連 ≫008 | タスクバーから簡単に起動するには……P.34 |

007 スタート画面から簡単に起動するには

お役立ち度 ★★★
2016 / 2013 / 2010 / 2007

Windows 10の［スタート］画面にPowerPointのタイルを作成すると、タイルをクリックするだけでPowerPointを起動できます。

➡起動……P.321
➡タイル……P.325

［スタート］メニューを表示しておく

❶［PowerPoint 2016］を右クリック

❷［スタート画面にピン留めする］をクリック

スタート画面にタイルが作成された

タイルをクリックするとPowerPointが起動する

関連 ≫006	デスクトップから簡単に起動するには……P.33
関連 ≫008	タスクバーから簡単に起動するには……P.34
関連 ≫494	［スタート］メニューやスタート画面でOneDriveを開くには……P.260

起動と終了

008 タスクバーから簡単に起動するには

お役立ち度 ★★★
2016 / 2013 / 2010 / 2007

画面下部のタスクバーは常に表示されている領域です。タスクバーにPowerPointをピン留めすると、[スタート]メニューを表示しなくても、PowerPointのボタンをクリックするだけで、すぐにPowerPointを起動できます。　　　　➡マウスポインター……P.328

[スタート]メニューを表示しておく

❶ [PowerPoint 2016]を右クリック

❷ [その他]にマウスポインターを合わせる

❸ [タスクバーにピン留めする]をクリック

タスクバーにボタンが作成された

ボタンをクリックするとPowerPointが起動する

関連 ≫007　スタート画面から簡単に起動するには ……P.33

009 起動後に表示される画面は何？

お役立ち度 ★★★
2016 / 2013 / 2010 / 2007

インストール後に初めてPowerPointを起動すると、以下の画面が表示されます。[同意する]ボタンをクリックすると、Officeの修正プログラムやアップデートが発生したときに、自動的にOfficeを最新版にアップデートできます。[同意する]ボタンをクリックして、常に最新の状態でOfficeを使えるように自動更新を有効にしましょう。また、Office 365 SoloやOffice Premiumに含まれるPowerPointでは、後から追加された新機能について通知画面が表示される場合があります。　➡ライセンス認証……P.329

● 自動更新の確認画面

初回起動時のみ、「最初に行う設定です。」という画面が表示される

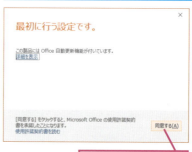

[同意する]をクリック

Officeが自動的にアップデートされるようになる

● 新機能についての通知

Office 365やOffice Premiumでは、新機能に関する画面が表示される場合がある

関連 ≫003　PowerPoint 2016の新機能って何？ ……P.31

010

Officeでサインインを実行するには

お役立ち度 ★★☆
2016 / 2013 / 2010 / 2007

PowerPoint 2016/2013の右上にある［サインイン］をクリックして、Microsoftアカウントのメールアドレスとパスワードを入力すると、Web上の保存場所であるOneDriveが利用できるようになります。ただし、サインインを実行しなくてもスライドの作成やプレゼンテーションは可能です。また、Windows 10/8.1にMicrosoftアカウントでサインインしている場合は、同じMicrosoftアカウントでOfficeに自動サインインが行われる場合があります。　➡サインイン……P.322

❶［新しいプレゼンテーション］をクリック

❷［サインイン］をクリック

❸Microsoftアカウントのメールアドレスを入力

❹［次へ］をクリック

❺パスワードを入力

❻［サインイン］をクリック

サインインが完了する

関連 ≫486　Microsoft アカウントとは……P.256

011

PowerPointを終了するには

お役立ち度 ★★★
2016 / 2013 / 2010 / 2007

PowerPointを終了するには、画面の右上にある［閉じる］ボタンをクリックします。このとき、保存していない作成中のスライドがあるときは、保存するかどうかを尋ねるメッセージが表示されます。スライドを保存してからPowerPointを終了するときは［保存］ボタン、保存しないで終了するときは［保存しない］ボタンをクリックします。　➡スライド……P.324

［閉じる］をクリック

関連 ≫531　ファイルはどうやって保存するの？……P.281

画面表示の調整

PowerPointの画面は、「ペイン」と呼ばれる複数の領域で構成されています。それぞれのペインの名称と役割、画面各部の名称と役割を覚えましょう。

012 ペインの大きさを変更するには

お役立ち度 ★★★
2016 / 2013 / 2010 / 2007

［ホーム］タブの右側、ノートペインの上側、作業ウィンドウの左側の境界線にマウスポインターを合わせると、マウスポインターの形が（⇔）に変わります。この状態でドラッグすると、それぞれのペインの大きさを調整できます。

➡ ノートペイン……P.326
➡ マウスポインター……P.328

❶ここではサムネイルの大きさを変更する
❶境界線にマウスポインターを合わせる
マウスポインターの形が変わった

❷ここまでドラッグ
ペインの大きさが変更され、自動的に表示も調整される

| 関連 ≫013 | ペインの大きさを標準設定の状態に戻すには ……P.36 |

013 ペインの大きさを標準設定の状態に戻すには

お役立ち度 ★★
2016 / 2013 / 2010 / 2007

ペインの大きさを一度で最初の大きさに戻すときは、Ctrlキーを押しながら［表示］タブの［標準表示］ボタンをクリックします。1つずつ手動で各ペインのサイズを調整する手間が省けて便利です。

➡ タブ……P.325

❶［表示］タブをクリック
❷Ctrlキーを押しながら［標準表示］をクリック

| 関連 ≫012 | ペインの大きさを変更するには ……P.36 |

014 ノートペインを非表示にしたい

お役立ち度 ★★
2016 / 2013 / 2010 / 2007

スライドの下側に表示されるノートペインは、発表者が説明するときのメモを入力する領域です。［表示］タブの［ノート］ボタンをクリックするたびに、ノートペインの表示と非表示が交互に切り替わります。なお、ステータスバーの［ノート］ボタンをクリックしても構いません。

➡ ノートペイン……P.326

❶［表示］タブをクリック
❷［ノート］をクリック

| 関連 ≫417 | 発表者用のメモを残しておきたい ……P.224 |

015 画面の倍率を一度で元に戻すには

お役立ち度 ★★★
2016 / 2013 / 2010 / 2007

スライドペインの倍率を一度で元の大きさに戻すときは、ズームスライダーの右にある［現在のウィンドウの大きさに合わせてスライドを拡大または縮小します。］ボタンをクリックします。また、［表示］タブの［ウィンドウサイズに合わせる］ボタンをクリックしても構いません。

➡ズームスライダー……P.323
➡スライド……P.324

変更した画面の倍率を元に戻す

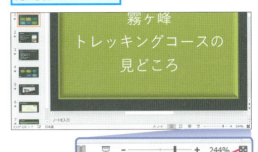

［現在のウィンドウの大きさに合わせてスライドを拡大または縮小します。］をクリック

関連 ≫026 画面の表示倍率をすぐに変更したい……P.40

016 ルーラーを表示するには

お役立ち度 ★★★
2016 / 2013 / 2010 / 2007

「ルーラー」とは、定規のような機能で、文字を入力するときの位置の目安になります。［表示］タブの［ルーラー］にチェックマークを付けると、スライドペインの上側と左側に数字の目盛りの付いたルーラーが表示されます。［ルーラー］のチェックマークをはずすと、ルーラーが非表示になります。

➡ルーラー……P.329

❶［表示］タブをクリック
❷［ルーラー］をクリックしてチェックマークを付ける

縦と横にルーラーが表示された

ルーラーを非表示にするときはクリックしてチェックマークをはずす

017 スライドを左右に並べて内容を確認するには

お役立ち度 ★★★
2016 / 2013 / 2010 / 2007

2つのスライドを見比べながら作業したいというときは、同時に表示しておくと便利です。［表示］タブの［並べて表示］ボタンをクリックすると、開いている複数のスライドを左右に並べて表示できます。

➡タブ……P.325

❶［表示］タブをクリック
見比べたい2つのファイルを開いておく
❷［並べて表示］をクリック

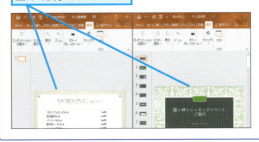

2つのファイルが左右に並んで表示された

018 PowerPointの設定を変更したい

お役立ち度 ★★★
2016 / 2013 / 2010 / 2007

PowerPointの既定の保存先などを設定する[PowerPointのオプション]ダイアログボックスを開くには、[ファイル]タブをクリックし、表示されるメニューの[オプション]をクリックします。

➡ダイアログボックス……P.325

❶[ファイル]タブをクリック

❷[オプション]をクリック

[PowerPointのオプション]ダイアログボックスが表示された

関連
≫028 Office全体の設定を変更するには……P.41

019 画面左上に並ぶボタンは何？

お役立ち度 ★★☆
2016 / 2013 / 2010 / 2007

画面左上のクイックアクセスツールバーには、標準で[上書き保存][元に戻す][やり直し][先頭から開始]の4つのボタンが登録されており、いつでもクリックするだけで機能を実行できます。よく使うボタンは、ワザ023の方法で後からクイックアクセスツールバーに追加できます。

➡クイックアクセスツールバー……P.321

◆クイックアクセスツールバー

関連
≫023 よく使う機能のボタンを登録するには……P.39

020 キーボードでリボンの項目を選ぶには

お役立ち度 ★★☆
2016 / 2013 / 2010 / 2007

[Alt]キーを押すと、クイックアクセスツールバーやリボンに英字が表示されます。これは「キーヒント」と呼ばれるもので、マウスを使わずに画面に表示されたキーを押してタブなどを選べる機能です。例えば、[Alt]キーを押してから[F]キーを押すと[ファイル]タブを選択したことになります。　➡リボン……P.329

[Alt]キーを押す

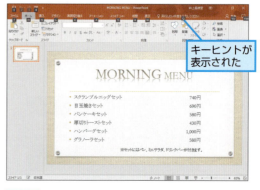

キーヒントが表示された

関連
≫029 リボンの構成を知りたい……P.42

021 編集画面に表示される小さなツールバーは何？

お役立ち度 ★★★
2016 / 2013 / 2010 / 2007

PowerPointで文字を選択したときに、半透明の小さなツールバーが表示されます。これは「ミニツールバー」と呼ばれるもので、文字を太字にしたり色を付けたりするなど、利用頻度の高い機能を簡単に設定するためのボタンが集まっています。ミニツールバーを使えば、わざわざ［ホーム］タブに切り替える手間を省けます。

◆ミニツールバー

関連 ≫108 ［ホーム］タブに切り替えずに書式を変更するには……P.78

022 どのボタンを選べばいいのかが分からない

お役立ち度 ★★☆
2016 / 2013 / 2010 / 2007

リボンの［フォント］や［段落］グループにあるボタンは、サイズが小さいので違いが分かりにくいかもしれません。目的のボタンが分からないときは、ボタンにマウスポインターを合わせて表示される「ポップヒント」でボタン名と機能内容を確認しましょう。

→マウスポインター……P.328

ボタンにマウスポインターを合わせる

ボタン名と機能の内容が表示された

◆ポップヒント

023 よく使う機能のボタンを登録するには

お役立ち度 ★★★
2016 / 2013 / 2010 / 2007

以下の操作で、よく使う機能をクイックアクセスツールバーに登録しておくと、画面の状態に関係なく、クリックするだけでいつでも機能を実行できるので便利です。
→クイックアクセスツールバー……P.321

❶［クイックアクセスツールバーのユーザー設定］をクリック

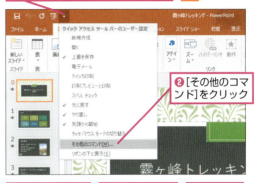

❷［その他のコマンド］をクリック

❸［クイックアクセスツールバー］をクリック　❹ここをクリックしてコマンドの種類を選択　❺登録したい機能名をクリック

❻［追加］をクリック　❼［OK］をクリック

クイックアクセスツールバーに選択した機能のボタンが追加された

関連 ≫591 クイックアクセスツールバーをリボンの下に移動するには……P.313

画面表示の調整 ● できる 39

024 スライドにある用語の意味を調べるには

お役立ち度 ★★★
2016 / 2013 / 2010 / 2007

PowerPointでスライドを作成しているときに、分からない用語が出てきたときは、[スマート検索] を利用しましょう。ブラウザーを起動したり、同じ用語を入力し直したりしなくても、入力済みの文字に関する情報をWebページで検索できます。

❶検索したい語句を選択
❷[校閲] タブをクリック

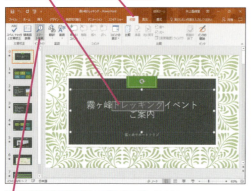

❸[スマート検索] をクリック

プライバシーに関する注意が表示されたら [OK] をクリックする

選択した語句の検索結果が表示された

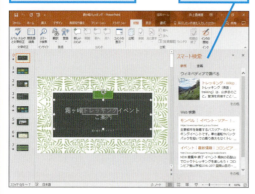

> 関連 >>555 パソコンの中にある PowerPoint のファイルを検索したい ……… P.293

025 リアルタイムプレビューとは

お役立ち度 ★★★
2016 / 2013 / 2010 / 2007

PowerPointには、メニューにマウスポインターを合わせたとき、操作結果を事前に確認できる機能があります。クリックして機能を選択する前に、さまざまな機能を試してみましょう。

➡ マウスポインター……P.328

ここにマウスポインターを合わせる

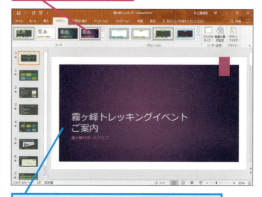

操作を完了する前にプレビューが表示された

> 関連 >>128 統一感のあるデザインをすべてのスライドに設定するには ……… P.87

026 画面の表示倍率をすぐに変更したい

お役立ち度 ★★★
2016 / 2013 / 2010 / 2007

[Ctrl] キーを押しながらマウスのホイールを回すと、マウス操作だけで表示倍率を変更できます。

[Ctrl] キーを押しながらホイールを奥に回転させると、表示倍率を大きくできる

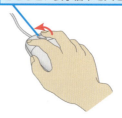

> 関連 >>015 画面の倍率を一度で元に戻すには ……… P.37

027 表示モードを切り替える

お役立ち度 ★★★
2016 / 2013 / 2010 / 2007

PowerPointには、「標準」「アウトライン表示」「スライド一覧」「ノート」「閲覧表示」の5つの表示モードが用意されており、[表示]タブのボタンをクリックして切り替えられます。ステータスバーにあるボタンをクリックして切り替えても構いません。目的に応じて表示モードを切り替えると、効率よく作業を進められます。
　　　　　➡[アウトライン表示]モード……P.319

●リボンの操作

❶[表示]タブをクリック

❷[アウトライン表示]をクリック

[アウトライン表示]で表示された

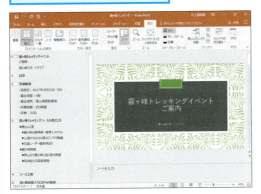

●ステータスバーの操作

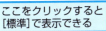

ここをクリックすると[標準]で表示できる

ここをクリックすると[スライド一覧]で表示できる

ここをクリックすると[閲覧表示]で表示できる

ここをクリックするとスライドショーが始まる

関連 ≫086 アウトラインの領域を広げるには……P.69

028 Office全体の設定を変更するには

お役立ち度 ★★☆
2016 / 2013 / 2010 / 2007

[PowerPointのオプション]ダイアログボックスの[基本設定]にある[Microsoft Officeのユーザー設定]の項目は、Officeアプリ共通の設定項目です。[ユーザー名]や[Officeのテーマ]などを変更すると、PowerPoint以外のOfficeアプリにも反映されます。
　　　　　➡Officeテーマ……P.318

ワザ018を参考に、[PowerPointのオプション]ダイアログボックスを表示しておく

ミニツールバーの表示と非表示を切り替えられる

リアルタイムプレビューの表示と非表示を切り替えられる

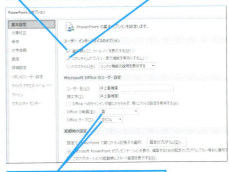

背景の模様やテーマを変更できる

関連 ≫018 PowerPointの設定を変更したい……P.38
関連 ≫025 リアルタイムプレビューとは……P.40

STEP UP! PowerPointを手動で更新するには

ワザ009で解説したように、PowerPointなどのマイクロソフト製品は、不具合の解消や新機能の追加のためにインターネットを通じて更新プログラムを配布しています。手動で更新する場合、PowerPoint 2013以降では[ファイル]タブの[アカウント]をクリックし、[更新オプション]ボタンから[今すぐ更新]を選びます。PowerPoint 2010では、[ファイル]タブの[ヘルプ]をクリックし、[更新プログラムのチェック]を選びます。

リボンの操作

スライドを作成・編集するときに画面上部に並んでいるリボンは欠かせません。ここでは、リボンについてのさまざまな疑問を解決します。

029 リボンの構成を知りたい

お役立ち度 ★★☆
2016 / 2013 / 2010 / 2007

リボンは、PowerPointでスライドを作成したり編集したりするときに使う機能がまとまった領域です。[ホーム]や[デザイン]など、リボンの上端にある「タブ」をクリックすると、表示される内容が切り替わります。タブは、PowerPointの機能を目的ごとに分類したもので、似たような作業を行うときに使う機能が同じタブに集まっています。また、最初から表示されるタブ以外にも、図形やグラフなどを選択したときだけに自動的に表示されるタブもあります。

➡リボン……P.329

●PowerPoint 2016のタブの主な機能

タブ	主な機能
ファイル	ファイルを開く、ファイルの保存・印刷といったファイルに関する操作ができる
ホーム	文字の書式、スライドの追加、スライドのレイアウト変更などを実行できる
挿入	図形や画像、表、SmartArtなどをスライドに挿入できる
デザイン	スライドの向きやサイズ、スライドのテーマの設定など、スライド全体にかかわるデザインを設定できる
画面切り替え	スライドショーの実行中に、スライドを切り替えるときの動きや速度、効果音などを設定できる
アニメーション	スライドショーの実行中に、文字や図形などを動かすアニメーションを設定できる
スライドショー	スライドショーの開始や、スライドショーに関する設定ができる
校閲	文章校正やコメントの挿入などを実行できる
表示	表示モードの切り替えやウィンドウの整列などを実行できる

関連 ≫020 キーボードでリボンの項目を選ぶには ……P.38

030 リボンを非表示にするには

お役立ち度 ★★☆
2016 / 2013 / 2010 / 2007

以下の操作でリボンを丸ごと非表示にすると、その分スライドペインを大きく表示できます。以下の手順の操作2で[タブの表示]を選ぶと、タブだけを残してリボンを非表示にできます。

➡タブ……P.325
➡リボン……P.329

❶[リボンの表示オプション]をクリック

❷[リボンを自動的に非表示にする]をクリック

リボンが非表示になった ❸[リボンの表示オプション]をクリック

❹[タブとコマンドの表示]をクリック 　再びリボンが表示される

関連 ≫033 リボンを一時的に小さくするには ……P.43

031 見慣れないタブがリボンに表示された

お役立ち度 ★★★
2016 / 2013 / 2010 / 2007

標準の設定では、PowerPoint 2016にはタブが8つ表示されます。しかし、図形やグラフの挿入など、特定の操作を行うと自動的にいくつかのタブが追加で表示されます。これは「コンテキストタブ」と呼ばれるもので、特定の操作を行っているときだけ表示される特別なタブです。操作の対象が変われば、これらのタブは自動的に非表示になります。なお、タッチパネルが利用できる機器では、ペンなどで手書き操作ができる［タッチ］タブがはじめから表示されている場合があります。　　　　　➡コンテキストタブ……P.322

●図表を操作するコンテキストタブを表示する　　●図表をクリック

●コンテキストタブが表示された

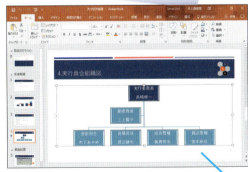

●図表のデザインやレイアウトを編集できる　　●図表以外をクリックすると、コンテキストタブが非表示になる

関連 ≫225　SmartArtの図表に図形を追加するには……… P.130

032 詳細設定のダイアログボックスを表示するには

お役立ち度 ★★
2016 / 2013 / 2010 / 2007

PowerPoint 2016では、よく使う機能はリボンから実行できます。リボンで実行できない内容は、グループの右下にある［ダイアログボックス起動ツール］ボタンをクリックしで表示されるダイアログボックスで操作します。なお、［ダイアログボックス起動ツール］のクリックで作業ウィンドウが表示される機能もあります。　　　　➡ダイアログボックス……P.325

◆ダイアログボックス起動ツール

関連 ≫100　下線の種類や色を設定するには………………P.75

033 リボンを一時的に小さくするには

お役立ち度 ★★
2016 / 2013 / 2010 / 2007

［ホーム］や［デザイン］といったタブの名前をダブルクリックすると、タブだけが残ってリボンが非表示になります。この状態で目的のタブをクリックすると、操作しているときだけリボンの内容が表示されます。もう一度タブをダブルクリックすると、タブとリボンを常に表示できます。　➡リボン……P.329

●タブをダブルクリック　　●どのタブでもいい

●リボンが非表示になる

関連 ≫030　リボンを非表示にするには…………………P.42

034 キーワードを入力して目的の機能を実行するには

お役立ち度 ★★★
2016 / 2013 / 2010 / 2007

PowerPointで使いたい機能が、どのタブにあるのか迷うことはありませんか？ タブの右端にある［実行したい作業を入力してください］をクリックしてキーワードを入力すると、キーワードに関連する機能が検索され、クリックするだけで実行できます。これは、「操作アシスト」と呼ばれる機能で、「印刷」と入力したときは、印刷に関する機能の一覧が表示されます。

→タブ……P.325

❶［実行したい作業を入力してください］をクリック
❷「印刷」と入力

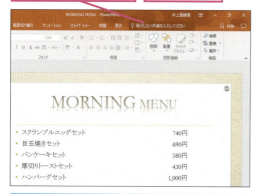

キーワードに関連する機能やヘルプ項目が表示された

項目をクリックすると、機能の実行やヘルプの表示ができる

関連 ≫003 PowerPoint 2016の新機能って何？………P.31
関連 ≫585 PowerPointの機能について調べるには………P.309

035 オリジナルのタブによく使うボタンを追加するには

お役立ち度 ★★★
2016 / 2013 / 2010 / 2007

PowerPointをはじめ、Officeのリボンには一部の機能しか表示されません。「リボンには表示されていないが、特定の機能をすぐにリボンから使えるようにしたい」というときは、このワザの手順で新しいグループを作成し、作成したグループに機能のボタンを追加するといいでしょう。［リボンのユーザー設定］には［コマンドの選択］という項目がありますが、［すべてのコマンド］を選択すると、PowerPointの全機能が下の一覧に表示されます。

→リボン……P.329

ワザ018を参考に、［PowerPointのオプション］ダイアログボックスを表示しておく

❶［リボンのユーザー設定］をクリック
❷［新しいタブ］をクリック

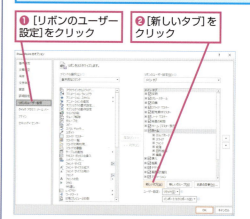

❸ここをクリックして［すべてのコマンド］を選択
❹登録したい機能名をクリック

❺［追加］をクリック
❻［OK］をクリック

関連 ≫018 PowerPointの設定を変更したい………P.38

ショートカットキーの使用

ショートカットキーとは、リボンにある機能をキーボードのキーを押して実行することです。ここでは、知っていると便利なショートカットキーを紹介します。

036 スライドを閉じるには
お役立ち度 ★★★
2016 / 2013 / 2010 / 2007

作業中のスライドを閉じるには、Ctrl+Wキーを押します。反対に、スライドを開くときは、Ctrl+Oキーを押します。

スライドを閉じる操作を実行できる

関連 ≫047 タッチキーボードでショートカットキーを使いたい……P.49

038 操作を繰り返すには
お役立ち度 ★★★
2016 / 2013 / 2010 / 2007

スライドを何枚も続けて挿入するとか、同じ書式を何回も設定するといったときは、Ctrl+Yキーを押して、直前の操作を繰り返すと便利です。F4キーでも直前の操作の繰り返しができます。

直前の操作を繰り返し実行できる

関連 ≫114 同じ書式をほかの文字にも繰り返し設定するには……P.80

037 操作を取り消すには
お役立ち度 ★★★
2016 / 2013 / 2010 / 2007

スライドの作成中や編集中に、操作を間違えたときは、Ctrl+Zキーを押して、1つ前の状態に戻します。Ctrl+Zキーは、[元に戻す]機能を実行するショートカットキーです。Ctrl+Zキーを押すたびに、1段階ずつ前の状態に戻せます。ただし、スライドを開いて何も操作していないときは操作の取り消しができません。
➡元に戻す……P.328

直前の操作を取り消せる

関連 ≫039 操作をやり直すには……P.45

039 操作をやり直すには
お役立ち度 ★★★
2016 / 2013 / 2010 / 2007

ワザ037の操作で操作を取り消しすぎてしまったときでも、Ctrl+Yキーを押して、取り消した操作を1つずつ元に戻せます。Ctrl+Zキーで操作が前に戻り、Ctrl+Yキーで操作が進むことをセットで覚えるといいでしょう。

直前に取り消した操作をやり直せる

関連 ≫037 操作を取り消すには……P.45

タッチ操作の方法

タッチ操作が可能な環境でPowerPoint 2016/2013を利用すると、キーボードの代わりに、タッチパネルを指で触って操作できます。PowerPointで実行できるタッチ操作のワザを紹介します。

040

PowerPointでどんなタッチ操作ができるの？

お役立ち度 ★★★
2016 / 2013 / 2010 / 2007

タッチ操作に対応しているディスプレイやノートパソコン、タブレットでは、タッチパネルに触れてPowerPoint 2016/2013を操作できます。タッチ操作では、マウス操作の「クリック」を「タップ」、「ダブルクリック」を「ダブルタップ」、「右クリック」を「長押し」、「ドラッグ」を「スライド」と呼びます。

➡ タッチモード……P.325

●長押し

画面をタッチし続け、半透明の四角形が表示されたら手を離す

マウス操作の右クリックに相当する

ミニツールバーが表示された

●タップ

指でトンと1回たたく　　プレースホルダーが選択された

 ➡

●ダブルタップ

指でトントンと2回たたく　　プレースホルダーにカーソルが表示された

 ➡

●スライド（ドラッグ）

タッチしたまま上下左右に動かす　　マウス操作のドラッグに相当する

プレースホルダーが移動した

| 関連 ≫041 | タッチ操作で文字を選択するには……P.47 |
| 関連 ≫045 | タブやボタンを指先でタップしやすくするには……P.48 |

46　できる　●　タッチ操作の方法

041 タッチ操作で文字を選択するには

お役立ち度 ★★★
2016 / 2013 / 2010 / 2007

プレースホルダーやテキストボックス内の文字をダブルタップすると単語単位で選択され、ハンドルが表示されます。ハンドルを左右にドラッグすれば、選択範囲を変更できます。
　　　　　　　➡テキストボックス……P.326
　　　　　　　➡ハンドル……P.327
　　　　　　　➡プレースホルダー……P.328

❶プレースホルダーの文字をダブルタップ

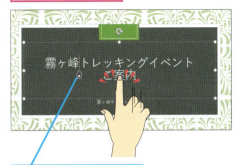

カーソルの下にハンドルが表示された

ここでは「ご案内」の文字を選択する

❷選択したい文字をダブルタップ

ハンドルを左右にドラッグして選択範囲を調整できる

| 関連 ≫045 | タブやボタンを指先でタップしやすくするには……P.48 |
| 関連 ≫046 | タッチキーボードで文字を入力したい……P.49 |

042 2本の指で画面の表示倍率を変更するには

お役立ち度 ★★★
2016 / 2013 / 2010 / 2007

タッチパネル上で、親指と人差し指で広げると（ストレッチ）、画面の表示倍率が拡大します。反対に、親指と人差し指を近づけるように動かすと（ピンチ）、表示倍率が縮小します。

●ストレッチ

2本の指を合わせた状態から広げる

表示倍率が拡大された

●ピンチ

2本の指を広げた状態から合わせる

画面の表示倍率が縮小される

| 関連 ≫044 | タッチパネルでスライドの表示位置を変更するには……P.48 |
| 関連 ≫045 | タブやボタンを指先でタップしやすくするには……P.48 |

タッチ操作の方法　47

043 自分のパソコンでもタッチ操作ができるの？

お役立ち度 ★★★
2016 / 2013 / 2010 / 2007

タッチ操作を行うには、タッチ操作に対応したディスプレイが必要です。デスクトップパソコンでは、タッチ対応の外付けのディスプレイが接続されていることを確認しましょう。タッチパネルが搭載されたノートパソコンやタブレット端末であれば、そのまま利用できます。なお、PowerPoint 2010/2007はタッチ操作に対応していません。

044 タッチパネルでスライドの表示位置を変更するには

お役立ち度 ★★★
2016 / 2013 / 2010 / 2007

タッチパネルでは、画面を指先でなぞったり、はじいたりするだけでスライドの表示位置を変更できます。表示位置を変えたいときは画面に触れたまま上下左右に動かしましょう（スワイプ）。PowerPointのスライドを2枚目から3枚目に移動するときは、指先で画面を素早くはじくように動かします（フリック）。

➡ スライド……P.324

● スワイプ

指で画面をなぞるようにして動かす

画面がゆっくりとスクロールする

● フリック

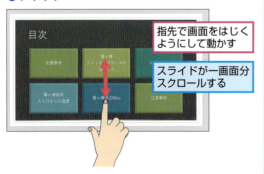

指先で画面をはじくようにして動かす

スライドが一画面分スクロールする

045 タブやボタンを指先でタップしやすくするには

お役立ち度 ★★★
2016 / 2013 / 2010 / 2007

クイックアクセスツールバーに［タッチ/マウスモードの切り替え］タブが表示されていないときは、以下の操作で追加することができます。タッチモードに切り替えると、リボンのボタン同士の間隔が広がって、タッチしやすくなります。

➡ クイックアクセスツールバー……P.321

❶［クイックアクセスツールバーのユーザー設定］をクリック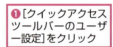

❷［タッチ/マウスモードの切り替え］をクリック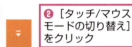

クイックアクセスツールバーにボタンが追加された

❸［タッチ/マウスモードの切り替え］をクリック

❹［タッチ］をクリック

ボタンの間隔が広がり、タッチ操作がしやすくなった

関連 ≫023 よく使う機能のボタンを登録するには ……P.39

046 タッチキーボードで文字を入力したい

お役立ち度 ★★★
2016 / 2013 / 2010 / 2007

機械式のキーボードがオフになっているとき、タッチパネルで文字を入力できる領域をタップすると、画面の下半分にタッチキーボードが自動で表示されます。機械式のキーボードと大きく変わる点はありませんが、キーボードの上に表示される変換候補をタップすると素早く文字を入力できます。なお、タッチパネルが非搭載の機器でも、タスクバーを右クリックして［タッチキーボードボタンを表示］の選択後に［タッチキーボード］をクリックしてタッチキーボードを表示できます。

➡タスクバー……P.325

❶入力したいキーをタップ

ここでは「パワーポイント」と入力する

◆［削除］キー

ここをタップして、［ひらがな］と［半角英数］の入力モードを切り替えられる

◆［Enter］キー

変換候補が表示された

❷変換候補をタップ

「パワーポイント」と入力される

| 関連 ≫041 | タッチ操作で文字を選択するには……P.47 |
| 関連 ≫047 | タッチキーボードでショートカットキーを使いたい……P.49 |

047 タッチキーボードでショートカットキーを使いたい

お役立ち度 ★★★
2016 / 2013 / 2010 / 2007

タッチキーボードを試用しているときは、Ctrlキーをタップしてからほかのキーをタップすることで、ショートカットキーが使えます。通常のショートカットキーのように、同時に複数のキーをタップする必要はありません。

➡ショートカットキー……P.322

ここではCtrlキー＋Wキーでファイルを閉じる

❶Ctrlキーをタップ

❷Wキーをタップ

ファイルが閉じる

048 タッチキーボードで絵文字を入力したい

お役立ち度 ★★★
2016 / 2013 / 2010 / 2007

タッチキーボードの［絵文字］キーをタップすると、キーボードが絵文字に切り替わります。絵柄や、記号を組み合わせたものなど豊富な種類がありますので、シーンに合わせた使い分けが可能です。

［絵文字］キーをタップ

絵文字が表示された

このキーをタップすると絵文字の種類が切り替わる

もう一度［絵文字］キーをタップすると元のキー配列に戻る

第2章 資料作成の基本技

資料を作る準備

プレゼンテーションの目的、プレゼンテーションの相手、持ち時間などによって、作成するスライドは変わります。スライドを作る前に全体の概要を決めておきましょう。

049 プレゼンテーションの主題を決めよう

お役立ち度 ★★★
2016 / 2013 / 2010 / 2007

プレゼンテーションの目的は、決められた時間の中で伝えたい内容を正確に説明し、相手を説得することです。最初に、「製品を知ってもらう」「サービスを利用してもらう」「企画を提案する」といったプレゼンテーションの主題を明確にしましょう。1つのプレゼンテーションに主題は1つです。次に、主題を伝えるための資料をそろえ、情報を整理したり推敲したりしながらスライドを作成します。

➡プレゼンテーション……P.328

イベントの実施要項を整理して伝える

このプレゼンテーションは、イベントの内容を伝えることを主題にしている

相手に伝えたいことを簡潔に表すタイトルを入れる

周辺情報を地図で補足する

関連 ≫053	表紙になるスライドには何を入れるの？…………P.52
関連 ≫054	タイトルに入力する内容が分からない …………P.52
関連 ≫128	統一感のあるデザインをすべてのスライドに設定するには……………………P.87

50　できる　●資料を作る準備

050

スライドの全体像を決めよう

お役立ち度 ★★★
2016 / 2013 / 2010 / 2007

PowerPointでスライド作成を始めると、いきなりスライドを1枚ずつ作り込んでしまう人がいます。全体の構成が決まらないうちにスライドを作り込むと、後から構成が変わるたびにスライドを変更する手間が発生します。また、デザインや写真を選ぶのに夢中になって、肝心の内容がおざなりになる場合もあります。まずは、プレゼンテーションで何を伝えたいのかを明確にし、スライドのタイトルだけを入力しながら、全体の構成をしっかり固めてしまいましょう。全体の構成を練るときには、ワザ085で解説するアウトライン画面を使うと便利です。 ➡アウトライン……P.319

> アウトライン画面でスライドの全体像を固める

関連 ≫085 アウトライン表示モードに切り替えるには………P.69

051

スライドの枚数を決めるには

お役立ち度 ★★☆
2016 / 2013 / 2010 / 2007

プレゼンテーションで説明することをすべてスライドにすると、枚数ばかりが増えて、書いたことを読み上げるだけで終わってしまいます。スライドには、説明のポイントだけを表示するといいでしょう。1枚のスライドを説明するのに適した時間は1分から5分くらいです。最終的に、リハーサルでスライドの枚数を調整してください。 ➡リハーサル……P.329

> プレゼンテーションの時間に合わせて枚数を決める

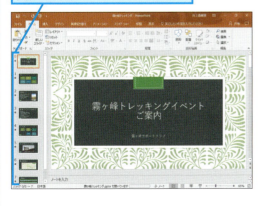

052

説明する順序を決めるには

お役立ち度 ★★☆
2016 / 2013 / 2010 / 2007

プレゼンテーションは、説明する順番で全体の印象が変わります。最初に結論を述べると、聞き手が安心してその後の説明を聞いてくれます。一方、問題点を提起してから結論を導くと、じわじわと期待感を持たせる効果が生まれます。プレゼンテーションの目的や聞き手を分析し、どの順番が一番効果的かをじっくり考えましょう。 ➡プレゼンテーション……P.328

> スライドの順番は、後から変更できる

スライドの操作

プレゼンテーションの資料を作成するときは、「スライド」の操作が中心になります。ここでは、スライドの基本操作にまつわる疑問を解決します。

053　表紙になるスライドには何を入れるの？

お役立ち度 ★★★
2016 / 2013 / 2010 / 2007

新しいプレゼンテーションを作成すると、「タイトルスライド」と呼ばれるスライドが表示されます。これはプレゼンテーションの表紙に当たるスライドで、一般的にプレゼンテーション全体のタイトルや会社名、発表者の氏名、日付などを入力します。

➡タイトルスライド……P.325
➡プレースホルダー……P.328

新しいプレゼンテーションを作成すると、白紙のタイトルスライドが表示される

ここにプレゼンテーションのタイトルを入力する

◆プレースホルダー

ここに会社名や、発表者の氏名、日付などを入力する

関連 ▶056　テンプレートを使うには……P.53

054　タイトルに入力する内容が分からない

お役立ち度 ★★☆
2016 / 2013 / 2010 / 2007

表紙のスライドには、プレゼンテーション全体を表すタイトルを入力します。プレゼンテーションの内容を想像できるような、簡潔で分かりやすいタイトルがいいでしょう。「タイトルを入力」と表示されているプレースホルダーに文字を入力すると、タイトルにふさわしい文字のサイズが自動的に適用されます。

➡プレースホルダー……P.328

関連 ▶064　形式を選択して貼り付けるには……P.58

055　スライドを追加するには

お役立ち度 ★★★
2016 / 2013 / 2010 / 2007

スライドを追加するには、[ホーム]タブにある[新しいスライド]ボタンをクリックします。現在表示されているスライドの後に新しいスライドが1枚追加されます。

➡スライド……P.324

ここでは「タイトルとコンテンツ」レイアウトのスライドを追加する

❶[ホーム]タブをクリック　❷[新しいスライド]をクリック

スライドが新しく追加される

関連 ▶057　スライドを削除するには……P.53

056

テンプレートを使うには

お役立ち度 ★★★
2016 / 2013 / 2010 / 2007

プレゼンテーションの資料をどうやって作ればいいのか分からない、あるいは、じっくりスライドを作っている時間がないというときは、PowerPointに用意されているテンプレートを利用するといいでしょう。テンプレートとは、プレゼンテーションのひな形のことです。テンプレートには、目的に合わせて最初から複数枚のスライドが用意されています。また、キーワードで検索することも可能です。

→テンプレート……P.326

❶[ファイル]タブをクリック

❷[新規]をクリック　テンプレートが表示された

❸検索キーワードを入力　❹[検索の開始]をクリック

検索結果が表示された　❺使用したいテンプレートをクリック

❻[作成]をクリック

選択したテンプレートで新しいファイルが作成される

関連 ≫128 統一感のあるデザインをすべてのスライドに設定するには……P.87

057

スライドを削除するには

お役立ち度 ★★★
2016 / 2013 / 2010 / 2007

プレゼンテーションを推敲(すいこう)していく途中で、必要のないスライドが出てきたときは、[スライド]タブで削除したいスライドをクリックして選択し、Deleteキーを押します。スライド一覧表示画面やアウトライン画面でも、同じ操作でスライドを削除できます。

→アウトライン……P.319

不要なスライドを1枚削除する　❶削除したいスライドをクリック

❷Deleteキーを押す

スライドが削除される

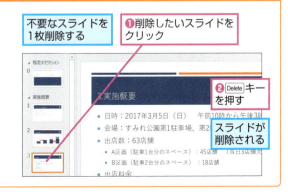

関連 ≫055 スライドを追加するには……P.52

スライドの操作　できる　53

058 スライドをコピーするには

お役立ち度 ★★★
2016 / 2013 / 2010 / 2007

同じようなスライドを作成するときは、スライドをコピーしてから異なる部分を変更する方が早いです。スライドのコピーは、[スライド] タブでもスライド一覧表示画面でも同じように行えます。

➡[スライド一覧表示]モード……P.324

❶ コピーしたいスライドをクリック
❷ [ホーム] タブをクリック

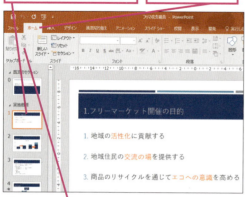

❸ [コピー] をクリック

スライドを貼り付けたい直前のスライドを表示
❹ [貼り付け] をクリック

スライドが貼り付けられた

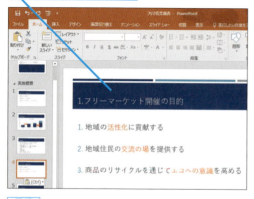

関連 ≫055 スライドを追加するには ……………………… P.52

059 用途に合わせてスライドのレイアウトを選ぶには

お役立ち度 ★★☆
2016 / 2013 / 2010 / 2007

PowerPointのスライドのレイアウトは、[ホーム] タブの [レイアウト] ボタンをクリックすると一覧表示できます。最初から用意されているのは、[タイトルスライド][タイトルとコンテンツ][セクション見出し][2つのコンテンツ][比較][タイトルのみ][白紙][タイトル付きのコンテンツ][タイトル付きの図][タイトルと縦書きテキスト][縦書きタイトルと縦書きテキスト] の11種類です。この中に目的のレイアウトがない場合は、プレースホルダーのサイズや位置を変更しましょう。また、スライドマスターを編集すればオリジナルのレイアウトを作成できます。

➡レイアウト……P.329

❶ [ホーム] タブをクリック
❷ [レイアウト] をクリック

レイアウトの一覧が表示された

スライドに設定しているテーマによってレイアウトのデザインは異なる

関連 ≫146 スライドマスターって何？ ……………………… P.95

060 スライドのレイアウトを変更するには

お役立ち度 ★★☆
2016 / 2013 / 2010 / 2007

スライドのレイアウトは後から自由に変更できます。[ホーム]タブの[レイアウト]ボタンをクリックして表示される一覧から変更後のレイアウトをクリックすると、入力済みの文字などが失われることなく、そのまま新しいレイアウトに変更されます。

→ レイアウト……P.329

ワザ059を参考に、レイアウトの一覧を表示しておく

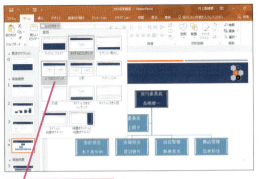

[2つのコンテンツ]をクリック

選択されたレイアウトが適用されて、内容が2つに分割された

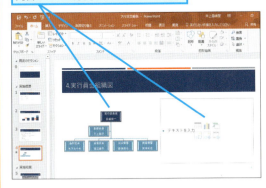

| 関連 ≫058 | スライドをコピーするには ……P.54 |

---

061 スライドの順番を変更するには

お役立ち度 ★★★
2016 / 2013 / 2010 / 2007

プレゼンテーションでは、どの順番でスライドを説明するかがとても重要です。プレゼンテーションを効果的に進めるための順番をじっくり推敲(すいこう)し、スライドの順番を入れ替える必要が出てきたら、[スライド]タブでスライドを移動先までドラッグします。スライド一覧表示画面でもスライドの移動ができます。

→ [スライド一覧表示]モード……P.324

ここでは3枚目のスライドを5枚目の後ろに移動する

❶ スライドにマウスポインターを合わせる

マウスポインターの形が変わった

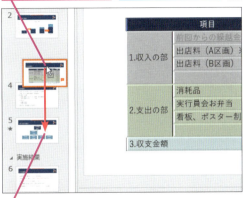

❷ 移動先の位置までドラッグ

スライドの順番が変わった

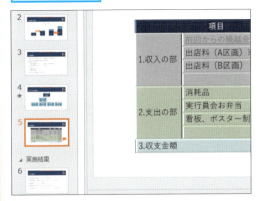

| 関連 ≫052 | 説明する順序を決めるには ……P.51 |

スライドの操作 できる 55

062 セクションを使って整理するには

お役立ち度 ★★★
2016 / 2013 / 2010 / 2007

スライドの枚数が多いときは、スライドを「セクション」に分けて管理するといいでしょう。セクションとは、「現状」「問題提起」「原因」「対応」といったように、スライドを内容ごとに分ける機能です。以下の手順でセクションを追加すると、セクション名をクリックするだけで、そのセクションに含まれるスライドをまとめて選択できます。また、セクション単位でスライドの移動や削除ができます。

セクションを追加するファイルを開いておく

❶ 1枚目のスライドをクリック

❷ [セクション] をクリック

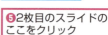

❸ [セクションの追加] をクリック

セクションが追加された

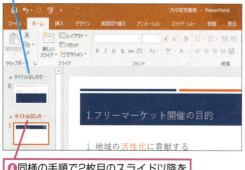

❹ 同様の手順で2枚目のスライド以降をセクションに追加しておく

クリックしたスライド以降のスライドが自動的にセクションに追加される

セクション名を変更する

❺ 2枚目のスライドのここをクリック

❻ [セクション] をクリック

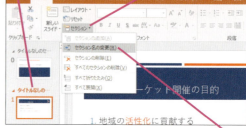

❼ [セクション名の変更] をクリック

[セクション名の変更] ダイアログボックスが表示された

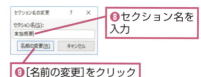

❽ セクション名を入力

❾ [名前の変更] をクリック

セクション名が変更された

関連 ≫063 セクションを削除するには ……………… P.57

56 できる ● スライドの操作

063 セクションを削除するには

お役立ち度 ★★★

2016 / 2013 / 2010 / 2007

ワザ062の操作で追加したセクションを削除するには、削除したいセクション名をクリックし、[ファイル]タブの[セクション]ボタンから[セクションの削除]をクリックします。削除したセクションに含まれていたスライドは、前のセクションに統合されます。なお、[すべてのセクションの削除]を選ぶと、作成したすべてのセクションを削除できます。

●選択したセクションを削除する

削除するセクションをクリックして選択しておく

❶ [ホーム] タブをクリック
❷ [セクション]をクリック

❸ [セクションの削除]をクリック

セクションが削除され、上のセクションと統合された

●すべてのセクションを削除する

任意のスライドを表示しておく

❶ [ホーム] タブをクリック
❷ [セクション]をクリック

❸ [すべてのセクションの削除]をクリック

すべてのセクションが削除された

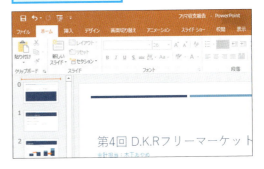

関連 ≫062 セクションを使って整理するには……………P.56

文字の入力

スライドには、タイトルや箇条書きなどの文字入力が欠かせません。ここでは、文字入力に関するさまざまな疑問を解決します。

064 形式を選択して貼り付けるには

お役立ち度 ★★★
2016 / 2013 / 2010 / 2007

文字をコピーして貼り付けたときに、書式が変わってしまったことはありませんか？ コピーするには、まずコピー元の文字を選択して、[ホーム] タブの [コピー] ボタンをクリックします。次に、貼り付け先をクリックして、[ホーム] タブの [貼り付け] ボタンをクリックします。そうすると、元の文字と書式が丸ごと貼り付けられます。このとき、[貼り付け] ボタンの下側をクリックすると、貼り付け方法のメニューが表示され、元の書式を保持して貼り付けるか、テキストだけを貼り付けるかといった方法を選択できます。

→貼り付けのオプション……P.327

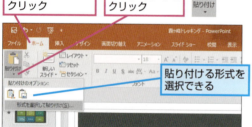

❶ [ホーム] タブをクリック
❷ [貼り付け] をクリック
貼り付ける形式を選択できる

●貼り付けのオプション

アイコン	機能
貼り付け先のテーマを使用	コピー元に設定されている書式を無視して、貼り付け先の書式に変更する
元の書式を保持	コピー元に設定されている書式を含めて文字も書式も丸ごとコピーする
図	コピー元の文字を画像として貼り付ける。データの編集は一切できない
テキストのみ保持	コピー元の文字に設定されている書式をはずして、文字だけを貼り付ける

065 先頭のアルファベットを小文字にするには

お役立ち度 ★★☆
2016 / 2013 / 2010 / 2007

英字の先頭文字が大文字に変わってしまうのは、オートコレクトという機能が働くためです。先頭文字を小文字にするには、入力後に表示される [オートコレクトのオプション] ボタンをクリックし、[文の先頭文字を自動的に大文字にしない] をクリックします。そうすると、常に先頭文字が大文字で表示されます。一時的に小文字で表示したいときは [大文字の自動設定を元に戻す] をクリックしましょう。

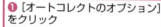

先頭のアルファベットが大文字になってしまった

❶ [オートコレクトのオプション] をクリック

❷ [文の先頭文字を自動的に大文字にしない] をクリック

自動的に大文字に修正されないよう設定できた

関連 ≫066 アルファベットで入力した文字の種類を変更するには……P.59

066 アルファベットで入力した文字の種類を変更するには

お役立ち度 ★★★
2016 / 2013 / 2010 / 2007

［文字種の変換］機能を使うと、スライドに入力した英字の大文字を小文字にしたり、先頭だけを大文字にしたりするなど、文字の種類を変更できます。ただし、ひらがなや漢字など、英字以外の文字には利用できません。

変更したい文字を選択しておく

❶［ホーム］タブをクリック
❷［文字種の変換］をクリック

❸［すべて大文字にする］をクリック

すべての文字が大文字に変わった

関連 ≫065 先頭のアルファベットを小文字にするには……P.58

067 特殊な記号を入力するには

お役立ち度 ★★★
2016 / 2013 / 2010 / 2007

「★」や「〒」などのように「ほし」、「ゆうびん」の読みがなで変換できる記号もありますが、その他の特殊な記号を入力するときは、［記号と特殊文字］ダイアログボックスを使います。フォントを［Wingdings］や［Wingdings2］［Wingdings3］に変更すると、電話機や温泉マーク、ハサミなどの面白い記号を入力できます。
　　　　　　　　　　　　　　→フォント……P.328

特殊な記号を挿入したい場所にカーソルを移動しておく

❶［挿入］タブをクリック
❷［記号と特殊記号］をクリック

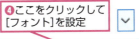

❸［記号と特殊文字］をクリック

［記号と特殊文字］ダイアログボックスが表示された

❹ここをクリックして［フォント］を設定
❺記号をクリックして選択
❻［挿入］をクリック
❼［閉じる］をクリック

特殊な記号を挿入できた

関連 ≫068 複雑な数式を入力するには……P.60

文字の入力 ● できる 59

068 複雑な数式を入力するには

ルートやシグマなどの特殊な記号を使った数式を作成するときは、[インク数式]機能を使うと便利です。マウスでドラッグしながら数式を描画すると、自動的に数式に変換されて表示されます。なお、操作3の操作を実行すると、[数式ツール]の[デザイン]タブが表示され、リボンにさまざまな数式記号が表示されます。あらかじめ組み合わさった数式を挿入するには、操作4で[数式]ボタンをクリックし、一覧から数式を選ぶといいでしょう。

→プレースホルダー……P.328

●手書きでの数式入力

数式を入力するプレースホルダーをクリックしておく

❶[挿入]タブをクリック

❷[記号と特殊記号]をクリック

❸[数式]をクリック

[数式ツール]の[デザイン]タブに数式記号の項目やボタンが表示された

❹[インク数式]をクリック

[数式入力コントロール]ダイアログボックスが表示された

❺マウスで数式を手書き

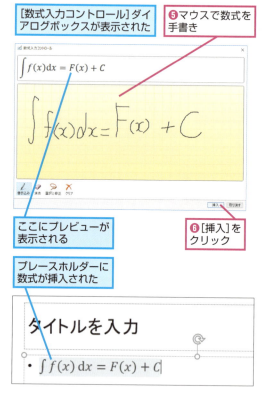

ここにプレビューが表示される

❻[挿入]をクリック

プレースホルダーに数式が挿入された

●代表的な数式の入力

[数式ツール]の[デザイン]タブを表示しておく

[数式]をクリック

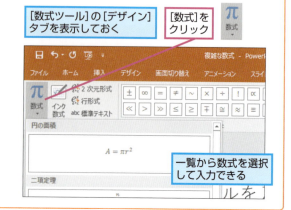

一覧から数式を選択して入力できる

069 好きな位置に文字を入力するには

お役立ち度 ★★★
2016 / 2013 / 2010 / 2007

スライドのプレースホルダー以外の場所に文字を入力したいときは、[テキストボックス] を使います。[挿入] タブの [テキストボックス] ボタンを使って、文字を入力したい位置をクリックすれば、テキストボックスが挿入されます。テキストボックスは、入力した文字の長さに合わせて自動的にサイズが拡大します。ただし、テキストボックスに入力した文字はアウトライン画面には表示されません。

→テキストボックス……P.326

❶ [挿入] タブをクリック

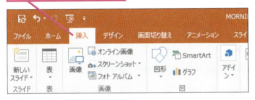

❷ [テキストボックス] をクリック

❸ [横書きテキストボックス] をクリック

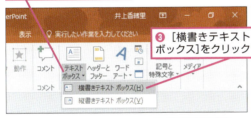

マウスポインターの形が変わった

❹ 文字を入力したい位置をクリック

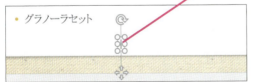

❺ 「※セットにはパン」と入力

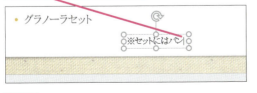

関連 ≫179 図形の中に文字を入力したい …… P.109

070 赤い波線を非表示にしたい

お役立ち度 ★★
2016 / 2013 / 2010 / 2007

PowerPointには自動スペルチェック機能が付いているので、英単語を入力したとき、スペルミスと判断された単語に赤い波線が表示されます。一時的に赤い波線が表示されないようにするには、文字を右クリックして表示される [すべて無視] をクリックしましょう。毎回 [すべて無視] をクリックするのが面倒なときは、辞書に追加すると次回からは赤い波線が表示されなくなります。単語の登録は、右クリックして表示されるメニューから [辞書に追加] をクリックします。なお、右クリックして表示される修正候補からスペルを選択しても、赤い波線が消えます。

造語を入力したら、赤い波線が表示された

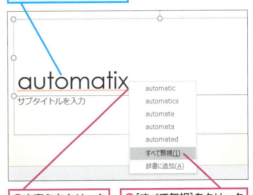

❶ 文字を右クリック
❷ [すべて無視] をクリック

赤い波線が非表示になった

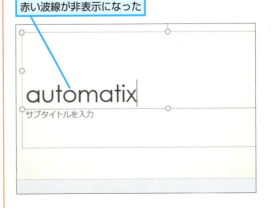

関連 ≫071 文章の校正をするには …… P.62

文字の入力 **できる** 61

071 文章の校正をするには

お役立ち度 ★★★
2016 / 2013 / 2010 / 2007

スペルミスや日本語表現のミスは、その場で1つ1つ修正しなくても、後でまとめてチェックできます。[校閲]タブの[スペルチェックと文章校正]ボタンをクリックすると、現在表示されているスライドから順番にすべてのスライドをチェックできます。修正候補の文字と置き換えるときは[修正]ボタン、修正せずにそのまま使うときは[無視]ボタンをクリックします。

➡ダイアログボックス……P.325

| 文章を校正したいスライドを表示しておく | ❶[校閲]タブをクリック |

| ❷[スペルチェックと文章校正]をクリック |

スライド全体の文法がチェックされ、間違いと判断された文字が表示された

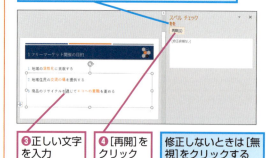

| ❸正しい文字を入力 | ❹[再開]をクリック | 修正しないときは[無視]をクリックする |

すべてのスペルチェックが終わると、確認のダイアログボックスが表示される

❺[OK]をクリック

関連 ≫070 赤い波線を非表示にしたい ……………… P.61

072 分数の設定を解除するには

お役立ち度 ★★★
2016 / 2013 / 2010 / 2007

PowerPointでは、「1/2」と入力すると自動的に分数の½に変換されます。これは、オートコレクト機能が働くためです。「1/2」に戻すには、変換後に表示される[オートコレクトのオプション]ボタンをクリックし、[分数を自動的に作成しない]をクリックします。そうすると、常に「1/2」と表示されます。一時的に½と表示したいときは[分数を元に戻す]をクリックします。

| 「1/2」と入力したら分数に変換された | ❶[オートコレクトのオプション]をクリック | |

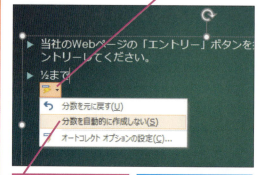

| ❷[分数を自動的に作成しない]をクリック | 分数の設定が解除され、元の文字に戻る |

関連 ≫070 赤い波線を非表示にしたい ……………… P.61

073 51以上の丸数字を入力する

お役立ち度 ★★★
2016 / 2013 / 2010 / 2007

PowerPointには、Wordの文書で使えるような「囲い文字」の機能はありません。そのため、51以上の丸数字を入力するときは、図形の円の中に数字を入力します。円を描くときにShiftキーを押しながらドラッグすると真ん丸の円が描けます。

➡図形……P.323

関連 ≫171 真ん丸な円を描くには ……………… P.106

箇条書きの活用

スライドに入力する文字は箇条書きが基本です。ここでは、箇条書きの先頭の記号や箇条書きのレベルに関する疑問などを解決します。

074 箇条書きで入力するには

お役立ち度 ★★★
2016 / 2013 / 2010 / 2007

スライドに入力する文字は箇条書きが基本です。プレースホルダーの[テキストを入力]と表示された部分をクリックして文字を入力し、Enterキーで改行しながら項目を追加します。箇条書きを入力すると、先頭に箇条書きの記号が自動で表示されます。この記号は「行頭文字」と呼ばれ、スライドに適用している[テーマ]によって表示される記号が変わります。

➡箇条書き……P.321
➡行頭文字……P.321
➡テーマ……P.326

文字を入力したい場所にカーソルを表示させておく

❶文字を入力　❷Enterキーを押す

改行され、自動的に箇条書きの記号が表示された　❸文字を入力

Tabキーを押すとレベルを変更できる

| 関連 ≫077 | 箇条書きの先頭を連番にするには……P.64 |
| 関連 ≫079 | 箇条書きの行頭文字を変更するには……P.65 |

075 スライドペインで項目のレベルを変更するには

お役立ち度 ★★☆
2016 / 2013 / 2010 / 2007

箇条書きに上下関係がある場合は、箇条書きの先頭位置をずらすと階層関係が分かりやすくなります。新しい行の先頭でTabキーを押すと、カーソルの位置が右にずれ、文字のサイズが小さくなります。反対に、Shift+Tabキーを押すと、階層を1段階ずつ上げられます。PowerPointでは、箇条書きのレベルを最大9段階まで設定できますが、あまりレベル分けしすぎると複雑になって分かりにくくなるため、2段階くらいの階層にとどめておくといいでしょう。

➡箇条書き……P.321

項目のレベルを1つ下げる　❶項目の先頭でTabキーを押す

項目のレベルが1つ下がった　❷文字を入力　❸Enterキーを押す

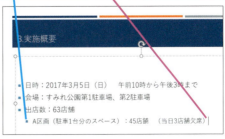

同じレベルで項目が追加される　レベルを1つ上げるにはShift+Tabキーを押す

箇条書きの活用　63

076 ドラッグで項目のレベルを変更するには

お役立ち度 ★★☆
2016 / 2013 / 2010 / 2007

入力済みの箇条書きの項目のレベルを変更するときは、マウスでドラッグすると便利です。レベルを変更したい箇条書きの先頭にある行頭文字をクリックし、マウスポインターの形が変わったら、そのまま左右にドラッグしましょう。

➡行頭文字……P.321

❶行頭文字をクリック

マウスポインターの形が変わった

❷右にドラッグ

項目のレベルが1つ下がった

左にドラッグすると項目のレベルが1つ上がる

| 関連 ≫075 | スライドペインで項目のレベルを変更するには……P.63 |

077 箇条書きの先頭を連番にするには

お役立ち度 ★★★
2016 / 2013 / 2010 / 2007

箇条書きの数を強調したいときや手順やステップを表すときは、箇条書きの先頭に連番が付いていると分かりやすくなります。箇条書きの記号を連番に変更するときは、[ホーム]タブの[段落番号]ボタンをクリックします。

➡箇条書き……P.321
➡プレースホルダー……P.328

❶プレースホルダーをクリックして選択

❷[ホーム]タブをクリック

❸[段落番号]をクリック

ここでは、箇条書きの先頭を「1、2、3…」という連番にする

箇条書きの先頭が連番になった

| 関連 ≫078 | 段落番号の種類を変更するには……P.65 |

64 できる ● 箇条書きの活用

078 段落番号の種類を変更するには

お役立ち度 ★★☆
2016 / 2013 / 2010 / 2007

［ホーム］タブの［段落番号］ボタンをクリックすると、最初は「1.2.3.」といった連番が表示されます。丸数字の連番やローマ数字の連番などに変更するには、［段落番号］ボタンの一覧から変更後の段落番号を指定します。

➡プレースホルダー……P.328

ワザ077を参考にプレースホルダーを選択しておく

❶ ［ホーム］タブをクリック
❷ ［段落番号］のここをクリック

❸ 変更したい段落番号にマウスポインターを合わせる

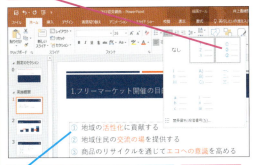

マウスポインターを合わせた段落番号はここにプレビューされる
❹ そのままクリック

段落番号の種類が変わった

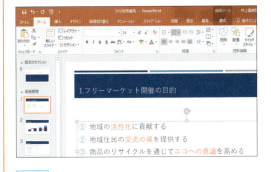

関連 »077 箇条書きの先頭を連番にするには……P.64

079 箇条書きの行頭文字を変更するには

お役立ち度 ★★☆
2016 / 2013 / 2010 / 2007

箇条書きの行頭文字は、スライドに適用しているテーマによって決まっていますが、後から変更できます。プレースホルダー全体の記号を変更するときは、プレースホルダーの外枠をクリックしてから以下の手順で操作します。箇条書きの一部の記号を変更するときは、変更したい箇条書きをクリックしておきましょう。

➡行頭文字……P.321
➡テーマ……P.326

ワザ077を参考にプレースホルダーを選択しておく

❶ ［ホーム］タブをクリック
❷ ［箇条書き］のここをクリック

❸ 変更したい記号にマウスポインターを合わせる

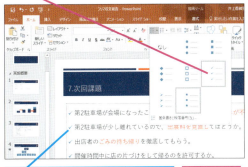

マウスポインターを合わせた記号はここにプレビューされる
❹ そのままクリック

行頭文字が変わった

箇条書きの活用 できる 65

080 行頭文字の大きさを変更するには

お役立ち度 ★★☆
2016 / 2013 / 2010 / 2007

箇条書きの行頭文字の大きさは後から変更できます。以下の操作で［箇条書きと段落番号］ダイアログボックスを開き、［サイズ］の数値を変更します。「100」より大きな数値を指定すると行頭文字が拡大し、「100」より小さな数値を指定すると行頭文字が縮小します。

→行頭文字……P.321

> ワザ077を参考にプレースホルダー全体を選択しておく

❶［ホーム］タブをクリック
❷［箇条書き］のここをクリック

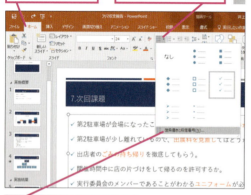

❸［箇条書きと段落番号］をクリック

> ［箇条書きと段落番号］ダイアログボックスが表示された

ここでは、サイズを110%の大きさにする

❹「110」と入力
❺［OK］をクリック

> 行頭文字の大きさが変更される

関連 ≫079 箇条書きの行頭文字を変更するには……P.65

---

081 文字数が違う項目を特定の位置にそろえるには

お役立ち度 ★★★
2016 / 2013 / 2010 / 2007

「タブ」とは、Tabキーを押したときに設定したタブ位置までカーソルを移動する機能のことです。Tabキーを何回か押せば文頭をそろえられますが、［左揃え］タブ、［中央揃え］タブ、［右揃え］タブ、［少数点］タブを利用すれば、プレースホルダー内の特定の位置に文字をそろえられます。

例えば、けた数をそろえて金額だけを右端にそろえるには、［右揃え］タブを設定します。設定したタブは、ルーラー上に表示され、タブマーカーをドラッグして後から位置を調整できます。タブを解除したいときは、ルーラー上のタブマーカーをルーラー以外の場所にドラッグしましょう。

→ルーラー……P.329

> ワザ016を参考にルーラーを表示し、プレースホルダーの文字をすべて選択しておく

❶ここが［右揃え］タブになるまで数回クリック
❷ルーラー上で、右端をそろえたい位置をクリック

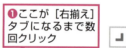

❸ここをクリック
❹Tabキーを押す

金額だけが右に配置された

Tabキーを押してほかの金額も右にそろえておく

関連 ≫084 ルーラーを使って箇条書きの開始位置を変更するには……P.68

082

行間と段落前の間隔の違いは何?

お役立ち度 ★★☆
2016 / 2013 / 2010 / 2007

行間とは、文字通り行と行の間の間隔のことで、前の行の文字の下側から次の行の文字の下側までの距離のことです。一方段落とは、キーを押して改行してから次のキーを押して改行するまでの文章の固まりのことです。段落は1行だけの場合もあれば、複数行で1段落の場合もあります。　➡行間……P.321

関連
≫083　行の間隔を変更するには……P.67

◆行間　◆段落前の間隔

- 第2駐車場が会場になったことで、実行員会メンバーの人手が駐車場が少し離れているので、出展料を見直してはどうか。
- 出店者のごみの持ち帰りを徹底してもらう。
- 開催時間中に店の片づけをして帰るのを許可するか。実行であることがわかるユニフォームが必要。

◆段落　◆段落後の間隔

083

行の間隔を変更するには

お役立ち度 ★★★
2016 / 2013 / 2010 / 2007

箇条書きの行数が少ないと、プレースホルダーの上下の余白が多くなります。箇条書きをバランスよく表示するには、行間を広げるといいでしょう。

➡プレースホルダー……P.328

❶ プレースホルダーの枠線をクリック

❷ [ホーム] タブをクリック

❸ [行間] をクリック

❹ [2.0] をクリック

現在設定されている行間にチェックマークが付いている

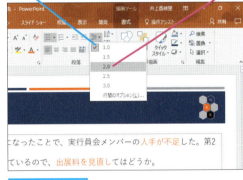

行間が広がった

関連
≫082　行間と段落前の間隔の違いは何？……P.67

084 ルーラーを使って箇条書きの開始位置を変更するには

お役立ち度 ★★★
2016 / 2013 / 2010 / 2007

箇条書きのレベルを変えずに開始位置だけを右にずらしたいときは、ルーラー上にあるインデントマーカーを使うといいでしょう。箇条書きの記号や番号などの開始位置を調整するときは、一番左側にある［先頭行のインデントマーカー］をドラッグします。箇条書きの文字の開始位置を調整するときは、［左インデントマーカー］の上側にある三角のマーカーをドラッグします。この場合は、箇条書きの記号や番号の位置は変わりません。箇条書きの記号や番号と文字の開始位置を同時に調整するときは、［左インデントマーカー］の四角い部分をドラッグしましょう。

➡箇条書き……P.321
➡ルーラー……P.329

> ワザ016を参考にルーラーを表示しておく

> 箇条書きの文字の先頭にカーソルを表示させておく

●先頭行の開始位置を調整する

［先頭行のインデントマーカー］をここまでドラッグ

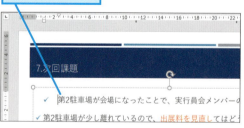

先頭行の開始位置が変わった

●箇条書きの文字の開始位置を調整する

［左インデントマーカー］の三角の部分をここまでドラッグ

箇条書きの文字の開始位置が変わった

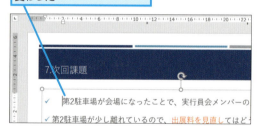

●先頭行と箇条書きの文字の開始位置を同時に調整する

［左インデントマーカー］の四角の部分をここまでドラッグ

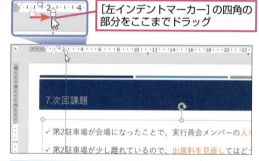

先頭行と箇条書きの文字の位置が変わった

関連 ≫081 文字数が違う項目を特定の位置にそろえるには …… P.66

アウトライン入力

アウトライン機能を使うと、アイデアを効率的に整理できます。ここでは、アウトライン画面で文字やスライドを作成するときの疑問を解決します。

085 アウトライン表示モードに切り替えるには

お役立ち度 ★★★
2016 / 2013 / 2010 / 2007

プレゼンテーションで重要なのは、スライドのデザインや配色ではなく発表する内容です。そのためには、いきなりスライドの作り込みを開始するのではなく、最初に発表する内容を整理してプレゼンテーション全体の骨格をしっかり作っておくことが必要です。[表示] タブの [アウトライン表示] ボタンをクリックして、アウトライン表示モードに切り替えると、文字だけが表示されるので、ワープロ感覚で文字を入力しながら、プレゼンテーションの内容に集中して作業できます。

➡ [アウトライン表示] モード……P.319

❶ [表示] タブをクリック　❷ [アウトライン表示] をクリック

アウトライン表示モードに切り替わった

デザインや配色に気を取られることなく、文字の入力や結果に集中できる

086 アウトラインの領域を広げるには

お役立ち度 ★★☆
2016 / 2013 / 2010 / 2007

プレゼンテーションの骨格作りをするときは、アウトライン画面の領域を広げた方がスムーズに操作できます。スライドペインとの境界線にマウスポインターを合わせて右方向にドラッグすると、アウトラインの領域を自由に広げられます。

➡ スライドペイン……P.324

❶ ここにマウスポインターを合わせる　　マウスポインターの形が変わった

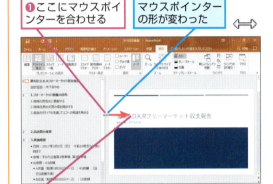

❷ ここまでドラッグ

アウトラインの領域が広がった

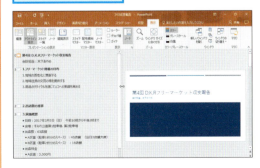

関連 ≫085　アウトライン表示モードに切り替えるには……P.69

アウトライン入力 ● できる　69

087 アウトライン画面で項目を追加せずに改行するには

お役立ち度 ★★★
2016 / 2013 / 2010 / 2007

アウトライン画面でEnterキーを押すと、現在のレベルと同じ項目が自動的に追加されます。項目を追加せずに改行したいときは、Shift+Enterキーを押して改行します。そうすると、項目の中で改行されます。

→アウトライン……P.319
→レベル……P.329

ワザ085を参考に、アウトライン画面を表示しておく

●項目を追加する

❶ここをクリック

❷Enterキーを押す

同じレベルの項目が追加された

●項目の中で改行する

❶ここをクリック

❷Shiftキーを押しながらEnterキーを押す

項目の中で改行された

関連	アウトライン画面で文字の
≫089	先頭位置を変更するには……P.70

088 アウトライン画面でスライドのタイトルだけを表示するには

お役立ち度 ★★☆
2016 / 2013 / 2010 / 2007

プレゼンテーション全体の構成や発表の順番を考えるときは、以下の手順でそれぞれのスライドのタイトルだけを表示すると分かりやすいでしょう。各スライドの詳細を表示したいときは、[すべて展開]を選びます。

→スライド……P.324

ワザ085を参考に、アウトライン画面を表示しておく

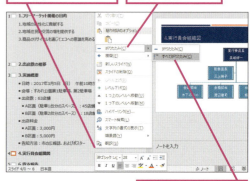

❶[アウトライン]タブの何もないところを右クリック

❷[折りたたみ]にマウスポインターを合わせる

❸[すべて折りたたみ]をクリック

アウトライン画面でスライドのタイトルのみが表示される

089 アウトライン画面で文字の先頭位置を変更するには

お役立ち度 ★★☆
2016 / 2013 / 2010 / 2007

アウトライン画面でEnterキーを押すと、直前の項目のレベルが次の行にも引き継がれます。Tabキーを押すと、1段階ずつレベルが下がり、文字の先頭位置が右にずれます。Shift+Tabキーを押すと1段階ずつレベルが上がり、文字の先頭位置が左にずれます。

→アウトライン……P.319

関連	アウトライン画面で項目を
≫087	追加せずに改行するには……P.70

090

お役立ち度 ★★☆

2016 2013 2010 2007

アウトライン画面でスライドの順番を入れ替えるには

プレゼンテーションの骨格を作っている途中で、スライドの順番を変更したくなることもあるでしょう。スライド番号の右側にあるスライドアイコンをクリックすると、そのスライドの下の階層も含めてまとめて選択できます。この状態で、スライドアイコンを移動先までドラッグすると、スライドの順番を入れ替えることができます。移動先に表示される目安の線を手がかりにドラッグするといいでしょう。

➡スライド……P.324

ワザ085を参考に、アウトライン画面を表示しておく

❶行頭にあるマークにマウスポインターを合わせる

マウスポインターの形が変わった

❷移動先までドラッグ

移動先に線が表示される

スライドの順番が変更される

関連 ≫061 スライドの順番を変更するには……………………P.55

091

お役立ち度 ★★★

2016 2013 2010 2007

アウトライン画面で素早く操作するには

アウトライン画面で操作するときは、キーボードから文字を入力するのが中心になります。途中でマウスに持ち変えなくても済むように、ショートカットキーを覚えておくと効率よく操作できます。

➡ショートカットキー……P.322

●アウトライン画面で便利なショートカットキー

キー操作	実行される機能
Tab / Alt + Shift + →	レベルを下げる
Shift + Tab / Alt + Shift + ←	レベルを上げる
Alt + Shift + ↑	スライドや箇条書きを1段階上に移動する
Alt + Shift + ↓	スライドや箇条書きを1段階下に移動する
Alt + Shift + 1	スライドのタイトルだけを表示する
Alt + Shift + A	すべての箇条書きを表示する
Alt + Shift + +	箇条書きを部分的に展開する
Alt + Shift + -	箇条書きを部分的に折りたたむ

●ショートカットキーを使ったレベルの変更

ワザ085を参考に、アウトライン画面を表示しておく

❶ここをクリック

❷ Alt キーと Shift キーと ↓ キーを同時に押す

箇条書きが下に移動した

関連 ≫090 アウトライン画面でスライドの順番を入れ替えるには……………P.71

アウトライン入力 ● できる **71**

第3章 スライドをデザインする

文字の書式

文字を目立たせたり美しく見せたりするには、文字に書式を設定します。ここでは、文字のサイズや形、色など、書式に関する疑問を解決します。

092 プレースホルダー内の文字サイズを一度に変更したい
お役立ち度 ★★★
2016 / 2013 / 2010 / 2007

プレースホルダーにあるすべての文字のフォントサイズを変更するには、プレースホルダーの枠をクリックしてプレースホルダー全体を選択してからフォントサイズを選びます。
→プレースホルダー……P.328

プレースホルダーの枠をクリックして
プレースホルダー全体を選択しておく

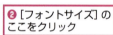

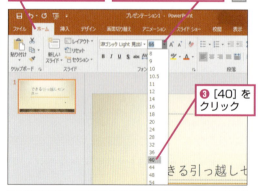

❶［ホーム］タブをクリック
❷［フォントサイズ］のここをクリック
❸［40］をクリック

文字の大きさが変更された

| 関連 ≫094 | 文字の一部を大きくして目立たせるには……P.72 |

093 文字のサイズって決まりはあるの？
お役立ち度 ★★☆
2016 / 2013 / 2010 / 2007

［Officeテーマ］が設定されたスライドでは、「タイトルスライド」や「セクション見出し」を除き、タイトルの文字には44ポイント、箇条書きの文字には28ポイントの文字サイズが設定されています。大きな会場で行うプレゼンテーションでは、28ポイント以下になると読みづらくなるので注意しましょう。

| 関連 ≫128 | 統一感のあるデザインをすべてのスライドに設定するには……P.87 |

094 文字の一部を大きくして目立たせるには
お役立ち度 ★★☆
2016 / 2013 / 2010 / 2007

特定の文字の文字サイズを変更するときは、ドラッグして文字を選択してから、［フォントサイズ］ボタンをクリックして変更します。

❶大きさを変更したい文字をドラッグ
❷ワザ092を参考に文字の大きさを変更

選択した文字だけ大きさが変更された

| 関連 ≫092 | プレースホルダー内の文字サイズを一度に変更したい……P.72 |

095 文字を1文字単位で選べるようにするには

お役立ち度 ★★☆
2016 / 2013 / 2010 / 2007

PowerPointの初期設定では、以下の例のように「交流の場」の「流の」だけをドラッグしても、自動的に「交流の」が選択されます。これは、文字をドラッグすると単語単位で選択される設定になっているからです。[PowerPointのオプション]ダイアログボックスの[詳細設定]で、[文字列の選択時に、単語単位で選択する]のチェックマークをはずすと、単語単位の選択を解除できます。　➡ダイアログボックス……P.325

❶「流」を選択したまま「の」までドラッグ

「交流の」が自動で選ばれた

ワザ018を参考に[PowerPointのオプション]ダイアログボックスを表示しておく

❷[詳細設定]をクリック

❸[文字列の選択時に、単語単位で選択する]をクリックしてチェックマークをはずす

❹[OK]をクリック

1文字単位で選択できるようになる

> 関連 ≫018　PowerPointの設定を変更したい……P.38

096 離れた文字を同時に選択するには

お役立ち度 ★★☆
2016 / 2013 / 2010 / 2007

離れた文字を同時に選択したいときは、Ctrlキーを押しながらドラッグします。間違って選択したときは、最初から操作をやり直しましょう。

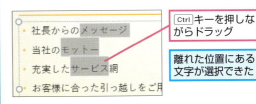

Ctrlキーを押しながらドラッグ

離れた位置にある文字が選択できた

> 関連 ≫095　文字を1文字単位で選べるようにするには……P.73

097 画面で見ながら文字サイズを調整するには

お役立ち度 ★★☆
2016 / 2013 / 2010 / 2007

文字サイズは「ポイント」と呼ばれる単位で設定します。ポイントは、1ポイント当たり約0.3mmですが、サイズがイメージしにくいかもしれません。[ホーム]タブの[フォントサイズの拡大]ボタンや[フォントサイズの縮小]ボタンを使えば、画面で確認しながら文字のサイズを変更できます。　➡フォント……P.328

プレースホルダーの枠をクリックしてプレースホルダー全体を選択しておく

❶[ホーム]タブをクリック

❷[フォントサイズの拡大]を1回クリック

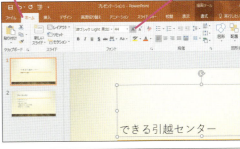

文字の大きさが1段階大きくなった

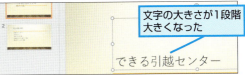

098 スライドにある文字の大きさをまとめて変更したい

お役立ち度 ★★★
2016 / 2013 / 2010 / 2007

［スライドマスター］を使うとすべてのスライドにある文字のサイズをまとめて変更できます。スライドマスター画面で設定した書式は、自動的にすべてのスライドに反映されるため、スライドの書式を1枚ずつ変更する手間が省けます。また、新しいスライドを追加したときにも、スライドマスター画面で設定した書式が自動的に反映されます。
スライドマスターの操作については、ワザ146以降を参照してください。　➡スライドマスター……P.325

プレースホルダーの枠をクリックしてプレースホルダー全体を選択しておく

❶［表示］タブをクリック
❷［スライドマスター］をクリック
❸［ホーム］タブをクリック
❹［フォントサイズ］のここをクリック

❺一番上のレイアウトをクリック
❻［32］をクリック

スライドマスターの文字の大きさが変更される

099 文字の背景を好きな色で塗りつぶすには

お役立ち度 ★★☆
2016 / 2013 / 2010 / 2007

タイトルや箇条書きの文字の背景に色を付けたいときは、［ホーム］タブの［図形の塗りつぶし］ボタンから色を選択します。そうすると、プレースホルダー全体に色が付きます。
➡箇条書き……P.321
➡プレースホルダー……P.328

プレースホルダーの枠をクリックしてプレースホルダー全体を選択しておく

❶［ホーム］タブをクリック
❷［図形の塗りつぶし］のここをクリック

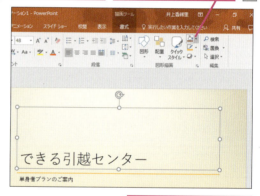

❸塗りつぶしに使いたい色を選択

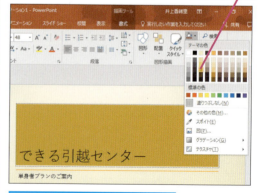

選択した色でプレースホルダーが塗りつぶされる

関連 ≫110 一覧にない色を選択するには……P.79

100 下線の種類や色を設定するには

お役立ち度 ★★★
2016 / 2013 / 2010 / 2007

［ホーム］タブの［下線］ボタンでは、下線の色は設定できませんが、［フォント］ダイアログボックスの［下線の色］を使うと、下線の種類や色を設定できます。［ホーム］タブの［下線］ボタンを使った場合、文字に設定されている色の下線しか引けません。

➡ フォント……P.328

下線を付けたい文字を選択しておく

❶［ホーム］タブをクリック
❷［フォント］をクリック

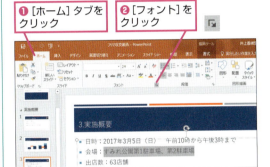

［フォント］ダイアログボックスが表示された
❸［フォント］タブをクリック
❹ ここをクリックして［下線のスタイル］を選択
❺ ここをクリックして［下線の色］を選択

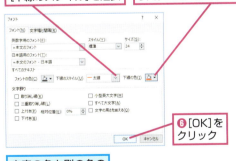

❻［OK］をクリック

文字の色と別の色の下線を設定できた

| 関連 ≫115 | URLに設定されたハイパーリンクを解除するには……P.80 |

101 さまざまな文字飾りを使うには

お役立ち度 ★★☆
2016 / 2013 / 2010 / 2007

［太字］や［斜体］［下線］以外の文字飾りを付けたいときは、［フォント］ダイアログボックスの［文字飾り］で、飾りを付けたい項目にチェックマークを付けます。複数の文字飾りを組み合わせて設定できる項目もあります。

➡ フォント……P.328

ワザ100を参考に［フォント］ダイアログボックスを表示しておく

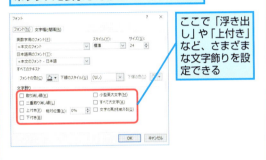

ここで「浮き出し」や「上付き」など、さまざまな文字飾りを設定できる

| 関連 ≫100 | 下線の種類や色を設定するには……P.75 |

102 プレゼンテーションに向いているフォントとは

お役立ち度 ★★☆
2016 / 2013 / 2010 / 2007

フォントには明朝体やゴシック体、教科書体、ポップ体などのさまざまな種類があります。PowerPoint 2016の［新しいプレゼンテーション］ではタイトルと箇条書きに游ゴシック体が設定されます。スライドを大きな画面に映し出して発表するプレゼンテーションでは、遠くからでも文字が見やすいように、縦線と横線が同じ太さのゴシック体を使うことが多いようです。毛筆体で和の雰囲気を強調したり、ポップなフォントで楽しさを強調するなど、プレゼンテーションの内容によって、フォントを効果的に使うこともできます。ただし、ポップ体などのカジュアルなフォントは、ビジネスシーンには適さない場合があるので注意しましょう。

➡ プレゼンテーション……P.328

| 関連 ≫103 | タイトルと箇条書きのフォントをまとめて変更するには……P.76 |

文字の書式 ● できる 75

103 タイトルと箇条書きのフォントをまとめて変更するには

お役立ち度 ★★★
2016 / 2013 / 2010 / 2007

［デザイン］タブの［バリエーション］グループにある［フォント］には、タイトル用と箇条書き用のフォントの組み合わせが何パターンも登録されています。この中から組み合わせを選ぶと、すべてのスライドのタイトルと箇条書きのフォントをまとめて変更できます。ただし、文字の一部だけ手動でフォントを変更した個所には設定が適用されません。

→バリエーション……P.327
→フォント……P.328

❶［デザイン］タブをクリック

❷［バリエーション］の［その他］をクリック

❸［フォント］にマウスポインターを合わせる

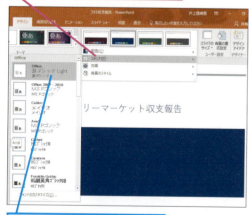

タイトルと箇条書きのフォントをまとめて変更できる

関連
≫106 フォントの種類を一括で置き換えるには………P.77

104 オリジナルのフォントの組み合わせを登録するには

お役立ち度 ★★☆
2016 / 2013 / 2010 / 2007

ワザ103の［フォント］に気に入った組み合わせがないときは、オリジナルの組み合わせを登録しましょう。［フォントのカスタマイズ］をクリックし、英数字用のフォントと日本語文字用のフォントを、それぞれタイトル用と箇条書き用に設定しましょう。この設定には名前を付けて登録することができ、次回以降は［フォント］の一覧に表示され、クリックするだけで利用できます。

→フォント……P.328

ワザ103を参考にフォントの一覧を表示しておく

❶［フォントのカスタマイズ］をクリック

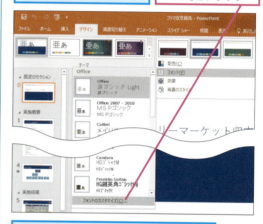

［新しいテーマのフォントパターンの作成］ダイアログボックスが表示された

❷ここをクリックして好みのフォントを選択

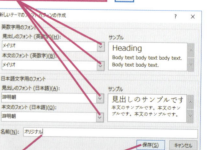

❸名前を入力

❹［保存］をクリック

オリジナルのフォントの組み合わせを登録できた

関連
≫103 タイトルと箇条書きのフォントをまとめて変更するには………P.76

105 文字を一括で置き換えるには

お役立ち度 ★★★
2016 / 2013 / 2010 / 2007

プレゼンテーションファイル内の特定の文字をすべて別の文字に変更したいときは、[ホーム]タブの[置換]ボタンをクリックします。[置換]ダイアログボックスの[置換]ボタンは、1個所ずつ確認しながら置換するときに使い、[すべて置換]ボタンは無条件にすべての文字を置換するときに使います。

プレゼンテーションファイル内の「HAWAII」をすべて「ハワイ」に置き換える

❶ [ホーム]タブをクリック　❷ [置換]をクリック

[置換]ダイアログボックスが表示された

❸ [検索する文字列]に「HAWAII」と入力　❹ [置換後の文字列]に「ハワイ」と入力

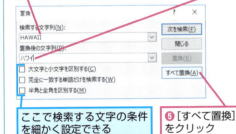

ここで検索する文字の条件を細かく設定できる　❺ [すべて置換]をクリック

プレゼンテーションファイル内の「HAWAII」がすべて「ハワイ」に置き換わった

❻ [OK]をクリック

[置換]ダイアログボックスの[閉じる]をクリックする

関連 ≫106 フォントの種類を一括で置き換えるには………P.77

106 フォントの種類を一括で置き換えるには

お役立ち度 ★★☆
2016 / 2013 / 2010 / 2007

フォントの種類によってスライドの印象は大きく変わります。異なるフォントが混ざっているとスライドにまとまりがなくなるので、一括で置き換えましょう。プレゼンテーションファイル内の特定のフォントを別のフォントに変更したいときは、[フォントの置換]機能を使います。この機能を使えば、フォントの変更漏れを防げます。　➡フォント……P.328

ここではスライドで使われている[游ゴシック]をすべて別のフォントに置き換える

❶ [ホーム]タブをクリック　❷ [置換]のここをクリック

❸ [フォントの置換]をクリック

[フォントの置換]ダイアログボックスが表示された　❹ [置換前のフォント]で[游ゴシック]を選択

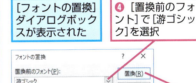

❺ [置換後のフォント]をクリックして別のフォントを選択　❻ [置換]をクリック

❼ [閉じる]をクリック

[游ゴシック]がすべて別のフォントに置き換わった

関連 ≫103 タイトルと箇条書きのフォントをまとめて変更するには………P.76

文字の書式 ● できる 77

107 文字を縦書きで入力するには

お役立ち度 ★★★
2016 / 2013 / 2010 / 2007

横書きで入力した文字を後から縦書きにするには、［ホーム］タブの［文字方向の変更］ボタンから［縦書き］をクリックします。そうすると、選択したプレースホルダー内の文字がすべて縦書きになります。あるいは、［ホーム］タブの［レイアウト］ボタンをクリックし、［タイトルと縦書きテキスト］のレイアウトに変更しても、文字が縦書きになります。ただし、スライドに画像や図表が含まれている場合は、レイアウトが崩れてしまうので注意しましょう。

➡図表……P.323
➡レイアウト……P.329

プレースホルダーの枠をクリックしてプレースホルダー全体を選択しておく

❶［ホーム］タブをクリック　❷［文字列の方向］をクリック

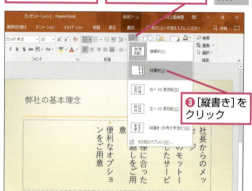

❸［縦書き］をクリック

縦書きがプレビューされる

選択したプレースホルダー内の文字が縦書きで表示された

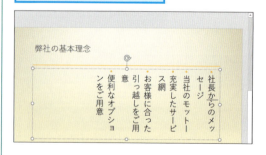

関連 ≫109　縦書きの半角数字を縦に並べるには……P.78

108 ［ホーム］タブに切り替えずに書式を変更するには

お役立ち度 ★★
2016 / 2013 / 2010 / 2007

文字に書式を付けるたびに［ホーム］タブに切り替えるのは面倒です。このような場合は、文字を選択したときに表示されるミニツールバーを使うといいでしょう。ミニツールバーにはよく使われる書式のボタンが集まっており、現在表示されているタブに関係なく、いつでも書式を設定できます。　➡書式……P.323

ここからフォントサイズなどを変更できる

関連 ≫111　文字に設定した書式を一度に解除するには……P.79

109 縦書きの半角数字を縦に並べるには

お役立ち度 ★★
2016 / 2013 / 2010 / 2007

縦書きで半角数字を入力すると、2文字ずつ横に並んで配置されます。2けたならそのままでも問題ありませんが、3けた以上の数字になると不格好に見えてしまいます。これを避けるには、半角ではなく全角で数字を入力しましょう。同様に、半角アルファベットは横に90度回転した状態で表示されますが、全角文字で入力すると縦向きで表示されます。

全角で数字を入力

「2017」の文字が1文字ずつ縦書きで表示された

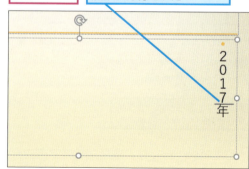

関連 ≫107　文字を縦書きで入力するには……P.78

110 一覧にない色を選択するには

お役立ち度 ★★★
2016 / 2013 / 2010 / 2007

[フォントの色]の一覧に使いたい色がないときは、[その他の色]をクリックして表示される[色の設定]ダイアログボックスの[標準]タブから色を選びます。[ユーザー設定]タブでは、[標準]タブにない色も作れます。
→ダイアログボックス……P.325
→フォント……P.328

❶[ホーム]タブをクリック
❷[フォントの色]のここをクリック

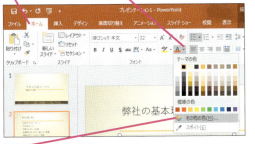

❸[その他の色]をクリック

[色の設定]ダイアログボックスが表示される

112 伝えたいポイントを効果的に目立たせたい

お役立ち度 ★★☆
2016 / 2013 / 2010 / 2007

箇条書きの中でポイントとなる単語には、目立つ色を設定しておくと効果的です。一般的に、暖色系の色は前面に出る色(進出色)、寒色系の色は奥まって見える色(後退色)とされています。そのため、目立たせたい文字には、暖色系の色を使うといいでしょう。ただし、スライドのテーマそのものが暖色系の場合には、文字に暖色系の色を設定しても目立ちません。その場合には、スライドデザインに使われている色の反対色を選びます。なお、文字を目立たせる色を1色にすると効果が上がります。
→テーマ……P.326

●進出して見える色（暖色）　●後退して見える色（寒色）

文字を目立たせるには、暖色系の色が効果的

寒色系の色は、グラフなどに使うといい

111 文字に設定した書式を一度に解除するには

お役立ち度 ★★☆
2016 / 2013 / 2010 / 2007

文字に設定した複数の書式を1つずつ解除するのは面倒です。このようなときは、書式を解除したい文字を選択し、Ctrl+spaceキーを押すと、一度に複数の書式を解除できます。
→書式……P.323

❶書式を解除したい文字やプレースホルダーを選択
❷Ctrl+spaceキーを押す

できる引越センター

設定した書式がすべて解除され、デザイン標準の書式に戻る

関連 ≫108 [ホーム]タブに切り替えずに書式を変更するには……P.78

113 ノートペインの文字に書式を設定するには

お役立ち度 ★★☆
2016 / 2013 / 2010 / 2007

ノートペインに入力した文字には[太字]や[斜線]や[下線]など、限られた書式しか設定できません。ただし、[表示]タブからノート表示モードに切り替えると、自由に書式を設定できます。ノート表示モードでは、図形や画像の挿入も可能です。

❶[表示]タブをクリック
❷[ノート表示]をクリック

関連 ≫417 発表者用のメモを残しておきたい……P.224

114 同じ書式をほかの文字にも繰り返し設定するには

お役立ち度 ★★☆
2016 / 2013 / 2010 / 2007

［ホーム］タブの［書式のコピー／貼り付け］ボタンは、コピー元に設定されている書式だけをコピーします。コピー元に複数の書式が設定されているときは、一度にまとめて書式を貼り付けられるので便利です。同じ書式を別の文字に繰り返し設定するには、［書式のコピー／貼り付け］ボタンをダブルクリックして、貼り付け先を次々とクリックしましょう。作業が終わったら、Escキーを押すか、もう一度［書式のコピー／貼り付け］ボタンをクリックして解除します。

　　　　　　　　　➡コピー……P.322
　　　　　　　　　➡書式……P.323
　　　　　　　　　➡貼り付け……P.327

文字列に設定した書式をほかの文字列にもコピーする

❶書式が設定されている文字をドラッグ

❷［ホーム］タブをクリック
❸［書式のコピー／貼り付け］をクリック

マウスポインターの形が変わった
❹書式を貼り付けたい文字をドラッグ

書式がほかの文字にコピーされた

115 URLに設定されたハイパーリンクを解除するには

お役立ち度 ★★★
2016 / 2013 / 2010 / 2007

スライドにメールアドレスやWebページのURLを入力すると、［入力オートフォーマット］機能が働き、自動的にハイパーリンクが設定されます。スライドショーでハイパーリンクが設定されたURLをクリックすると、メールソフトやブラウザーが起動します。ハイパーリンクが設定されないようにするには、［オートコレクトのオプション］ボタンの一覧から［ハイパーリンクを自動的に作成しない］をクリックします。自動でハイパーリンクになる設定はそのままで、入力したURLに設定されたハイパーリンクを解除するには、［ハイパーリンクを元に戻す］をクリックします。

　　　　　　　　　➡スライドショー……P.324
　　　　　　　　　➡ハイパーリンク……P.327

ここでは、URLやメールアドレスを入力しても、自動でハイパーリンクが設定されないようにする

❶［オートコレクトのオプション］スマートタグをクリック
❷［ハイパーリンクを自動的に作成しない］をクリック

機能をオフにせず、通常の文字に戻すには、［ハイパーリンクを元に戻す］をクリックする

設定が解除され、URLやメールアドレスと見なされる文字列を入力してもハイパーリンクが設定されなくなった

関連 ≫116　ハイパーリンクで自動的に設定される色を変更するには ……P.81

80　できる　●文字の書式

116 ハイパーリンクで自動的に設定される色を変更するには

お役立ち度 ★★★

2016 / 2013 / 2010 / 2007

ハイパーリンクが設定された文字には、自動的にほかの文字とは違う色が付きます。ハイパーリンクの文字をほかの文字と同じ色にそろえたいときは、[新しい配色パターンの作成]ダイアログボックスで、[ハイパーリンク]の色を変更しましょう。また、ハイパーリンクをクリックした後の文字色を変更したいときは、[表示済みのハイパーリンク]の色を変更します。

→ダイアログボックス……P.325
→配色……P.327
→ハイパーリンク……P.327
→バリエーション……P.327

ハイパーリンクの文字の色を黒に変更する

❶[デザイン]タブをクリック

❷[バリエーション]の[その他]をクリック

❸[配色]にマウスポインターを合わせる

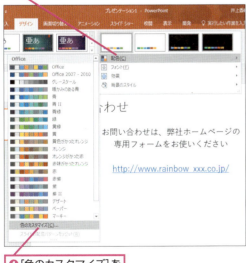

❹[色のカスタマイズ]をクリック

[新しい配色パターンの作成]ダイアログボックスが表示された

❺[ハイパーリンク]のここをクリック

❻[黒、背景1]をクリック

❼[保存]をクリック

ハイパーリンクの色が黒に変わった

お問い合わせ

お問い合わせは、弊社ホームページの専用フォームをお使いください

http://www.rainbow_xxx.co.jp/

関連 》115 URLに設定されたハイパーリンクを解除するには……P.80

文字の書式 ● できる 81

スライドのレイアウト

文字や表やグラフなどをバランスよく配置するには、スライド全体のレイアウトが重要です。ここでは、スライドのレイアウトに関する疑問を解決します。

117 プレースホルダーの大きさや位置を変更するには

お役立ち度 ★★☆
2016 / 2013 / 2010 / 2007

プレースホルダーの大きさや位置は自由に変更できます。文字数や設定したいフォントサイズに応じてプレースホルダーの大きさや位置を変更するといいでしょう。
➡プレースホルダー……P.328

❶プレースホルダーの枠をクリック
❷ここにマウスポインターを合わせる

マウスポインターの形が変わった
❸ここまでドラッグ

プレースホルダーの大きさが変更された

プレースホルダーを大きくした分、文字を入力したり文字のサイズを大きくしたりすることもできる

118 プレースホルダーの位置を微調整するには

お役立ち度 ★★☆
2016 / 2013 / 2010 / 2007

プレースホルダーの外枠にマウスポインターを合わせてドラッグすると、プレースホルダーを移動できます。位置を微調整したいときは、プレースホルダーの枠をクリックして選択してから、Ctrlキーを押しながらキーボードの方向キーを押しましょう。
➡マウスポインター……P.328

❶プレースホルダーの枠をクリック

❷Ctrl+→キーを押す
プレースホルダーが少し右に移動した

119 スライドのレイアウトで気を付けることは何？

お役立ち度 ★★☆
2016 / 2013 / 2010 / 2007

1枚のスライドにたくさんの情報を詰め込むと、聞き手は発表者の説明を聞くより、スライドを読むことに集中してしまいます。スライドは適度な空白を作り、内容を読みやすくしましょう。また、横書きのスライドと縦書きのスライドが何枚も混在していると統一感を欠いてしまうので注意しましょう。

120 オリジナルのレイアウトを作成するには

お役立ち度 ★★★
2016 / 2013 / 2010 / 2007

オリジナルのレイアウトを作成するには、スライドマスター画面に切り替えて［レイアウトの挿入］ボタンをクリックし、レイアウト作成用のスライドを表示します。次に、［プレースホルダーの挿入］ボタンから目的のプレースホルダーを選択し、スライド上に配置します。作成したレイアウトは［ホーム］タブの［レイアウト］ボタンの一覧に追加されます。スライドマスターについては、ワザ146を参照してください。

➡ スライドマスター……P.325

- ワザ098を参考にスライドマスター画面を表示しておく
- ❶［レイアウトの挿入］をクリック

- オリジナルのレイアウトを作成できるスライドマスターが表示された
- ❷［プレースホルダーの挿入］をクリック

- プレースホルダーをクリックして選択し、スライドマスターに描画する

- ❸［名前の変更］をクリック

- ［レイアウトの変更］ダイアログボックスが表示された
- ❹ ここにオリジナルのレイアウトの名前を入力
- ❺［名前の変更］をクリック

- オリジナルのレイアウトを作成できた

関連 ≫146 スライドマスターって何？ …… P.95

121 プレースホルダーに枠線を付けるには

お役立ち度 ★★☆
2016 / 2013 / 2010 / 2007

プレースホルダー内をクリックしたときに表示される外枠は、スライドショーや印刷時には表示されません。プレースホルダーに枠線を付けたいときは、外枠をクリックしてプレースホルダー全体を選択し、［ホーム］タブの［図形の枠線］ボタンから色を選択します。このボタンから線の太さや種類も設定できます。

➡ プレースホルダー……P.328

- プレースホルダーの枠をクリックして選択しておく
- ❶［ホーム］タブをクリック
- ❷［図形の枠線］のここをクリック

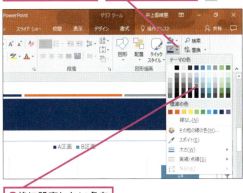

- ❸ 枠に設定したい色をクリック
- プレースホルダーの枠に色が設定された

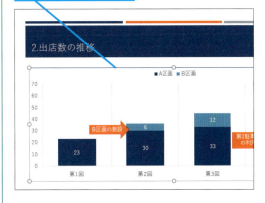

関連 ≫117 プレースホルダーの大きさや位置を変更するには …… P.82

122 スライドの縦横比を変更するには

お役立ち度 ★★★
2016 / 2013 / 2010 / 2007

ワイド画面のディスプレイが主流になり、PowerPointのスライドも初期設定ではワイド画面対応のサイズ（16：9）で表示されます。スライドを標準サイズ（4：3）に変更するには、[デザイン] タブの [スライドのサイズ] ボタンをクリックしましょう。スライドショーを実行する画面のサイズや印刷などの用途に合わせて、スライドを作る前にサイズを変更しておくといいでしょう。なお、スライドのサイズは、数値も指定できます。

➡スライド……P.324

●4:3か16:9を選択する

❶[デザイン] タブをクリック　❷[スライドのサイズ] をクリック

スライドを映す機器や、印刷の用途に応じて [標準(4:3)] か [ワイド画面(16:9)] を選択する

●縦横のサイズを自由に変更する

ワザ123を参考に [スライドのサイズ] ダイアログボックスを表示しておく

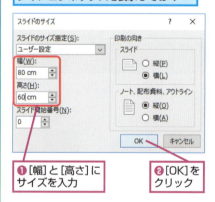

❶[幅] と [高さ] にサイズを入力　❷[OK] をクリック

関連 ≫123 A4用紙やはがきサイズのスライドを作成するには……P.84

---

123 A4用紙やはがきサイズのスライドを作成するには

お役立ち度 ★★★
2016 / 2013 / 2010 / 2007

PowerPointは、プレゼン資料を作るだけでなく、ポスターやはがきなどの印刷物も作成できます。用紙を基準にしたスライドサイズにするときは、[スライドのサイズ] ダイアログボックスでスライドのサイズを指定します。スライドの作成後にサイズを変更すると、プレースホルダーの再調整が必要になる場合があるので、文字や表を入れる前に設定しておきましょう。

➡ダイアログボックス……P.325
➡プレースホルダー……P.328

ここではスライドをA4サイズに変更する

❶[デザイン] タブをクリック　❷[スライドのサイズ] をクリック

❸[ユーザー設定のスライドサイズ] をクリック

ここでは、A4用紙のサイズに変更する

❹[スライドのサイズ指定] のここをクリックして [A4 210×297mm] を選択

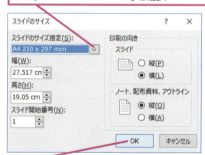

❺[OK] をクリック　スライドがA4サイズで表示される

関連 ≫124 スライドを縦方向で使うには……P.85

124 スライドを縦方向で使うには

お役立ち度 ★★☆
2016 / 2013 / 2010 / 2007

ポスターやはがきなどを作るときには、スライドを縦に使うこともあるでしょう。スライドの向きは、以下の操作で［スライドのサイズ］ダイアログボックスを開いて、［印刷の向き］を変更します。ただし、スライドを縦方向に変更すると、スライドショーの実行時も縦方向で表示されます。パソコンやプロジェクターの画面は横長が一般的ですが、縦方向のスライドの場合、スライドショーの実行時に黒い画面が左右に表示されます。

➡スライドショー……P.324
➡ダイアログボックス……P.325

ワザ122を参考に［スライドのサイズ］ダイアログボックスを表示しておく

❶［縦］をクリック　❷［OK］をクリック

［Microsoft PowerPoint］ダイアログボックスが表示された

PowerPoint 2016/2013ではコンテンツに合わせてサイズを調整できる

❸［サイズに合わせて調整］をクリック

すべてのスライドが縦方向になる

関連 ≫122 スライドの縦横比を変更するには ……P.84

125 プレースホルダーを削除するには

お役立ち度 ★★☆
2016 / 2013 / 2010 / 2007

文字などのデータが入力されていないプレースホルダーは、プレースホルダーの外枠をクリックしてから Delete キーを押して削除しましょう。プレースホルダーに文字などのデータが入力されているときは、プレースホルダー内のデータは削除されますが、プレースホルダー自体は残ったままとなります。再度プレースホルダーを選択して Delete キーを押して、プレースホルダーを削除してください。

➡プレースホルダー……P.328

文字などを入力していないプレースホルダーを削除する

❶プレースホルダーの枠をクリック

プレースホルダーの枠線表示が点線から実線に変わったことを確認しておく

❷ Delete キーを押す

プレースホルダーが削除された

青空公園ドッグランのご案内

関連 ≫126 削除したプレースホルダーを復活させるには ……P.86

126

削除したプレースホルダーを復活させるには

お役立ち度 ★★★
2016 / 2013 / 2010 / 2007

ワザ125の操作で削除したプレースホルダーをもう一度表示したいときは、[ホーム]タブの[レイアウト]ボタンから削除したスライドと同じレイアウトをクリックします。　→プレースホルダー……P.328

間違えて必要なプレースホルダーを削除してしまった

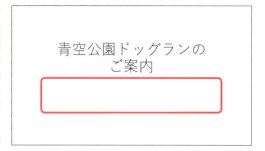

❶[ホーム]タブをクリック　❷[レイアウト]をクリック

現在適用されているレイアウトが灰色で表示される

❸灰色で表示されたレイアウトをクリック

削除したプレースホルダーが再表示された

関連 ≫125　プレースホルダーを削除するには……P.85

127

横向きと縦向きのスライドを混在できないの？

お役立ち度 ★★☆
2016 / 2013 / 2010 / 2007

1つのプレゼンテーションファイルに、横向きと縦向きのスライドは混在できません。ただし、別のファイルとして保存したスライドとの関連付けを設定すると、1つのファイルのように見せることができます。

関連付けは、ワザ115で紹介したハイパーリンクで設定できますが、文字や図形、画像などにもハイパーリンクを設定できることを覚えておきましょう。
　→ハイパーリンク……P.327

スライドのデザイン

プレゼンテーションの印象は、スライドのデザインに大きく左右されます。ここでは、スライドのデザインを気軽に変更できる、「テーマ」に関する疑問を解決します。

128

統一感のあるデザインをすべてのスライドに設定するには

お役立ち度 ★★★
2016 / 2013 / 2010 / 2007

PowerPointには、デザイナーが考えたスライド用のデザインが豊富に用意されています。[デザイン]タブの[テーマ]の一覧からデザインをクリックするだけで、すべてのスライドに同じデザインが適用できます。基本的に、テーマはどのタイミングで設定しても構いませんが、フォントの変更で文字のレイアウトを微調整した方がいいケースもあります。テーマは何度でも変更ができますが、プレゼンテーションの主題や目的に合わせたデザインを選ぶようにしましょう。

➡テーマ……P.326

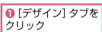
❶[デザイン]タブをクリック　❷[テーマ]の[その他]をクリック

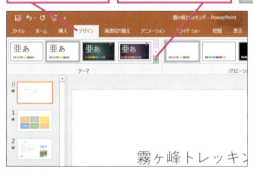

関連 ≫130 テーマに応じて文字の色が変わった！……P.88

[テーマ]の一覧が表示された　❸テーマにマウスポインターを合わせる　❹そのままクリック

マウスポインターを合わせたテーマのデザインがスライドペインに表示される

選択したテーマがすべてのスライドに適用された

129

[テーマ]って何？

お役立ち度 ★★★
2016 / 2013 / 2010 / 2007

[テーマ]は、スライドの色や模様をはじめ、文字の色やフォント、図形の色、罫線の色などの組み合わせがまとめて登録されている書式機能です。必ず使う必要はありませんが、発表するプレゼンテーションの内容に合わせて、テーマを設定するといいでしょう。

➡書式……P.323

130 テーマに応じて文字の色が変わった！

お役立ち度 ★★☆
2016 / 2013 / 2010 / 2007

テーマに登録されているのは背景の色や模様だけではありません。テーマに適した文字の色やフォント、図形やグラフの色などの書式もセットになっています。そのため、テーマを変更すると、そのテーマとセットになっている書式もすべて変更されます。ただし、手動で設定した書式については、テーマを変更してもそのまま残ります。テーマによって文字の色が変わらないようにするには、[フォントの色] ボタンの一覧にある [標準の色] か [その他の色] にある色を文字に設定しましょう。

→書式……P.323
→フォント……P.328

関連 »110 一覧にない色を選択するには……P.79

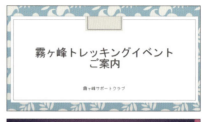

テーマによって文字の書式も変わる

131 ありきたりのデザインに飽きた

お役立ち度 ★★☆
2016 / 2013 / 2010 / 2007

「同じようなテーマを使っていて新鮮味がない……」そんなときは、テーマの配色を変更してみましょう。配色には、文字の色だけでなく、罫線や図形やグラフの色などもセットになって登録されており、スライド全体を好きな色の組み合わせに変更できます。一覧の中に目的の色がないときは、ワザ139を参考に [新しい配色パターンの作成] ダイアログボックスでオリジナルの配色を作成するといいでしょう。

→バリエーション……P.327

❶ [デザイン] タブをクリック
❷ [バリエーション] の [その他] をクリック

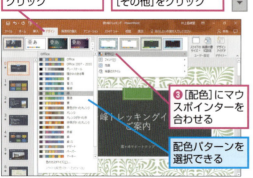

❸ [配色] にマウスポインターを合わせる
配色パターンを選択できる

132 ほかの人とスライドのデザインが被ってしまった

お役立ち度 ★★☆
2016 / 2013 / 2010 / 2007

テーマによっては、デザインはそのままで、模様や絵柄だけを変更できます。デザインを微調整するには、以下の手順で [バリエーション] の一覧からデザインを選ぶといいでしょう。

→テーマ……P.326

❶ [デザイン] タブをクリック
❷ [バリエーション] から適用したいバリエーションをクリック

バリエーションが適用される

関連 »131 ありきたりのデザインに飽きた……P.88

133

テーマが設定されたスライドで一部の色を変更するには

お役立ち度 ★★★

2016 / 2013 / 2010 / 2007

PowerPointに用意されているテーマは、複数の図形が組み合わされて構成されていますが、クリックしても選択できないようになっています。図形の色を部分的に変更したいときは、スライドマスター画面に切り替えます。スライドマスター画面の［レイアウト］から変更したい図形をクリックして選択し、［図形の塗りつぶし］ボタンから色を選択しましょう。スライドマスター画面を閉じると、変更した図形の色が同じ種類のスライドすべてに反映されます。

→スライドマスター……P.325

| ワザ098を参考にスライドマスター画面を表示しておく | ここでは、表紙のスライドに表示されるタイトルのプレースホルダーの色を変える |

❶ デザインを変更したいスライドの［レイアウト］を選択

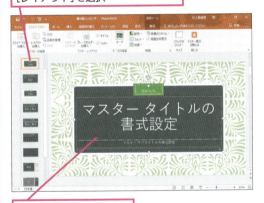

❷ 色を変更したい部分をクリックして選択

❸ ［ホーム］タブの［図形の塗りつぶし］をクリック

❹ 変更したい色にマウスポインターを合わせる

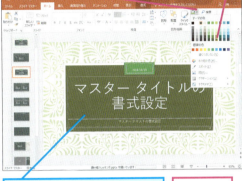

マウスポインターを合わせた色はここにプレビューされる

❺ そのままクリック

マスタータイトルの背景の色が変更された

❻ ［スライドマスター］タブをクリック

❼ ［マスター表示を閉じる］をクリック

関連 ≫098	スライドにある文字の大きさをまとめて変更したい …… P.74
関連 ≫110	一覧にない色を選択するには …… P.79
関連 ≫134	スライドの背景に木目などの模様を付けるには …… P.90
関連 ≫141	特定のスライドだけ別のテーマを適用するには …… P.93
関連 ≫142	特定のスライドだけ配色を変更するには …… P.93
関連 ≫146	スライドマスターって何？ …… P.95
関連 ≫147	テーマに使われている画像や図形を削除するには …… P.95
関連 ≫177	図形の色を変更するには …… P.108
関連 ≫178	図形の塗りつぶしや枠線の色をまとめて変更するには …… P.109
関連 ≫205	図形の色をスライドの色にぴったり合わせたい！ …… P.120

134 スライドの背景に木目などの模様を付けるには

お役立ち度 ★★★
2016 / 2013 / 2010 / 2007

背景の［塗りつぶし］に［テクスチャ］を設定すると、スライドのデザインはそのままで、背景に大理石や木目などの模様を付けられます。すべてのスライドの背景を変更したいときは［すべてに適用］ボタンをクリックしましょう。ただし、適用しているテーマによっては、背景全体に模様が付かない場合もあります。

➡書式設定……P.323

❺右にスクロール　❻ここをクリック

スライドの背景の模様を設定する

❶［デザイン］タブをクリック　❷［背景の書式設定］をクリック

［背景の書式設定］作業ウィンドウが表示された　❸［塗りつぶし（図またはテクスチャ）］をクリック

❹［背景グラフィックを表示しない］をクリック

❼背景に設定したいデザインを選択　❽［すべてに適用］をクリック

すべてのスライドの背景に模様が付いた

---

135 背景に付けた模様を控えめにしたい

お役立ち度 ★★
2016 / 2013 / 2010 / 2007

ワザ134を参考にして背景に［テクスチャ］を設定すると、文字の種類によっては読みづらくなる場合があります。文字の大きさやフォントの種類を変更したくない場合は、テクスチャの透明度を調整してみましょう。透明度の％が上がるほどテクスチャの色が薄くなっていき、100％で完全に見えなくなります。

➡フォント……P.328

ワザ134を参考にスライドの背景にテクスチャを設定しておく　［透明度］のスライダーを右に動かす

テクスチャの色が薄くなった

関連 》134 スライドの背景に木目などの模様を付けるには……P.90

136 テーマの色はどうやって選べばいいの？

お役立ち度 ★★☆
2016 / 2013 / 2010 / 2007

テーマを選ぶときは、スライドの内容と合っているかどうかが一番重要です。色の持つ心理的効果や、あるものからイメージする共通の色を使うと効果があります。また、コーポレートカラーがあるときは、積極的に利用すると印象に残りやすくなります。

●色の心理効果

色	プラスの効果	マイナスの効果
青	知的、信頼、平和といったイメージがあり、精神を安定させたり、集中力を促進させる効果がある。世界中で最も好まれる色でもある	保守的でありきたりなイメージがある
緑	くつろぎ、安らぎといったイメージがあり、ストレスを減少させたり、緊張を緩和する効果がある	未熟のイメージや催眠作用がある
紫	上品、神秘的なイメージがある	不幸な気分や不安を増大させる
黄	希望や幸福といったイメージと共に、黒と組み合わせることで注意や警告を促すこともある	子どもっぽいイメージに見られがち
赤	エネルギー、情熱といったイメージで、人を元気づけ、より活発にさせる効果がある	使い過ぎると、怒りやストレスといったマイナスのイメージが強くなり圧迫感を感じる

137 白紙のテーマに戻すには

お役立ち度 ★★☆
2016 / 2013 / 2010 / 2007

いろいろなテーマを試してみた結果、最初の白紙のテーマに戻したいことがあります。［テーマ］の一覧から［Officeテーマ］をクリックすると、白紙のテーマに戻ります。
➡テーマ……P.326

❶［デザイン］タブをクリック
❷［テーマ］の［その他］をクリック

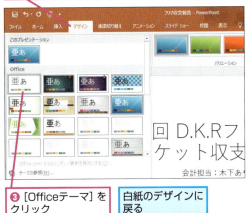

❸［Officeテーマ］をクリック
白紙のデザインに戻る

138 デザインのアイデアを教えて欲しい

お役立ち度 ★★☆
2016 / 2013 / 2010 / 2007

Office 365に加入し、PowerPoint 2016を利用しているユーザーは、［デザインアイデア］という機能を利用できます。例えば、新しいスライドにSmartArtの図表を挿入し、［デザイン］タブの［デザインアイデア］ボタンをクリックすると、図表やプレースホルダーの配置のパターンが表示されます。ただし、テーマがオリジナルの場合やスライドに挿入した写真によっては、候補が表示されません。あくまで開発途上の機能であることに注意してください。
➡Office 365……P.318

❶［デザイン］タブをクリック
❷［デザインアイデア］をクリック
❸［始めましょう］をクリック

アイデアの候補が表示されるのでクリックして選択する

139 テーマ用に新しい配色パターンを登録したい

お役立ち度 ★★★
2016 / 2013 / 2010 / 2007

気に入った配色がないときは、自分で配色を作成するといいでしょう。変更できる項目は、[新しい配色パターンの作成]ダイアログボックスに表示される12カ所です。変更したい項目の色を変更してオリジナルの配色を作成します。

→配色……P.327

ワザ131を参考に、配色の一覧を表示しておく

❶[色のカスタマイズ]をクリック

[新しい配色パターンの作成]ダイアログボックスが表示された

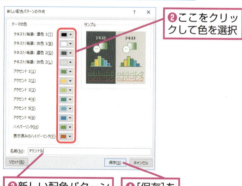

❷ここをクリックして色を選択

❸新しい配色パターンの名前を入力

❹[保存]をクリック

新しい配色パターンを登録できた

関連 ≫142 特定のスライドだけ配色を変更するには……P.93

140 特定のスライドだけ背景色を変更するには

お役立ち度 ★★☆
2016 / 2013 / 2010 / 2007

スライドの枚数が多いときに、表紙のスライドや話の転換となるスライドの背景色を変更すると、スライドの印象を強められます。スライドのデザインはそのままで背景の色だけを変更するには、[背景のスタイル]機能を使いましょう。変更後の背景色をクリックすると、すべてのスライドの背景色が変わります。特定のスライドの背景色だけを変更したいときは、背景色を右クリックし、[選択したスライドに適用]をクリックします。なお、一覧に目的の背景色が表示されないときは、[背景の書式設定]をクリックしてください。

→スライド……P.324

❶配色を変更したいスライドをクリック

❷[デザイン]タブをクリック

❸[バリエーション]の[その他]をクリック

❹[背景のスタイル]にマウスポインターを合わせる

❺スライドに適用したい背景色を右クリック

❻[選択したスライドに適用]をクリック

選択したスライドのみに別の配色を設定できた

関連 ≫142 特定のスライドだけ配色を変更するには……P.93

141 特定のスライドだけ別のテーマを適用するには

お役立ち度 ★★☆
2016 / 2013 / 2010 / 2007

以下の手順で操作すれば、1つのプレゼンテーションに複数のテーマを混在できます。ただし、スライドのテーマは大きな面積を占める分、印象に強く残ります。そのため、テーマが途中で変わると内容よりもテーマに注目が集まる危険性があります。一般的に、1つのプレゼンテーションは1つのテーマでまとめた方がすっきりします。

➡テーマ……P.326

選択したスライドのみに別のテーマを設定する

❶ テーマを変更したいスライドをクリック
❷ [デザイン]タブをクリック
❸ [テーマ]の[その他]をクリック
❹ スライドに適用したいデザインを右クリック
❺ [選択したスライドに適用]をクリック

選択したスライドのみに別のテーマを設定できた

| 関連 ≫128 | 統一感のあるデザインをすべてのスライドに設定するには……P.87 |

142 特定のスライドだけ配色を変更するには

お役立ち度 ★★☆
2016 / 2013 / 2010 / 2007

ワザ131の操作で配色を変更すると、すべてのスライドの配色が変わります。特定のスライドの配色を変更するときは、最初にスライドを選択しておきます。利用したい配色を右クリックし、[選択したスライドに適用]をクリックしましょう。

➡配色……P.327

選択したスライドのみに別の配色を設定する

❶ 配色を変更したいスライドをクリック
❷ [デザイン]タブをクリック
❸ [バリエーション]の[その他]をクリック
❹ [配色]にマウスポインターを合わせる
❺ スライドに適用したい配色を右クリック
❻ [選択したスライドに適用]をクリック

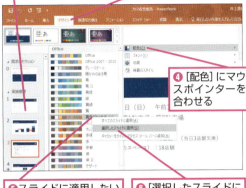

選択したスライドのみに別の配色を設定できた

| 関連 ≫133 | テーマが設定されたスライドで一部の色を変更するには……P.89 |
| 関連 ≫141 | 特定のスライドだけ別のテーマを適用するには……P.93 |

143 色を多用しても大丈夫？

お役立ち度 ★★☆
2016 / 2013 / 2010 / 2007

スライドに使われている色の数が多過ぎると、重要なポイントがぼやけてしまいます。背景の色を含めて全部で3～5色以内でまとめるようにしましょう。

色の数が多過ぎるとポイントが分かりにくくなる

関連 ≫136 テーマの色はどうやって選べばいいの？ ………… P.91

144 聞き手の印象に残る配色とは

お役立ち度 ★★☆
2016 / 2013 / 2010 / 2007

スライドの配色は、そのときの思い付きで色を付けるのではなく、あらかじめルールを決めておくと統一感が生まれます。例えば、スライドの中で強調する個所を常に同じ色とすることで、聞き手の印象に残りやすくなります。　→スライド……P.324

強調したいキーワードは、同じ色を設定するといい

関連 ≫136 テーマの色はどうやって選べばいいの？ ………… P.91

145 新しいスライドの作成時に設定されるテーマを変更するには

お役立ち度 ★★☆
2016 / 2013 / 2010 / 2007

PowerPointを起動して新しいプレゼンテーションファイルを開くと、［Officeテーマ］が設定済みの白紙のスライドが表示されます。プレゼンテーションファイルの作成時に適用されるテーマを違うものにしたいときは、以下の手順で変更できます。元の白紙のスライドに戻したいときは、［テーマ］の一覧から［Officeテーマ］を右クリックし、［既定のテーマとして設定］をクリックしましょう。　→テーマ……P.326

❶ ［デザイン］タブをクリック
❷ ［テーマ］の［その他］をクリック

❸ よく使うテーマを右クリック
❹ ［既定のテーマとして設定］をクリック

よく使うテーマを既定のテーマとして設定できた

次回以降、プレゼンテーションファイルを新規作成した際は、このテーマが自動的に適用される

関連 ≫139 テーマ用に新しい配色パターンを登録したい ……P.92

スライドマスターの設定

すべてのスライドに共通の書式は、スライドマスター画面で管理すると便利です。ここでは、スライドマスターにまつわる疑問を解決します。

146　スライドマスターって何？

お役立ち度 ★★★
2016 / 2013 / 2010 / 2007

スライドにテーマを適用すると、そのテーマに合わせて文字の色やサイズ、配置などの書式が自動的に設定されます。これらの書式は、「スライドマスター」と呼ばれる専用の画面でまとめて管理されています。スライドマスターはテーマごとにあらかじめ用意された設計図のようなもので、テーマの書式を変更するには、設計図そのものであるスライドマスターを変更する必要があります。スライドマスターで変更した書式は、すべてのスライドに反映されます。

➡スライドマスター……P.325
➡テーマ……P.326

❶[表示] タブをクリック　❷[スライドマスター] をクリック

❸ここを上にドラッグしてスクロール　　スライドマスターが表示された

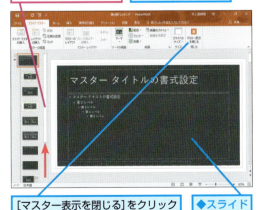

[マスター表示を閉じる] をクリックすると [標準] の表示に戻る　　◆スライドマスター

147　テーマに使われている画像や図形を削除するには

お役立ち度 ★★☆
2016 / 2013 / 2010 / 2007

適用したテーマの中に、スライドの内容に合わない画像があるときは、スライドマスターで削除しましょう。削除したい画像や図形をクリックし、まわりにハンドルが表示された状態で Delete キーを押します。その後 [スライドマスター] タブの [マスター表示を閉じる] ボタンをクリックすると、すべてのスライドに反映されます。

➡スライドマスター……P.325
➡ハンドル……P.327

ワザ098を参考に、[スライドマスター] 画面を表示しておく

❶削除したい図形をクリック　❷ Delete キーを押す

ワザ146を参考にスライドマスター画面を閉じて、通常の画面に戻る

デザインから図形が削除された

関連 ≫146　スライドマスターって何？ ……P.95

148 すべてのスライドに会社のロゴを表示したい

お役立ち度 ★★★
2016 / 2013 / 2010 / 2007

社外向けのプレゼンテーションでは、すべてのスライドに会社名や会社のロゴを入れると統一感を出せます。スライドごとに画像を挿入すると、手間がかかるだけでなく、画像の位置が微妙にずれて印象が悪くなります。このようなときは、スライドマスターに画像を挿入すると、すべてのスライドの同じ位置に同じサイズで配置できます。なお、視線はスライドの左上から右下に動くため、視線の邪魔にならないように、スライドの右上や左下にロゴを配置するといいでしょう。

➡ スライドマスター……P.325

すべてのスライドに会社のロゴを表示するには一番上の[スライドマスター]に画像を挿入する

❶ ワザ098を参考にスライドマスター画面を表示
❷ 一番上の[スライドマスター]を選択
❸ ワザ289を参考に画像を挿入

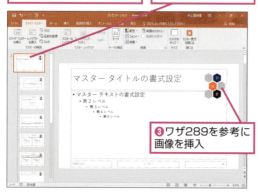

ワザ146を参考にスライドマスター画面を閉じる
すべてのスライドに会社のロゴが挿入される

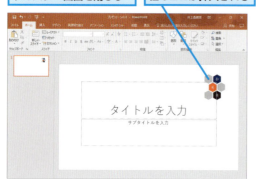

関連 ≫289 パソコンに保存してある画像を挿入するには……P.160

149 スライドマスターのレイアウトって何？

お役立ち度 ★★☆
2016 / 2013 / 2010 / 2007

スライドマスター画面で一番上に表示される[スライドマスター]の下には、スライドごとの書式を設定できる[レイアウト]がまとめられています。[レイアウト]に加えた変更内容は、同じレイアウトを適用しているスライドのみに反映されます。

➡ スライドマスター……P.325

スライドマスターは、レイアウトごとに用意されている

一番上に表示されているスライドマスターに加えた変更内容は、すべてのレイアウトに反映される

150 すべてのスライドのタイトルを太字にするには

お役立ち度 ★★☆
2016 / 2013 / 2010 / 2007

すべてのスライドのタイトルに太字の設定をするには、スライドマスター画面で「マスタータイトルの書式設定」のプレースホルダーを選択し、[ホーム]タブの[太字]ボタンをクリックします。最後に[マスター表示を閉じる]ボタンをクリックしましょう。

➡ スライドマスター……P.325

❶ ワザ098を参考に[スライドマスター]を表示
❷ [マスタータイトルの書式設定]のプレースホルダーをクリック

マスター タイトルの書式設定
・マスター テキストの書式設定

フォントの書式を太字にするとすべてのスライドのタイトルに反映される

151 オリジナルのテーマを作成するには

お役立ち度 ★★★
2016 / 2013 / 2010 / 2007

オリジナルのテーマを作りたいときは、白紙のスライドマスターに図形を描いたり背景の色を設定したりします。テーマを保存する方法は、ワザ152を参照してください。

➡テーマ……P.326

白紙のタイトルスライドを表示し、ワザ098を参考にスライドマスターを表示する

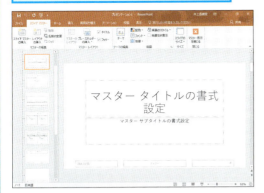

ここでは背景の色を変更する
❶[背景のスタイル]をクリック

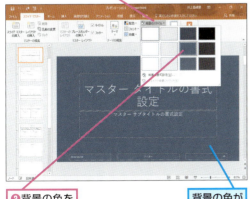

❷背景の色をクリック
背景の色が変更される

関連		
≫140	特定のスライドだけ背景色を変更するには	P.92
≫146	スライドマスターって何？	P.95
≫147	テーマに使われている画像や図形を削除するには	P.95
≫152	オリジナルのテーマを保存するには	P.97

152 オリジナルのテーマを保存するには

お役立ち度 ★★☆
2016 / 2013 / 2010 / 2007

ワザ151の手順で作成したオリジナルのテーマは、後から何度でも使い回しができるように、[現在のテーマを保存]をクリックして保存しましょう。次回からは[デザイン]タブの[テーマ]の一覧に追加され、クリックするだけでそのテーマを適用できます。

➡テーマ……P.326

ワザ128を参考に、[その他]をクリックしてテーマの一覧を表示しておく

❶[現在のテーマを保存]をクリック

[現在のテーマを保存]ダイアログボックスが表示された
❷ファイル名を入力

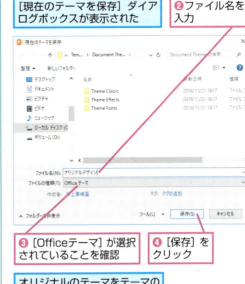

❸[Officeテーマ]が選択されていることを確認
❹[保存]をクリック

オリジナルのテーマをテーマの一覧に登録できた

関連		
≫153	スライドマスターのレイアウトを削除してしまった！	P.98

スライドマスターの設定　97

153 スライドマスターのレイアウトを削除してしまった！

お役立ち度 ★★☆
2016 / 2013 / 2010 / 2007

スライドマスター画面の左側には、ワザ146で解説したように、レイアウトの一覧が表示されます。使用していないレイアウトは［削除］ボタンをクリックして削除しても構いません。ただし、いったん削除してしまうと、［ホーム］タブの［新しいスライド］や［レイアウト］ボタンをクリックしてもメニューに表示されなくなります。もう一度同じテーマを適用すると、スライドマスターに設定した書式は初期状態に戻ってしまうので、クイックアクセスツールバーの［元に戻す］ボタンで元に戻しましょう。

→クイックアクセスツールバー……P.321

●レイアウトの削除

ワザ098を参考にスライドマスターを表示しておく

削除するレイアウトを右クリックして［レイアウトの削除］をクリック

レイアウトが削除された

●レイアウトの復旧

削除してしまったレイアウトを復旧する

クイックアクセスツールバーの［元に戻す］のここをクリック

レイアウトが削除される前に戻った

［元に戻す］ボタンで戻れない場合は、もう一度同じテーマを適用して書式設定などをやり直す

関連 ≫152 オリジナルのテーマを保存するには ……………… P.97

154 登録したテーマを削除するには

お役立ち度 ★★☆
2016 / 2013 / 2010 / 2007

ワザ152の操作で保存したオリジナルのデザインは、後から削除できます。［デザイン］タブの［テーマ］の一覧から削除したいテーマを右クリックし、表示されるメニューから［削除］をクリックします。ただし、PowerPointのインストール時に登録されたテーマはこの方法では削除できません。

→インストール……P.320
→テーマ……P.326

ワザ128を参考に、［その他］をクリックしてテーマの一覧を表示しておく

❶追加したテーマを右クリック　❷［削除］をクリック

登録したテーマが一覧から削除された

関連 ≫152 オリジナルのテーマを保存するには ……………… P.97

ヘッダーやフッターの活用

スライドの上部のスペースを「ヘッダー」、下部のスペースを「フッター」といいます。ここでは、ヘッダーやフッターにスライド番号や日付などを表示するときの疑問を解決します。

155 スライドに番号を付けるには

お役立ち度 ★★★
2016 / 2013 / 2010 / 2007

スライド番号は、スライドの順番を明確にするだけでなく、質疑応答の際にスライドを指定しやすいというメリットがあります。[ヘッダーとフッター]ダイアログボックスで[スライド番号]のチェックマークを付けると、各スライドにスライド番号が表示されます。スライド番号が表示される位置は、スライドに適用しているテーマによって異なります。

➡スライド番号……P.324

| ここではスライドの1枚目からページ番号を挿入する |

❶[挿入]タブをクリック　❷[ヘッダーとフッター]をクリック

[ヘッダーとフッター]ダイアログボックスが表示された　❸[スライド]タブをクリック

❹[スライド番号]をクリックしてチェックマークを付ける
❺[すべてに適用]をクリック

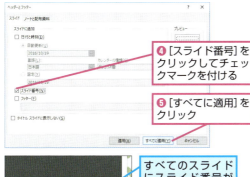

すべてのスライドにスライド番号が表示された

関連 ≫156 表紙のスライド番号を非表示にするには……P.99

156 表紙のスライド番号を非表示にするには

お役立ち度 ★★★
2016 / 2013 / 2010 / 2007

スライド番号を設定すると、1枚目のスライドには「1」、2枚目のスライドには「2」のスライド番号が付きます。1枚目のスライドは全体の表紙となるスライドで、[タイトルスライド]のレイアウトが適用されているので、スライド番号を非表示にしておきましょう。一般的に、表紙のスライドには番号を付けません。

➡スライド番号……P.324
➡フッター……P.328

| ワザ155を参考に[ヘッダーとフッター]ダイアログボックスを表示しておく |

❶[スライド]タブをクリック　❷[スライド番号]をクリックしてチェックマークを付ける

❸[タイトルスライドに表示しない]をクリックしてチェックマークを付ける
❹[すべてに適用]をクリック

タイトルスライドのスライド番号が非表示になった

2枚目のスライドに「2」のスライド番号が表示された

157 2枚目のスライド番号を「1」に変更するには

お役立ち度 ★★★
2016 / 2013 / 2010 / 2007

ワザ156のように、表紙のスライドにスライド番号が表示されないようにすると、2枚目のスライドに「2」の番号が付きます。2枚目のスライドに「1」の番号を付けるには、[スライド開始番号]を「0」に変更しましょう。「0」の番号が1枚目のスライドに表示されないように、必ず[タイトルスライドに表示しない]と合わせて設定してください。

ワザ156を参考に、2枚目のスライドからスライド番号が表示されるように設定しておく

ワザ123を参考に、[スライドのサイズ]ダイアログボックスを表示しておく

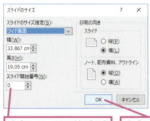

❶[スライド開始番号]に「0」と入力
❷[OK]をクリック

2枚目のスライドに「1」のスライド番号が表示される

158 ページ番号が表示されないときは

お役立ち度 ★★☆
2016 / 2013 / 2010 / 2007

スライドに付ける番号はスライドに表示する[スライド番号]とノートと配布資料に表示する[ページ番号]の2種類があります。スライド番号を設定したのにノート表示などで表示されないときは、[ヘッダーとフッター]ダイアログボックスで[ノートと配布資料]タブの[ページ番号]にチェックマークが付いているかどうかを確認しましょう。[スライド]タブの[スライド番号]のチェックマークが付いているだけではスライド番号は表示されません。

ワザ155を参考に[ヘッダーとフッター]ダイアログボックスを表示しておく

❶[ノートと配布資料]タブをクリック
❷[ページ番号]をクリックしてチェックマークを付ける

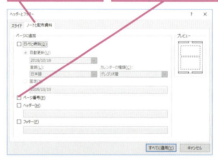

159 スライド番号が小さすぎて見えない！

お役立ち度 ★★☆
2016 / 2013 / 2010 / 2007

標準で表示されるスライド番号はかなり小さなサイズです。スライド番号のフォントサイズやフォントの種類を変更するには、スライドマスター画面の[スライドマスター]をクリックして、<#>の部分に書式を設定します。

➡スライドマスター……P.325
➡フォント……P.328

ワザ098を参考にスライドマスターを表示しておく

❶右下の<#>プレースホルダーをクリック
❷[ホーム]タブをクリック
❸[フォントサイズ]のここをクリック
❹変更したいフォントサイズをクリック

スライド番号が選択したフォントサイズで表示される

関連 ≫146 スライドマスターって何？……P.95

160 スライドに今日の日付を自動的に表示するには

お役立ち度 ★★★
2016 / 2013 / 2010 / 2007

ヘッダーやフッターに設定した内容は、すべてのスライドの同じ位置に同じ情報が表示されます。[ヘッダーとフッター]ダイアログボックスで、日付と時刻が自動的に更新されるように設定すると、すべてのスライドに今日の日付と時刻が表示されます。スライドに表示される日付や時刻はパソコンの時計を参照しているので、パソコンの日付や時刻を正しく設定しておきましょう。
→フッター……P.328

ワザ155を参考に[ヘッダーとフッター]ダイアログボックスを表示しておく

❶ [スライド]タブをクリック
❷ [日付と時刻]をクリックしてチェックマークを付ける
❸ [自動更新]をクリック
❹ [すべてに適用]をクリック

スライドに今日の日付が表示されるよう設定できた

関連 ≫155 スライドに番号を付けるには……P.99

---

161 特定の日付を常に表示するには

お役立ち度 ★★☆
2016 / 2013 / 2010 / 2007

すべてのスライドに常に特定の日付を表示しておくには、[ヘッダーとフッター]ダイアログボックスで[日付と時刻]の[固定]をクリックします。キーボードで入力した日付がスライドに表示されます。
→フッター……P.328

❶ [スライド]タブをクリック
❷ [日付と時刻]をクリックしてチェックマークを付ける

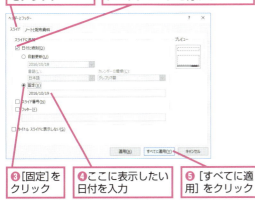

❸ [固定]をクリック
❹ ここに表示したい日付を入力
❺ [すべてに適用]をクリック

---

162 すべてのスライドに会社名を表示するには

お役立ち度 ★★☆
2016 / 2013 / 2010 / 2007

スライド番号と日付/時刻以外の情報をすべてのスライドに表示したいときは、[ヘッダーとフッター]ダイアログボックスの[フッター]欄に入力します。フッターに設定した内容は、すべてのスライドの下部に表示されます。
→フッター……P.328

❶ [スライド]タブをクリック
❷ [フッター]をクリックしてチェックマークを付ける

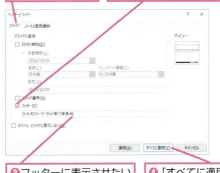

❸ フッターに表示させたい団体名を入力
❹ [すべてに適用]をクリック

163 スライドのヘッダーを設定するには

お役立ち度 ★★☆
2016 / 2013 / 2010 / 2007

[ヘッダーとフッター] ダイアログボックスの [スライド] タブには、[ヘッダー] を設定する欄がありません。スライドマスター画面で、[日付] [フッター] [<#>] の外枠をドラッグしてスライド上部に移動すると、スライド番号や日付やフッター情報をヘッダーとして利用できます。

→スライドマスター……P.325
→フッター……P.328

ワザ098を参考にスライドマスター画面を表示しておく

❶ [日付] [フッター] [<#>] の外枠をクリック

マウスポインターの形が変わった

❷ ここまでドラッグ

フッターの領域がヘッダーの位置に移動した

| 関連 ≫146 | スライドマスターって何？……………P.95 |

---

164 削除したフッター領域を復活させるには

お役立ち度 ★★☆
2016 / 2013 / 2010 / 2007

スライドマスター画面で、[日付] [フッター] [<#>] のそれぞれの外枠をクリックして選択して、Delete キーを押すと領域ごと削除できます。間違って削除してしまったときは、[スライドマスター] タブの [フッター] をクリックしてチェックマークを付け直すと、再表示できます。

→スライドマスター……P.325
→フッター……P.328

❶ [スライドマスター] タブをクリック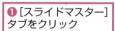

❷ [マスターのレイアウト] をクリック

[マスターレイアウト] ダイアログボックスが表示された

❸ [フッター] をクリックしてチェックマークを付ける

❹ [OK] をクリック

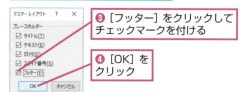

スライドマスター画面にフッター領域が再表示された

プレースホルダーの位置が変わってしまった場合は、移動しておく

| 関連 ≫146 | スライドマスターって何？……………P.95 |

102　できる　● ヘッダーやフッターの活用

ワードアートの挿入

ワードアートとは特殊効果付きのデザインされた文字のことです。キャッチフレーズや商品名など、注目したい単語をワードアートで作成すると効果的です。

165 目立つ見出しを作成するには

お役立ち度 ★★★
2016 / 2013 / 2010 / 2007

特殊効果の付いた華やかな文字を作成したいときは、[ワードアート]がお薦めです。ワードアートでデザインを選択し、元になる文字を入力するだけで簡単に飾り文字が出来上がります。デザインが気に入らなかったときは、[描画ツール]の[書式]タブにある[ワードアートのスタイル]の一覧から何度でもデザインを変更できます。なお、ワードアートで作成した文字は図形として扱われるため、アウトライン画面には表示されません。また、スペルチェックの対象にもなりません。

➡ワードアート……P.329

ワードアートを挿入したいスライドを表示しておく

❶[挿入]タブをクリック　❷[ワードアート]をクリック

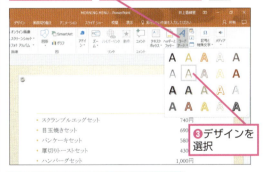

❸デザインを選択

ワードアートを入力できるプレースホルダーが表示された

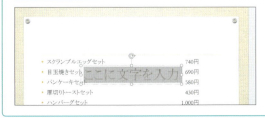

166 ワードアートを変形させるには

お役立ち度 ★★☆
2016 / 2013 / 2010 / 2007

ワードアートの文字は最初は横書きで表示されますが、後から斜めや波型などの形に変形できます。[描画ツール]の[書式]タブにある[文字の効果]ボタンの[変形]から、変更後の形をクリックします。

➡ワードアート……P.329

ワザ165を参考にワードアートを挿入しておく

❶ワードアートのプレースホルダーをクリック　❷[文字の効果]をクリック

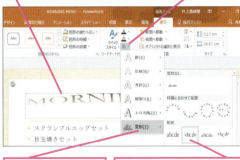

❸[変形]にマウスポインターを合わせる　❹設定したいデザインにマウスポインターを合わせる

マウスポインターを合わせたデザインのプレビューが表示される　❺そのままクリック

ワードアートの形が変わった

167 ワードアートの色を変更するには

お役立ち度 ★★☆
2016 / 2013 / 2010 / 2007

ワードアートのデザインはそのままで、色だけを変更できます。ワードアートの文字の色を変更するには、[描画ツール]の[書式]タブにある[文字の塗りつぶし]ボタンから目的の色をクリックします。また、[文字の輪郭]ボタンを使うと、ワードアートの文字の輪郭色を変更できます。[図形の塗りつぶし]ボタンや[図形の枠線]ボタンを使うと、ワードアートのプレースホルダーに色が付いてしまうので注意しましょう。

→プレースホルダー……P.328

ワードアートの配色を変更する

❶変更したいワードアートのプレースホルダーをクリック

❷[描画ツール]の[書式]タブをクリック
❸[文字の塗りつぶし]のここをクリック

❹変更したい色を選択
❺そのままクリック

ワードアートの色が変わる

関連 ≫110 一覧にない色を選択するには ……………… P.79

168 ワードアートを区切りのいいところで改行したい

お役立ち度 ★★☆
2016 / 2013 / 2010 / 2007

複数行にわたるワードアートの文字を作成したいときは、元になる文字をEnterキーで改行します。改行するとデザインも変更されるので、文字を入力する段階で改行をしておくといいでしょう。

ワザ165を参考にワードアートを作成しておく
改行したい部分でEnterキーを押す

ワードアートを改行できた

関連 ≫166 ワードアートを変形させるには ……………… P.103
関連 ≫167 ワードアートの色を変更するには ……………… P.104

104 できる ● ワードアートの挿入

169 縦書きのワードアートを使うには

お役立ち度 ★★☆
2016 / 2013 / 2010 / 2007

［ワードアートの挿入］で作成したワードアートの文字は最初は横書きですが、［ホーム］タブの［文字列の方向］ボタンから［縦書き］をクリックすると、後から縦書きのデザインに変更できます。

- ワザ165を参考にワードアートを作成しておく
- ❶縦書きにしたいワードアートをクリック
- ❷［ホーム］タブをクリック
- ❸［文字列の方向］をクリック

- ❹［縦書き］をクリック

ワードアートが縦書きで表示された

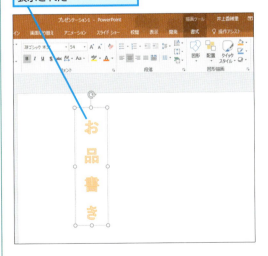

170 入力済みの文字をワードアートに変換するには

お役立ち度 ★★☆
2016 / 2013 / 2010 / 2007

プレースホルダーや図形内に入力した文字を後からワードアートに変換できます。対象となる文字列を選択し、［描画ツール］の［書式］タブにある［ワードアートのスタイル］の一覧からワードアートのデザインを選択して適用します。 ➡プレースホルダー……P.328

- ❶ワードアートに変換したい文字をドラッグ

- ❷［描画ツール］をクリック
- ❸［クイックスタイル］をクリック

- ❹デザインを選択

文字がワードアートに変換される

関連 ≫166 ワードアートを変形させるには……P.103
関連 ≫167 ワードアートの色を変更するには……P.104

第4章 図形や図表を入れる

図形の描画

四角形や吹き出しなどの図形を利用すれば、スライドにワンポイントを設定したり説明を補足したりすることができます。ここでは、図形の描画や編集についての疑問を解決します。

171 真ん丸な円を描くには
お役立ち度 ★★★
2016 / 2013 / 2010 / 2007

[円/楕円]ボタンを使って真ん丸な円を描画するには、Shiftキーを押しながらドラッグします。Shiftキーを使うと、円だけでなく、正方形や正三角形など、辺の長さが等しい図形を描画できます。

正円を描画する

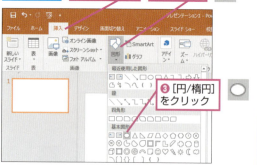

マウスポインターの形が変わった

Shiftキーを押しながらここまでドラッグ

正円が描けた

関連 ≫179 図形の中に文字を入力したい …… P.109

172 同じ図形を続けて描きたい
お役立ち度 ★★☆
2016 / 2013 / 2010 / 2007

同じ図形を何度も連続して描画するときは、図形を右クリックしてから[描画モードのロック]をクリックしましょう。何度も図形を選択することなく、連続で同じ図形を描画できます。ロックを解除するときは、もう一度同じボタンをクリックするか、Escキーを押しましょう。
➡マウスポインター……P.328

連続して同じ図形を描画する

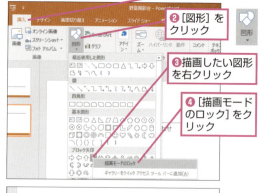

マウスポインターの形が変わった

続けてドラッグすると、何度でも描画できる

関連 ≫195 図形を真下にコピーするには …… P.116

173 円を中心から描くには

お役立ち度 ★★☆
2016 / 2013 / 2010 / 2007

PowerPointやOfficeでは、通常は図形の端になる部分からドラッグして図形を描画します。図形の中心から描画するには、Ctrlキーを押しながらドラッグしましょう。Ctrlキーを使えば、円だけでなくほかの図形も中心から描画できます。また、Shift+Ctrlキーを押しながらドラッグすると、円の中心から真ん丸な円を描画できます。　→マウスポインター……P.328

ワザ171を参考に[円/楕円]を選択しておく

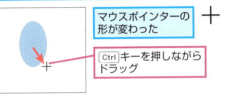

マウスポインターの形が変わった

Ctrlキーを押しながらドラッグ

関連 ≫171　真ん丸な円を描くには……P.106

174 水平・垂直な線を描くには

お役立ち度 ★★★
2016 / 2013 / 2010 / 2007

[直線]ボタンや[矢印]ボタンを使ってスライドに水平線を引くには、Shiftキーを押しながら左右にドラッグしましょう。同様に、上下にドラッグすれば垂直線を引けます。　→タブ……P.325

水平な線を描画する

❶[挿入]タブをクリック

❷[図形]をクリック

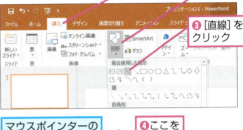

❸[直線]をクリック

マウスポインターの形が変わった

❹ここをクリック

❺Shiftキーを押しながらここまでドラッグ

水平な線が描けた

175 間違って挿入した図形を別の図形に変更したい

お役立ち度 ★★☆
2016 / 2013 / 2010 / 2007

描画した図形は、後から形を変更できます。作成した図形を選択し、[描画ツール]の[書式]タブにある[図形の編集]ボタンをクリックし、[図形の変更]の一覧から変更後の図形をクリックします。色やスタイル、グラデーションなど、複数の書式を設定した場合、別の図形を挿入し直して書式を再設定するのは面倒です。しかし選択した図形の書式をそのまま別の図形に適用できるのが便利です。なお、直線や矢印など、後から形を変更できない図形もあります。

→書式……P.323

図形をクリックして選択しておく

❶[描画ツール]の[書式]タブをクリック

❷[図形の編集]をクリック

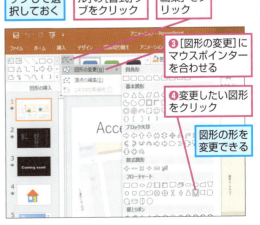

❸[図形の変更]にマウスポインターを合わせる

❹変更したい図形をクリック

図形の形を変更できる

関連 ≫177　図形の色を変更するには……P.108

176 2つの図形を線でつなぐには

お役立ち度 ★★☆
2016 / 2013 / 2010 / 2007

2つの図形を線でつなぎたいときは、[カギ線コネクタ] や［カギ線双方向矢印コネクタ］などのコネクタの図形を使うと便利です。コネクタは図形と一体化されるため、つないだ後に図形を移動すると、コネクタも一緒に移動します。　➡マウスポインター……P.328

図形と図形をつなげる線を描画する

❶［挿入］タブをクリック
❷［図形］をクリック
❸［コネクタ：カギ線］をクリック

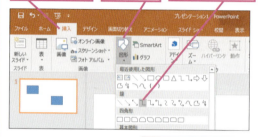

❹始点となる図形の端にマウスポインターを合わせる

マウスポインターの形が変わった

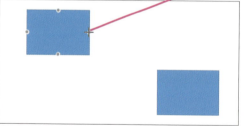

❺終点となる図形の端までドラッグ

2つの図形を線でつなげることができる

177 図形の色を変更するには

お役立ち度 ★★★
2016 / 2013 / 2010 / 2007

図形を描画した直後は、スライドに適用されているテーマに合わせて自動的に色が付きます。図形の塗りつぶしの色を変更するには、［図形の塗りつぶし］ボタンをクリックしてから変更後の色を選びましょう。図形の枠線の色を変更するときは、［描画ツール］の［書式］タブにある［図形の枠線］ボタンをクリックします。なお、［標準の色］にある色を選ぶと、テーマに連動して色が変わらなくなります。

●図形の塗りつぶしの色を変更する

塗りつぶしの色を変更したい図形を選んでおく

❶［描画ツール］の［書式］タブをクリック
❷［図形の塗りつぶし］をクリック

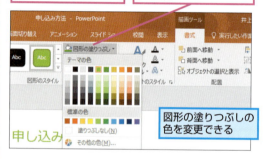

図形の塗りつぶしの色を変更できる

●図形の枠線を変更する

枠線の色を変更したい図形を選んでおく

❶［書式］タブをクリック
❷［図形の枠線］をクリック

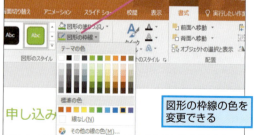

図形の枠線の色を変更できる

関連 ≫178 図形の塗りつぶしや枠線の色をまとめて変更するには……P.109

178 図形の塗りつぶしや枠線の色をまとめて変更するには

お役立ち度 ★★★
2016 / 2013 / 2010 / 2007

描画した図形にはスライドに適用しているテーマに合わせて自動的に色が付きます。図形の色や枠線の色などは後から個別に変更できますが、[図形のスタイル]の一覧にある書式をクリックすると、複数の書式を一度に設定できます。
→テーマ……P.326

書式を変える図形をクリックして選択しておく

❶[描画ツール]の[書式]タブをクリック
❷[図形のスタイル]の[その他]をクリック

マウスポインターを合わせた書式がプレビューされる

図形の書式を変更できる

❸変更したい書式にマウスポインターを合わせる

関連 ≫177 図形の色を変更するには …… P.108

179 図形の中に文字を入力したい

お役立ち度 ★★
2016 / 2013 / 2010 / 2007

図形が選択されている状態でキーボードから文字を入力すると、図形の中央に文字を入力できます。すでに文字が入っている図形の場合は、図形をダブルクリックするとカーソルが表示され、内容を編集できます。なお、図形内の文字を縦書きにするときは、文字の入力後に図形を選択し、[ホーム]タブの[文字列の方向]ボタンから[縦書き]をクリックします。

ワザ171を参考に、図形を挿入しておく
❶図形をクリック

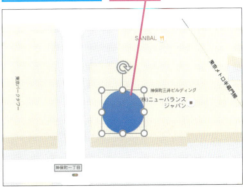

❷そのままキーボードから文字を入力

図形に文字を入力できた

関連 ≫107 文字を縦書きで入力するには …… P.78
関連 ≫171 真ん丸な円を描くには …… P.106
関連 ≫214 図形に入力した文字の方向を変更するには …… P.124

図形の描画　できる　109

180 図形の外に文字が表示されてしまう

お役立ち度 ★★★
2016 / 2013 / 2010 / 2007

初期設定では、図形の中に長い文字を入力すると、図形の幅に合わせて文字が折り返されます。図形から文字があふれてしまったときは、[図形の書式設定]作業ウィンドウの[テキストボックス]の項目で、[図形内でテキストを折り返す]にチェックマークが付いているかどうかを確認しましょう。

→作業ウィンドウ……P.322

図形に文字を入力したらあふれてしまった

❶[描画ツール]の[書式]タブをクリック
❷[図形の書式設定]をクリック

❸[文字のオプション]をクリック
❹[テキストボックス]をクリック
❺[図形内でテキストを折り返す]をクリックしてチェックマークを付ける

文字が図形の幅に合わせて折り返して表示された

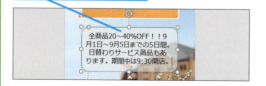

181 図形の大きさと文字の長さをぴったり合わせたい

お役立ち度 ★★☆
2016 / 2013 / 2010 / 2007

入力した文字の長さに図形のサイズをそろえるには、[図形の書式設定]作業ウィンドウの[テキストボックス]の項目で、[テキストに合わせて図形のサイズを調整する]をクリックします。そうすると、後から文字数が増減しても、文字の長さに合わせて図形が自動的に拡大縮小します。反対に、図形のサイズを変えずにすべての文字を収めたいときは[はみだす場合だけ自動調整する]をクリックしましょう。文字のサイズが自動で縮小します。

→作業ウィンドウ……P.322

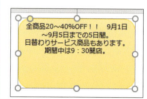

入力した文字の長さに合わせて図形を調整する

ワザ180を参考に、[図形の書式設定]作業ウィンドウを表示しておく

❶[文字のオプション]をクリック

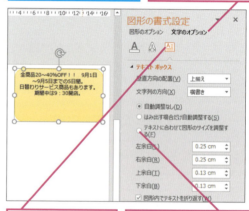

❷[テキストボックス]をクリック
❸[テキストに合わせて図形のサイズを調整する]をクリック

文字の長さに合わせて図形が調整された

関連 ≫182 図形に入れた文章を読みやすくしたい ……… P.111

182 図形に入れた文章を読みやすくしたい

お役立ち度 ★★★
2016 / 2013 / 2010 / 2007

図形の中に長い文章を入力すると、ごちゃごちゃして読みづらくなることがあります。そのようなときは、図形内の文字に段組みの設定をしてみましょう。段組みは大量の文字を読みやすくする効果があります。

→ダイアログボックス……P.325

図形内の文字を左右2段に分ける

ワザ180を参考に、[図形の書式設定]作業ウィンドウを表示しておく

❶[文字のオプション]をクリック
❷[テキストボックス]をクリック
❸[段組み]をクリック

[段組み]ダイアログボックスが表示された

❹段組みの数を入力
❺[OK]をクリック

[図形の書式設定]ダイアログボックスで[閉じる]をクリックしておく

図形の文字に段組みが設定される

関連 ≫181 図形の大きさと文字の長さをぴったり合わせたい……P.110

---

183 円を立体的な球にしたい

お役立ち度 ★★☆
2016 / 2013 / 2010 / 2007

円を球状に見せる方法はいろいろありますが、図形に[上スポットライト]のグラデーションを設定すると、簡単な操作で立体的に見せられます。

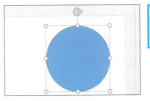

ワザ171を参考に、円の図形をスライドに挿入しておく

ワザ180を参考に、[図形の書式設定]作業ウィンドウを表示しておく

❶[塗りつぶし（グラデーション）]をクリック
❷[既定のグラデーション]のここをクリックして[上スポットライト]を選択

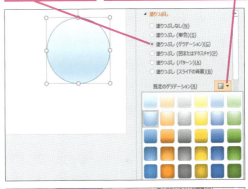

❸[分岐点3/3]をクリック
❹ここをクリックして今より濃い色を選択

円に立体的なグラデーションが付いた

関連 ≫184 2色のグラデーションを図形に設定したい……P.112

図形の描画 ● できる 111

184 2色のグラデーションを図形に設定したい

お役立ち度 ★★☆
2016 / 2013 / 2010 / 2007

［図形の書式設定］作業ウィンドウの［塗りつぶし］の項目で、［グラデーションの分岐点］ごとに異なる色を指定すると、複数の色を使ったグラデーションを作成できます。グラデーションの混ざり具合は［グラデーションの分岐点］のスライダーをドラッグして調整します。［グラデーションの分岐点を追加します］ボタンをクリックして分岐点を追加すれば、さらに多くの色を使ったグラデーションも作成できます。

→書式……P.323

ワザ180を参考に、［図形の書式設定］作業ウィンドウを表示しておく

❶ ［塗りつぶし（グラデーション）］をクリック

❷ ［分岐点1/4］をクリック
❸ ［色］のここをクリックして色を選択

2色のグラデーションを作ることができた

［グラデーションの分岐点を追加します］をクリックして、グラデーションに使う色をさらに増やすことができる

関連 ≫183 円を立体的な球にしたい ……………… P.111

185 前の図形がジャマで後ろのものが見えない！

お役立ち度 ★★★
2016 / 2013 / 2010 / 2007

スライドに図形を描画すると、スライドの模様が隠れてしまいます。また、図形の上に別の図形を描画すると、下側になった図形は隠れてしまいます。図形の下側にあるものが透けて見えるようにするには、［透明度］を変更しましょう。［透明度］の数値が大きいほど、透明度が増します。図形の一部が重なっているときに透明度を調整すると、微妙なニュアンスの色合いを作り出せます。なお、背面にある図形を前面に移動する方法については、ワザ200を参照してください。

→作業ウィンドウ……P.322

ワザ180を参考に、［図形の書式設定］作業ウィンドウを表示しておく

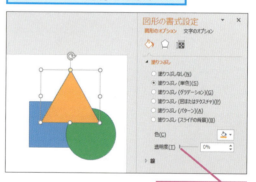

［透明度］のここを右にドラッグ

図形の背面が透けるように設定できた

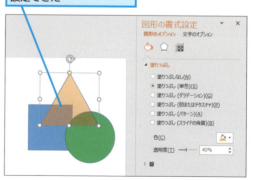

関連 ≫180 図形の外に文字が表示されてしまう ……………… P.110
関連 ≫200 図形で文字が隠れてしまった！ ……………… P.118

186 図形のまわりにある矢印付きのハンドルは何？

お役立ち度 ★★★
2016 / 2013 / 2010 / 2007

図形を選択すると、まわりに何種類かのハンドルが表示され、それぞれドラッグすると図形の形や大きさを変更できます。矢印付きのハンドルは図形を任意の角度に回転するための［回転ハンドル］です。ただし、［直線］や［矢印］のように、回転ハンドルが表示されない図形もあります。
→ハンドル……P.327

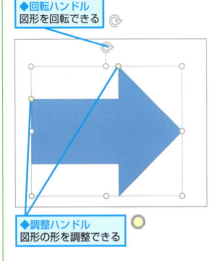

◆回転ハンドル
図形を回転できる

◆調整ハンドル
図形の形を調整できる

| 関連 ≫190 | 吹き出し口の位置はどうやって変えるの？ | P.114 |
| 関連 ≫304 | 画像の角度を調整するには | P.168 |

187 図形を上下逆さまにするには

お役立ち度 ★★☆
2016 / 2013 / 2010 / 2007

図形を上下逆さまにしたいときは、［回転］ボタンから［上下反転］をクリックします。また、［左右反転］をクリックすると、図形の左右を入れ替えられます。

| 関連 ≫188 | 図形を90度ぴったりに回転するには | P.113 |

188 図形を90度ぴったりに回転するには

お役立ち度 ★★☆
2016 / 2013 / 2010 / 2007

図形を正確に90度回転するには、［回転］ボタンから［右へ90度回転］や［左へ90度回転］をクリックします。なお、図形内のグラデーションやテクスチャ、画像などを回転せずに図形だけを回転したいときは、［図形の書式設定］作業ウィンドウの［塗りつぶし］の項目で［図形に合わせて回転する］のチェックマークをはずします。
→タブ……P.325

ワザ171を参考に、図形を挿入しておく

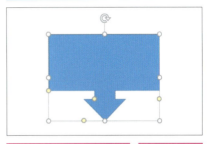

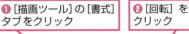
❶［描画ツール］の［書式］タブをクリック
❷［回転］をクリック

❸［右へ90°回転］をクリック

図形が右に90度回転した

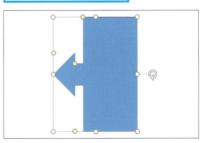

| 関連 ≫187 | 図形を上下逆さまにするには | P.113 |

189 角丸四角形の角をもっと丸くしたい

お役立ち度 ★★☆
2016 / 2013 / 2010 / 2007

四隅に丸みがある図形に［四角形：角を丸くする］があります。もともと角に丸みがありますが、さらに丸みを持たせるには、調整ハンドルを右にドラッグしましょう。調整ハンドルについては、ワザ186でも紹介していますが、丸みの調整のほか、図形の一部を変形したり、辺の大きさや長さの変更などを実行したりすることができます。　→マウスポインター……P.328

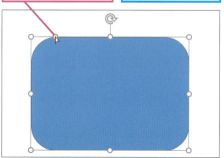

調整ハンドルにマウスポインターを合わせる
マウスポインターの形が変わった
左右にドラッグすると角の大きさが変わる

190 吹き出し口の位置はどうやって変えるの？

お役立ち度 ★★☆
2016 / 2013 / 2010 / 2007

吹き出しの図形では、吹き出し口がどこを指しているかが重要です。吹き出しの図形に表示される調整ハンドルをドラッグすると、吹き出し口の位置を自由に変更できます。　→ハンドル……P.327

❶調整ハンドルにマウスポインターを合わせる
マウスポインターの形が変わった

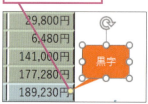

❷ここまでドラッグ
吹き出し口の位置を調整できた

関連 ≫186　図形のまわりにある矢印付きのハンドルは何？……P.113

191 複数の図形を同時に選択するには

お役立ち度 ★★★
2016 / 2013 / 2010 / 2007

複数の図形を同時に移動したり、書式を設定したりするには、あらかじめ対象となる図形を選択しておきます。それには、2つ目以降の図形をShiftキーを押しながら順番にクリックします。選択された図形には、それぞれハンドルが表示されます。Shiftキーを押さずに別の図形をクリックすると、その図形だけが選択された状態となってしまうことに注意してください。
　→ハンドル……P.327

Shiftキーを押しながら図形を順にクリック
複数の図形を選択できた

関連 ≫193　もっと簡単に複数の図形を選択するには……P.116

192 図形を部分的に変更したい

[スマイル]の図形の口の部分だけを取るなど、図形の一部を変更するには、最初に図形に名前を付けて図として保存します。次に、保存した図形を開いて[グループ解除]の操作を行うと、図形を部品ごとに分解できます。その後、不要な部品をクリックして削除したり、部品ごとに色を変更するといった編集が可能になります。

➡ ダイアログボックス……P.325

ワザ171を参考に、図形を挿入しておく

❶ 図形を右クリック

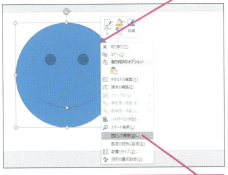

❷ [図として保存] をクリック

[図として保存]ダイアログボックスが表示された

❸ 保存先を指定し、ファイル名を入力

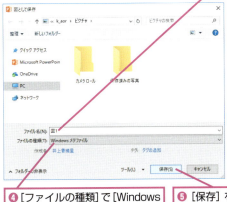

❹ [ファイルの種類]で[Windowsメタファイル]を選択

❺ [保存] をクリック

画像を拡大してもデータが劣化しないWMF形式で図形が保存された

❻ ワザ289を参考に保存した図をスライドに挿入

❼ [図ツール]の[書式]タブをクリック

❽ [グループ化] をクリック

❾ [グループ解除] をクリック

描画オブジェクトに変換するかどうか確認する画面が表示された

❿ [はい]をクリック

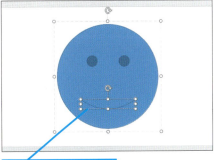

図形が部分ごとに変更できるようになる

関連 ≫189 角丸四角形の角をもっと丸くしたい ……… P.114

193 もっと簡単に複数の図形を選択するには

お役立ち度 ★★☆
2016 / 2013 / 2010 / 2007

スライド上のすべての図形を選択したいときなど、たくさんの図形を一度に選択するには、ワザ191の方法よりも、[オブジェクトの選択]機能を使った方が簡単です。[ホーム]タブの[選択]ボタンから[オブジェクトの選択]をクリックし、図形全体を囲むようにドラッグしましょう。

➡スライド……P.324

スライドにある複数の図形を選択する

① [ホーム]タブをクリック
② [選択]をクリック

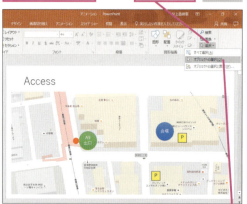

③ [オブジェクトの選択]をクリック
④ ここにマウスポインターを合わせる
　マウスポインターの形が変わった

⑤ 複数の図形を囲むようにドラッグ
　一度に多くの図形を選択できる

関連 ≫196　図形の端をきれいにそろえるには ……… P.117

194 図形を素早くコピーしたい

お役立ち度 ★★☆
2016 / 2013 / 2010 / 2007

同じ図形を何度も描画するときは、図形をコピーして使い回すと便利です。図形をクリックして選択し、Ctrlキーを押しながらコピー先までドラッグします。このとき、コピー先に赤や灰色の点線が表示される場合があります。これは「スマートガイド」と呼ばれるガイドライン機能で、図形を配置する目安となります。

① Ctrlキーを押しながらここまでドラッグ
　同じ図形が文字ごとコピーされる

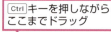

関連 ≫195　図形を真下にコピーするには ……… P.116

195 図形を真下にコピーするには

お役立ち度 ★★★
2016 / 2013 / 2010 / 2007

Ctrlキーを押しながら図形をドラッグすると、任意の位置にコピーできます。このとき、Shiftキーを押しながらドラッグすると、図形を真横や真下や真上に移動できます。図形を真横や真下や真上にコピーするときは、Ctrl+Shiftキーを押しながらドラッグしましょう。

① 図形をクリック
② Ctrl+Shiftキーを押しながらここまでドラッグ
　同じ図形が文字ごと真下にコピーされる

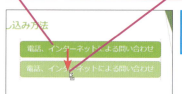

関連 ≫197　図形の位置を微調整するには ……… P.117

196 図形の端をきれいにそろえるには

お役立ち度 ★★★
2016 / 2013 / 2010 / 2007

図形をドラッグして移動すると、図形の位置がなかなかきれいにそろいません。複数の図形の上下左右いずれかの基準で端をそろえるには、図形をすべて選択し、そろえる基準の位置を指定します。

ここでは図形の左端の位置を一番左に寄っている図形にそろえる

❶ [Shift]キーを押しながら端をそろえたい図形を順にクリック

❷ [描画ツール]の[書式]タブをクリック　❸ [オブジェクトの配置]をクリック

❹ [左揃え]をクリック

図形が左端に合わせてそろう

197 図形の位置を微調整するには

お役立ち度 ★★☆
2016 / 2013 / 2010 / 2007

図形を[Alt]キーを押しながらドラッグすると、通常の移動よりも細かく移動できます。あるいは、図形を選択してから上下左右の方向キーを押しても細かく移動できます。

関連 ≫198 図形をきれいに整列させるには P.117

198 図形をきれいに整列させるには

お役立ち度 ★★★
2016 / 2013 / 2010 / 2007

複数の図形の間隔が均等にそろっていると、それだけできちんとした印象になります。横方向の図形の間隔をそろえるときは[配置]ボタンから[左右に整列]をクリックし、縦方向の間隔をそろえるときは[上下に整列]をクリックします。

❶ [Shift]キーを押しながら整列したい図形をクリック

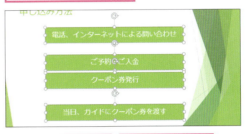

❷ [描画ツール]の[書式]タブをクリック　❸ [オブジェクトの配置]をクリック

❹ [上下に整列]をクリック

複数の図形で上下間隔がすべて均等になった

関連 ≫196 図形の端をきれいにそろえるには P.117

図形の描画　できる　117

199 図形を結合するには

お役立ち度 ★★☆
2016 / 2013 / 2010 / 2007

[図形の結合]機能を使うと、複数の図形を組み合わせた1つのオリジナル図形を作成できます。[図形の結合]には、[接合][型抜き/合成][切り出し][重なり抽出][単純型抜き]の5種類があり、どのように結合するかで完成する図形が異なります。それぞれのメニューにマウスポインターを合わせて、結果を確認するといいでしょう。　→マウスポインター……P.328

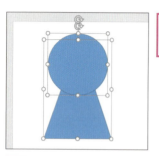

❶ Shift キーを押しながら結合したい図形をクリック

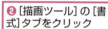
❷ [描画ツール]の[書式]タブをクリック

❷ [図形の結合]をクリック

❸ [接合]をクリック

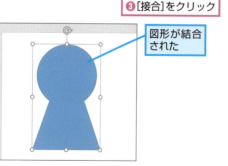

図形が結合された

関連 ≫191 複数の図形を同時に選択するには …… P.114

200 図形で文字が隠れてしまった！

お役立ち度 ★★★
2016 / 2013 / 2010 / 2007

図形は描画した順番に上に表示されますが、後から重なり方を変更できます。[最前面へ移動]ボタンや[最背面へ移動]ボタンは、図形を一番前面や背面に変更します。1段階ずつ重なりを変更したいときは、[前面へ移動]ボタンや[背面へ移動]ボタンを使いましょう。図形と文字が重なって表示されたときも、同様の操作で順序を変更できます。

図形を描画したら文字や図形が隠れてしまった

❶ 最後に描画した図形をクリック

❷ [描画ツール]の[書式]タブをクリック　❸ [背面へ移動]のここをクリック

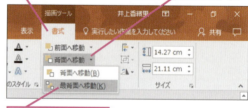

❹ [最背面へ移動]をクリック

図形の重なりの順番が変更され、隠れていた文字が表示された

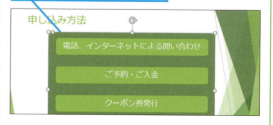

関連 ≫185 前の図形がジャマで後ろのものが見えない！ …… P.112

201 図形に影を付けるには

お役立ち度 ★★☆
2016 / 2013 / 2010 / 2007

図形に影を付けると、立体的に見せることができます。[図形の効果]の[影]の項目には、影が付く位置によっていくつかのパターンが用意されており、クリックするだけで影が付きます。ワザ202の操作を実行すれば、後から影の位置や長さなども調整できます。

➡マウスポインター……P.328

影を付けたい図形をクリックして選択しておく

❶[描画ツール]の[書式]タブをクリック
❷[図形の効果]をクリック

❸[影]にマウスポインターを合わせる
❹[オフセット:中央]をクリック

図形に影が付いて立体的になった

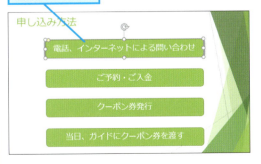

関連 ≫202 図形の影の位置を少しだけずらすには……P.119

202 図形の影の位置を少しだけずらすには

お役立ち度 ★★☆
2016 / 2013 / 2010 / 2007

描画した図形には、[図形の効果]ボタンから[影]を付けられます。影の位置を微調整したいときは、[影のオプション]をクリックして[図形の書式設定]作業ウィンドウを開きます。[影]の項目で、[角度]や[距離]などを設定すると、設定した内容がそのままスライド上の図形に反映されます。実際の図形の様子を見ながら設定するといいでしょう。 ➡書式……P.323

ワザ180を参考に、[図形の書式設定]作業ウィンドウを表示しておく
❶[効果]をクリック

❷[角度]のここを右にドラッグして位置を調整

関連 ≫201 図形に影を付けるには……P.119

203 見えていない図形を選択するには

お役立ち度 ★★☆
2016 / 2013 / 2010 / 2007

ワザ200のように図形の順序を入れ替えていると、背面に移動した図形を選択できなくなることがあります。マウスのクリック操作で選択できないときは、[Tab]キーを使いましょう。[Tab]キーを押すごとに順番に図形を選択できます。あるいは、ワザ204の操作で[選択]作業ウィンドウを表示して、一覧から選択したい図形をクリックしてもいいでしょう。

関連 ≫204 図形を一時的に見えなくしたい……P.120

204 図形を一時的に見えなくしたい

お役立ち度 ★★★
2016 / 2013 / 2010 / 2007

スライドにたくさんの図形があるときは、編集していない図形を一時的に隠して作業するといいでしょう。[選択]作業ウィンドウを表示して、非表示にしたい図形の目のアイコンをクリックしましょう。クリックするたびに表示と非表示が交互に切り替わります。

➡作業ウィンドウ……P.322

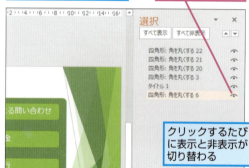

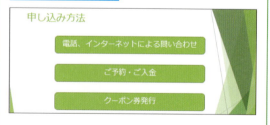

関連 ≫203 見えていない図形を選択するには……P.119

205 図形の色をスライドの色にぴったり合わせたい！

お役立ち度 ★★☆
2016 / 2013 / 2010 / 2007

図形の色を変更するときに、[図形の塗りつぶし]ボタンをクリックしたときに表示される色ではなく、スライドに挿入した写真やロゴ画像、描画済みの図形などと同じ色にしたい場合があります。[スポイト]機能を使うと、スライド上にある色をマウスでクリックするだけで、まったく同じ色で図形を塗りつぶせます。

➡スポイト……P.324

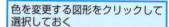

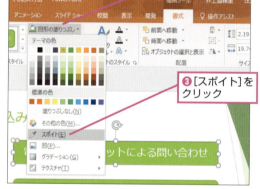

関連 ≫321 文字を画像と同じ色にするには……P.176

206 矢印の形を変更するには

お役立ち度 ★★★
2016 / 2013 / 2010 / 2007

矢印の形は、とがった形や丸い形などに後から変更できます。［図形の書式設定］作業ウィンドウの［始点矢印の種類］［始点矢印のサイズ］［終点矢印の種類］［終点矢印のサイズ］の各項目で、変更後の矢印の形やサイズを指定しましょう。
→作業ウィンドウ……P.322
→書式……P.323
→書式設定……P.323

ワザ174を参考に、操作3で［線矢印］を選択して矢印を挿入しておく

ワザ180を参考に、［図形の書式設定］作業ウィンドウを表示しておく

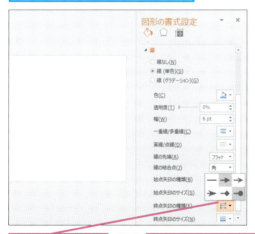

❶［終点矢印の種類］のここをクリック　❷変更したいデザインをクリック

矢印の形が変わった

207 極太の線を描くには

お役立ち度 ★★★
2016 / 2013 / 2010 / 2007

図形の枠線の太さは後から変更できますが、［図形の枠線］ボタンの［太さ］から選択できる線の太さは6ptが最大です。もっと太い極太の線を描きたいときは、［図形の書式設定］作業ウィンドウを使います。［線のスタイル］の［幅］には、0pt～1584ptまでの太さを指定できます。
→作業ウィンドウ……P.322

ワザ180を参考に、［図形の書式設定］作業ウィンドウを表示しておく

❶［線］をクリック　❷［幅］に太さを入力

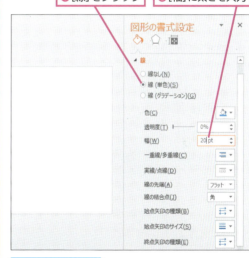

極太の線が描けた

関連 ≫209 実線を点線に変更したい ……… P.122

図形の描画 ● できる 121

208 直線から矢印に変更できるの？

お役立ち度 ★★★
2016 / 2013 / 2010 / 2007

描画済みの直線を後から矢印に変更するには、［図形の書式設定］作業ウィンドウの［線］の項目で、［始点矢印の種類］や［終点矢印の種類］を指定します。

→作業ウィンドウ……P.322

直線をクリックして選択し、ワザ180を参考に、［図形の書式設定］作業ウィンドウを表示しておく

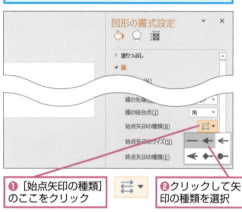

❶［始点矢印の種類］のここをクリック　❷クリックして矢印の種類を選択

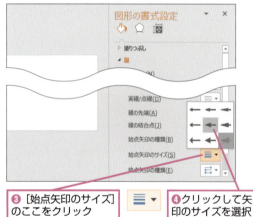

❸［始点矢印のサイズ］のここをクリック　❹クリックして矢印のサイズを選択

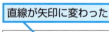

直線が矢印に変わった

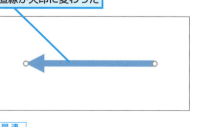

関連 ≫206　矢印の形を変更するには …… P.121

209 実線を点線に変更したい

お役立ち度 ★★★
2016 / 2013 / 2010 / 2007

線の種類には、実線のほかにも破線や点線などがあります。［図形の枠線］ボタンをクリックした時に表示される［実線/点線］から変更後の種類を選びます。

→タブ……P.325

実線を点線に変更する　　直線をクリックして選んでおく

❶［描画ツール］の［書式］タブをクリック　❷［図形の枠線］をクリック

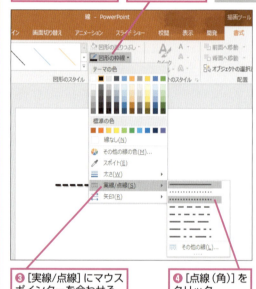

❸［実線/点線］にマウスポインターを合わせる　❹［点線（角）］をクリック

実線が点線に変わった

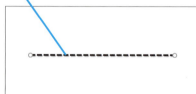

関連 ≫210　線を二重線にするには …… P.123

210 線を二重線にするには

お役立ち度 ★★☆
2016 / 2013 / 2010 / 2007

[図形の書式設定]作業ウィンドウを使うと、一重の線を多重線に変更できます。多重線には[二重線][太線+細線][細線+太線][三重線]があり、クリックするだけで変更できます。ただし、元の線の太さが細いと多重線が分かりづらいので、ある程度の太さに変更して使うといいでしょう。

➡作業ウィンドウ……P.322
➡書式……P.323
➡書式設定……P.323

直線をクリックして選択し、ワザ180を参考に、[図形の書式設定]作業ウィンドウを表示しておく

❶[一重線/多重線]のここをクリック

❷[二重線]をクリック

線が二重線に変わった

関連 ≫207 極太の線を描くには……P.121

211 図形の表面に凹凸を付けたい

お役立ち度 ★★☆
2016 / 2013 / 2010 / 2007

図形を立体的に見せる方法はいくつかありますが、[面取り]の効果を使うと、図形表面の凹凸感を演出できます。[面取り]を解除するには、一覧から[面取りなし]をクリックしましょう。

➡マウスポインター……P.328

立体的にする図形をクリックして選択しておく

❶[描画ツール]の[書式]タブをクリック
❷[図形の効果]をクリック

❸[面取り]にマウスポインターを合わせる

❹[丸]をクリック

図形が立体的になった

関連 ≫202 図形の影の位置を少しだけずらすには……P.119

図形の描画 できる 123

212 図形に3-Dのような奥行き感を付けたい

お役立ち度 ★★☆
2016 / 2013 / 2010 / 2007

地図を作成するときには、目印の建物や目的地の建物を立体的な図形で描画すると効果的です。建物の高さを表現するには、まず、[図形の効果]ボタンから[3-D回転]の[不等角投影2（上）]を選びます。次に［図形の書式設定］作業ウィンドウの［3-D書式］の項目で、［奥行き］を設定します。　➡作業ウィンドウ……P.322

図形をクリックして選択しておく

❶[描画ツール]の[書式]タブをクリック

❷[図形の効果]をクリック

❸[3-D回転]をクリック

❹[不等角投影2（上）]をクリックして選択

ワザ180を参考に、[図形の書式設定]作業ウィンドウを表示しておく

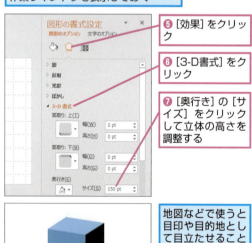

❺[効果]をクリック

❻[3-D書式]をクリック

❼[奥行き]の[サイズ]をクリックして立体の高さを調整する

地図などで使うと目印や目的地として目立たせることができる

213 複数の図形をグループ化するには

お役立ち度 ★★★
2016 / 2013 / 2010 / 2007

複数の図形を組み合わせて作成した地図やオリジナルのイラストなどは、グループ化してまとめることができます。グループ化した図形は、移動やサイズ変更をまとめて実行できるので便利です。グループ化した図形の色やサイズを個別に変更するときは、図形をクリックして目的の図形だけにハンドルが付いた状態で操作します。　➡ハンドル……P.327

ワザ191を参考に、グループ化したい図形をすべて選択しておく

❶[書式]タブをクリック　❷[オブジェクトのグループ化]をクリック

❸[グループ化]をクリック

選択していた図形が1つにまとめられた

> 関連 »192 図形を部分的に変更したい ……P.115

214 図形に入力した文字の方向を変更するには

お役立ち度 ★★☆
2016 / 2013 / 2010 / 2007

図形に入力した文字は自動的に横書きになりますが、後から縦書きに変更できます。[ホーム]タブの[文字列の変更]ボタンから[縦書き]をクリックすると、図形全体が縦書きになります。　➡テキストボックス……P.326

> 関連 »109 縦書きの半角数字を縦に並べるには ……P.78

215 作った図形を画像として保存するには

お役立ち度 ★★★
2016 / 2013 / 2010 / 2007

グループ化した図形は図として保存し、何度も使い回すことができます。ただし、[Windowsメタファイル]と[拡張Windowsメタファイル]以外のファイル形式で保存したときは、図形として再編集ができません。
→ダイアログボックス……P.325

●図形を画像ファイルで保存する

ワザ213を参考に、画像として保存する図形をグループ化しておく

❶図形を右クリック

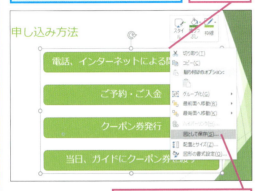

❷[図として保存]をクリック

[図として保存]ダイアログボックスが表示された

❸保存場所を選択

❹[保存]をクリック

図形が画像ファイルとして保存される

●画像ファイルを挿入する

ここでは違うプレゼンテーションファイルに、保存した画像を挿入する

❶[挿入]タブをクリック　❷[画像]をクリック

[図の挿入]ダイアログボックスが表示された

❸保存場所を選択

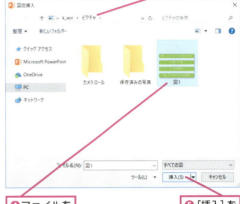

❹ファイルをクリック　❺[挿入]をクリック

画像として挿入された

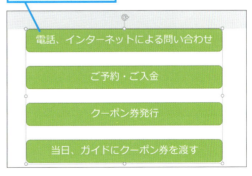

関連 ≫289	パソコンに保存してある画像を挿入するには …… P.160
関連 ≫290	複数の画像をまとめて挿入するには …… P.160
関連 ≫192	図形を部分的に変更したい …… P.115

216 スライドの中心に図形を配置するには

お役立ち度 ★★☆
2016 / 2013 / 2010 / 2007

図形をスライドの中心に配置するには、[左右中央揃え]と[上下中央揃え]を合わせて設定します。[スライドに合わせて配置]にチェックマークが付いていると、スライドの幅と高さに対してそれぞれ中央に配置されます。
➡スライド……P.324

❶[描画ツール]の[書式]タブをクリック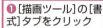
❷[オブジェクトの配置]をクリック

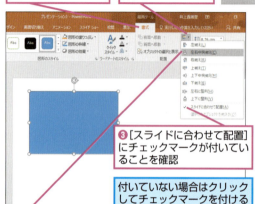

❸[スライドに合わせて配置]にチェックマークが付いていることを確認

付いていない場合はクリックしてチェックマークを付ける

❹[左右中央揃え]をクリック

図形がスライドの左右中央に配置された

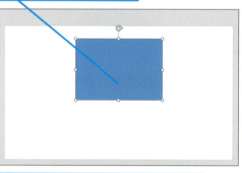

同様の手順で[上下中央揃え]を設定すれば、スライドの中心に図形が配置される

関連 ≫217 スライドにガイドを表示するには ……… P.126

217 スライドにガイドを表示するには

お役立ち度 ★★★
2016 / 2013 / 2010 / 2007

スライドの中心の位置を知りたいときに役立つのがガイドの機能です。[ガイド]を表示した直後は、縦線のガイドと横線のガイドの交点がスライドの中心です。一度ガイドを表示すると、すべてのプレゼンテーションにガイドが表示されます。ガイドが不要になったら表示するときと同じ操作で非表示にしておきましょう。

❶[表示]タブをクリック

❷[ガイド]をクリックしてチェックマークを付ける

中央に縦横1本ずつガイドが表示された

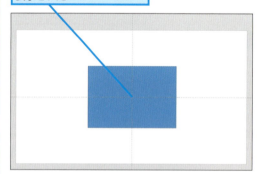

[ガイド]をクリックしてチェックマークをはずすとガイドが非表示になる

関連 ≫218 ガイドの線を追加するには ……… P.127
関連 ≫219 追加したガイドを消すには ……… P.127

218 ガイドの線を追加するには

お役立ち度 ★★☆
2016 / 2013 / 2010 / 2007

ワザ217で解説した［ガイド］は、複数の図形を配置するときに、図形の上端や左端など、特定の位置をそろえるときの目安になります。最初に表示されるガイドは縦横の2本だけですが、Ctrlキーを押しながらこの線をドラッグすると、ガイドを何本でもコピーできます。ガイドをそのままドラッグすると、任意の位置に移動できます。

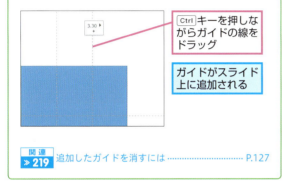

関連 ≫219 追加したガイドを消すには ……………………… P.127

219 追加したガイドを消すには

お役立ち度 ★★☆
2016 / 2013 / 2010 / 2007

追加したガイドは削除できません。不要なガイドは、スライドの外までドラッグして見えないようにしておきましょう。すべてのガイドを非表示にするには、ワザ217を参考に［ガイド］のチェックマークをはずします。　➡スライド……P.324

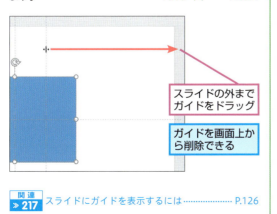

関連 ≫217 スライドにガイドを表示するには ……………… P.126

220 図形をドラッグしたときに表示される赤い点線は何？

お役立ち度 ★★☆
2016 / 2013 / 2010 / 2007

PowerPoint 2013からは、図形をドラッグしたときに［スマートガイド］と呼ばれる赤い点線が表示されるようになりました。これは、図形の配置を手助けしてくれる線で、移動先やコピー先の目安になります。例えば、図形をほかの図形の上下左右の端近辺にドラッグすると、スマートガイドが表示されます。スマートガイドが表示された場所に配置すると、ドラッグ操作だけで複数の図形の端をきれいにそろえられます。

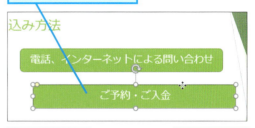

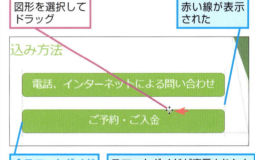

関連 ≫194 図形を素早くコピーしたい ……………………… P.116
関連 ≫195 図形を真下にコピーするには …………………… P.116
関連 ≫196 図形の端をきれいにそろえるには ……………… P.117
関連 ≫198 図形をきれいに整列させるには ………………… P.117

221 スライドにグリッド線を表示するには

お役立ち度 ★★☆
2016 / 2013 / 2010 / 2007

スライドに方眼紙のようなマス目があると、図形を描画したり配置したりするときの目安になります。グリッド線を表示するには、[表示] タブの [グリッド線] にチェックマークを付けましょう。[表示] タブの [表示] グループにある [グリッド線の設定] ボタンをクリックすると表示される [グリッドとガイド] ダイアログボックスで、グリッドの間隔を変更できます。

→ダイアログボックス……P.325

●グリッド線を表示する

❶ [表示] タブをクリック
❷ [グリッド線] をクリックしてチェックマークを付ける

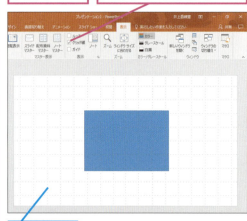

グリッド線が表示された

●グリッドの間隔を変更する

ワザ222を参考に、[グリッドとガイド] ダイアログボックスを表示する

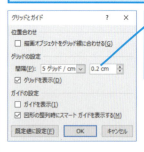

PowerPoint 2016/2013ではグリッドの間隔を 0.1～5.08cmの間で設定できる

関連 ≫217 スライドにガイドを表示するには …………… P.126

222 図形をグリッド線に合わせるには

お役立ち度 ★★☆
2016 / 2013 / 2010 / 2007

以下の手順で [描画オブジェクトをグリッド線に合わせる] にチェックマークを付けると、図形をドラッグしたときにグリッド線に沿うように配置されます。一方、[描画オブジェクトをグリッド線に合わせる] のチェックマークをはずすと、グリッド線を無視して任意の位置に配置できます。

ワザ221を参考にグリッド線を表示しておく

❶ [表示] タブをクリック

❷ [グリッドの設定] をクリック

[グリッドとガイド] ダイアログボックスが表示された

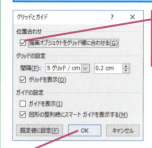

❸ [描画オブジェクトをグリッド線に合わせる] をクリックしてチェックマークを付ける

❹ [OK] をクリック

図形をドラッグしたとき、グリッド線ぴったりに配置されるようになった

関連 ≫221 スライドにグリッド線を表示するには ………… P.128

SmartArtの利用

「SmartArt」を使うと、組織図やフローチャートなどの図表を簡単に作成できます。ここでは、SmartArtを使って図表を作成するときの疑問を解決します。

223 SmartArtとは

お役立ち度 ★★★
2016 / 2013 / 2010 / 2007

短時間で情報を正確に伝えたいプレゼンテーションでは、瞬時に概要を伝えられる図表は欠かせません。文章で説明するよりも、図形に文字を入力し、図形の配置や大きさなどで概要を表した方が分かりやすいからです。図形を1つ1つ組み合わせても図表は作成できますが、SmartArtを使うと、一覧から選ぶだけで以下の例のようにデザイン性の高い図表を作成できます。また、ワザ234のように入力済みの文字を後から図表に変換することもできます。

→SmartArt……P.319

●SmartArtで作成できる主な図表

◆組織図
会社の組織やグループのメンバー構成を表す

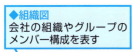

◆手順
ワークフローの進行や、一連のステップなどを示す

●SmartArtの種類

図表の種類は8つに分類される

ここにプレビューと説明が表示される

ここにそれぞれの種類の図表が表示される

SmartArtには80種類以上の図表が用意されている

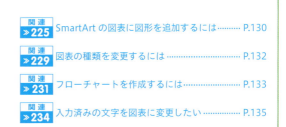

関連		
≫224	組織図を作成するには	P.130
≫225	SmartArtの図表に図形を追加するには	P.130
≫229	図表の種類を変更するには	P.132
≫231	フローチャートを作成するには	P.133
≫234	入力済みの文字を図表に変更したい	P.135

224 組織図を作成するには

お役立ち度 ★★☆
2016 / 2013 / 2010 / 2007

会社の組織やプロジェクトのメンバー構成などは、組織図で表すと分かりやすくなります。SmartArtには［階層構造］のカテゴリーに組織図のパターンが登録されています。［SmartArtグラフィックの選択］ダイアログボックスの［階層構造］グループから目的の組織図を選択しましょう。

→SmartArt……P.319

組織図を挿入したいスライドを表示しておく

❶［挿入］タブをクリック　❷［SmartArt］をクリック

［SmartArtグラフィックの選択］ダイアログボックスが表示された

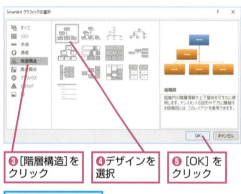

❸［階層構造］をクリック　❹デザインを選択　❺［OK］をクリック

組織図が挿入された

ここに文字を入力すると図形に反映される　図形にも直接文字を入力できる

225 SmartArtの図表に図形を追加するには

お役立ち度 ★★★
2016 / 2013 / 2010 / 2007

スライドに挿入したSmartArtの図表に図形を追加するには、以下の手順で追加します。追加したい前か後の図形を選択してから操作するのがポイントです。

→図形……P.323

ワザ224を参考に組織図を作成しておく

❶追加したい項目の前の図形をクリック　❷［デザイン］タブをクリック

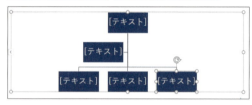

❸［図形の追加］のここをクリック

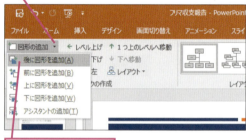

❹［後に図形を追加］をクリック

組織図に図形が追加された

関連 ≫226 図表内の不要な図形を削除するには ……… P.131

130 できる　●SmartArtの利用

226 図表内の不要な図形を削除するには

お役立ち度 ★★☆
2016 / 2013 / 2010 / 2007

スライドに挿入したSmartArtの図表に不要な図形があるときは、削除したい図形を選択して[Delete]キーを押します。図形が削除されると、残りの図形のサイズが自動的に変わります。
➡SmartArt……P.319

ワザ224を参考に組織図を作成しておく

❶削除したい図形をクリック
❷[Delete]キーを押す

図形を削除できた

残りの図形のサイズが自動的に変更された

関連	
≫225	SmartArtの図表に図形を追加するには……P.130
≫229	図表の種類を変更するには……P.132

227 形や構成はそのままで図表のデザインを変更したい

お役立ち度 ★★☆
2016 / 2013 / 2010 / 2007

SmartArtで図表を作成すると、最初は標準のデザインで表示されますが、後からデザインを変更できます。[デザイン]タブにある[SmartArtのスタイル]の機能を使うと、図表の色はそのままでデザインだけを変更できます。
➡コンテキストタブ……P.322

ワザ224を参考に組織図を作成しておく

❶[デザイン]タブをクリック
❷[SmartArtのスタイル]の[その他]をクリック

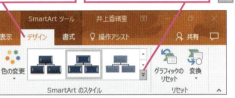

❸変更したいデザインをクリック
SmartArtのデザインが変わる

関連	
≫226	図表内の不要な図形を削除するには……P.131
≫228	図表の色だけを変更するには……P.132

SmartArtの利用

228 図表の色だけを変更するには

お役立ち度 ★★★
2016 / 2013 / 2010 / 2007

SmartArtの図表のデザインを変えずに色だけを変更したいときは、[デザイン]タブの[色の変更]ボタンをクリックし、一覧から色を選びます。なお、ワザ128の操作でスライド全体のテーマを変更すると、[色の変更]ボタンを使って設定した色は[テーマ]と連動した色に自動的に変わります。 ➡ テーマ……P.326

SmartArtの図表をクリックして選択しておく

❶[デザイン]タブをクリック　❷[色の変更]をクリック

❸変更したいデザインをクリック

図表の色が変更された

| 関連 ≫227 | 形や構成はそのまま 図表のデザインを変更したい …… P.131 |

229 図表の種類を変更するには

お役立ち度 ★★☆
2016 / 2013 / 2010 / 2007

SmartArtを使って作成した図表は、[デザイン]タブの[その他]から違うレイアウトに変更できます。それ以外の図表に変更したいときは[その他のレイアウト]をクリックしましょう。伝えたい内容を正確に表すことができる図表を選ぶのがポイントです。 ➡ コンテキストタブ……P.322

SmartArtの図表をクリックして選択しておく

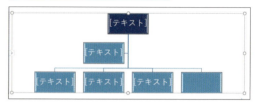

❶[デザイン]タブをクリック　❷[レイアウト]の[その他]をクリック

[組織図]の違うデザインのレイアウトが表示された

[その他のレイアウト]をクリックすると、すべてのレイアウトが表示される

| 関連 ≫226 | 図表内の不要な図形を削除するには …… P.131 |

230 「ピラミッド」の図表はどうやって使うの？

お役立ち度 ★★
2016 / 2013 / 2010 / 2007

SmartArtには、ワザ224で説明した組織図以外にも、箇条書きの項目を表す［リスト］、プロセスを表す［手順］、循環するサイクルを表す［循環］、項目同士の関係を表す［集合関係］、構成要素を表す［マトリックス］、三角形で階層関係を表す［ピラミッド］など、何種類ものカテゴリーがあります。階層構造を三角形で表したいときは、［ピラミッド］のカテゴリーから目的の図表をクリックして作成します。

➡SmartArt……P.319

ワザ224を参考に［SmartArtグラフィックの選択］ダイアログボックスを表示しておく

❶［ピラミッド］をクリック

❷デザインを選択　　❸［OK］をクリック

階層構造がピラミッドで表示される

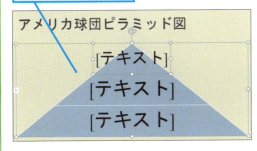

| 関連 ≫224 | 組織図を作成するには……………………… P.130 |

---

231 フローチャートを作成するには

お役立ち度 ★★★
2016 / 2013 / 2010 / 2007

作業の流れや順序などを表すフローチャートを作成したいときは、SmartArtの［手順］カテゴリーにある図表を使いましょう。操作2で図表をクリックすると右側に説明文が表示されるので、目的と一致する図表かどうかを確認できます。

➡SmartArt……P.319
➡ダイアログボックス……P.325

ワザ224を参考に［SmartArtグラフィックの選択］ダイアログボックスを表示しておく

❶［手順］をクリック

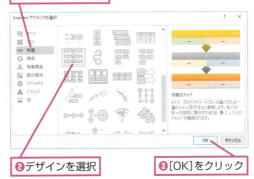

❷デザインを選択　　❸［OK］をクリック

フローチャートが作成された

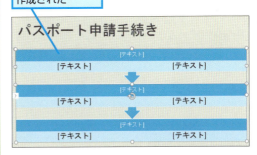

関連 ≫224	組織図を作成するには……………………… P.130
関連 ≫225	SmartArtの図表に図形を追加するには……… P.130
関連 ≫226	図表内の不要な図形を削除するには………… P.131

232 図表の中でレベル分けをするには

お役立ち度 ★★★
2016 / 2013 / 2010 / 2007

SmartArtの図形の中で文字に階層を付けるには、[テキスト]ウィンドウで階層を付けたい行を選んで Tab キーを押します。そうすると、行全体が右にずれて文字のサイズが変わり、前の行の下の階層に入ります。Tab キーを押すごとに、次々と階層を設定できますが、あまり階層が深いと内容を理解しづらくなります。2～3階層くらいにとどめておくといいでしょう。

➡SmartArt……P.319

SmartArtをクリックしてテキストウィンドウを表示させておく

❶レベルを変更する項目をクリック　❷Tab キーを押す

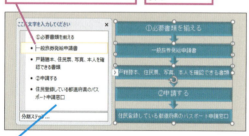

◆テキストウィンドウ

文字のレベルと図表の構成が変わった

| 関連 ≫225 | SmartArtの図表に図形を追加するには……P.130 |
| 関連 ≫226 | 図表内の不要な図形を削除するには……P.131 |

233 テキストウィンドウを非表示にするには

お役立ち度 ★★☆
2016 / 2013 / 2010 / 2007

図表に文字を入力する方法は2つあります。1つは図形の中に直接文字を入力する方法で、もう1つはテキストウィンドウに文字を入力する方法です。図形のなかに直接文字を入力する際など、テキストウィンドウが邪魔に感じるときは、[閉じる]ボタンをクリックして非表示にしましょう。閉じたテキストウィンドウは、以下の手順で再び表示できます。

➡プレースホルダー……P.328
➡マウスポインター……P.328

SmartArtをクリックしてプレースホルダーを表示させておく

❶ここにマウスポインターを合わせる　マウスポインターの形が変わった

❷そのままクリック

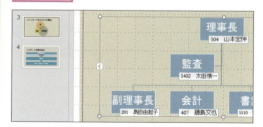

テキストウィンドウが非表示になった

| 関連 ≫179 | 図形の中に文字を入力したい……P.109 |
| 関連 ≫232 | 図表の中でレベル分けをするには……P.134 |

234 入力済みの文字を図表に変更したい

お役立ち度 ★★★
2016 / 2013 / 2010 / 2007

スライドを見直す段階で、入力済みの文字を図表に変更したいと思うこともあるでしょう。文字をわざわざ削除して図表を作り直さなくても、以下の手順で簡単に図表に変換できます。反対に、図表内の文字を箇条書きに変換するには、図表を選択してから[デザイン]タブの[変換]ボタンをクリックし、[テキストに変換]をクリックします。

→箇条書き……P.321

箇条書きのプレースホルダーをクリックして選択しておく

❶[ホーム]タブをクリック　❷[SmartArtグラフィックに変換]をクリック

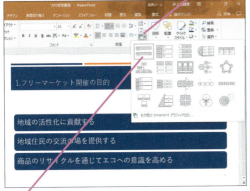

❸デザインを選択

文字がSmartArtに変換された

関連 ≫232　図表の中でレベル分けをするには……P.134

235 図表内にある一部の図形を大きくしたい

お役立ち度 ★★☆
2016 / 2013 / 2010 / 2007

図表を構成する図形の大きさには意味があります。図形の大きさによって重要度の違いを表現できるからです。図表内の特定の図形の大きさを変更するには、その図形をクリックして選択し、[SmartArtツール]の[書式]タブの[拡大]ボタンや[縮小]ボタンをクリックします。クリックするごとに、選択した図形だけが1段階ずつ拡大縮小します。

拡大する図形をクリックして選択しておく

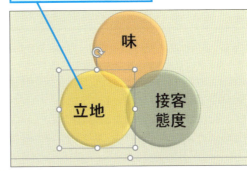

❶[SmartArtツール]の[書式]タブをクリック　❷[拡大]を3回クリック

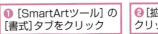

選択した図形が拡大された

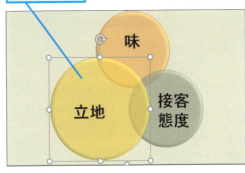

関連 ≫185　前の図形がジャマで後ろのものが見えない！……P.112

SmartArtの利用

第5章 表とグラフの作成方法

表の作成

文字や数値の情報をたくさん見せたいときは、表にまとめると分かりやすくなります。ここでは、表の作成や編集、書式設定などに関する疑問を解決します。

236

スライド上に表を作成するには

お役立ち度 ★★★
2016 / 2013 / 2010 / 2007

Excelなどの表計算ソフトを使わずに、PowerPointだけでも表を作成できます。文字の情報を罫線で区切って表にまとめると、情報が整理され、見ただけで内容が分かりやすくなります。［タイトルとコンテンツ］や［タイトル付きのコンテンツ］など「コンテンツ」が含まれたレイアウトを利用すれば、スライドに表示されるアイコンをクリックし、［表の挿入］ダイアログボックスで行数と列数を指定するだけで簡単に表を作成できます。

➡ アイコン……P.319
➡ レイアウト……P.329

表を挿入するスライドを表示しておく

❶ ［表の挿入］をクリック

［表の挿入］ダイアログボックスが表示された

❷ ［列数］と［行数］を入力
❸ ［OK］をクリック

スライドに表が挿入された

❹ セルをクリックして表の内容を入力

❺ [Tab]キーを押して次のセルに移動

同様にして表の内容を入力する

関連 **237** 1枚のスライドに2つの表を並べて配置したい …… P.137

関連 **238** ドラッグで列数と行数を指定して表を挿入するには …… P.137

関連 **556** Excelで作成した表をスライドに貼り付けるには …… P.294

237 1枚のスライドに2つの表を並べて配置したい

お役立ち度 ★★★
2016 / 2013 / 2010 / 2007

［レイアウト］ボタンの一覧にある［2つのコンテンツ］や［比較］のレイアウトを使うと、1枚のスライドに2つの表を配置できます。3つ以上の表を配置したいときは、ワザ238の操作で表を追加しましょう。

→レイアウト……P.329

1つのスライドに2つの表を配置できるようレイアウトを変更する

❶［ホーム］タブをクリック
❷［レイアウト］をクリック

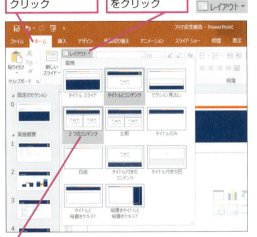

❸［2つのコンテンツ］をクリック

プレースホルダーが2つ配置された

［表の挿入］をクリックしてそれぞれ表を挿入できる

関連 ≫238 ドラッグで列数と行数を指定して表を挿入するには…………P.137

238 ドラッグで列数と行数を指定して表を挿入するには

お役立ち度 ★★★
2016 / 2013 / 2010 / 2007

作成済みのスライドに表を作成したいときは、［挿入］タブの［表］ボタンを使います。マス目をドラッグした分の行数や列数で表が挿入できます。

ここでは、4行×2列の表を挿入する

❶［挿入］タブをクリック
❷［表］をクリック
❸ここまでドラッグ

［表］の横に表示される行と列を確認しながらドラッグする

4行×2列の表が挿入される

関連 ≫237 1枚のスライドに2つの表を並べて配置したい…………P.137

239 表全体の大きさを変更するには

お役立ち度 ★★☆
2016 / 2013 / 2010 / 2007

表全体のサイズを変更するときは、表のまわりにある8つのハンドルのいずれかをドラッグします。このとき、Shiftキーを押しながら四隅のハンドルをドラッグすると、元の表の縦横比を保持したままサイズを変更できます。

→ハンドル……P.327

関連 ≫240 表全体を移動するには…………P.138

表の作成　できる　137

240 表全体を移動するには

お役立ち度 ★★☆
2016 / 2013 / 2010 / 2007

表をクリックすると、表のまわりに枠線が表示されます。この枠線をクリックしてドラッグすると、表を好きな場所に移動できます。

➡マウスポインター……P.328

❶表をクリック
❷表の枠線にマウスポインターを合わせる

マウスポインターの形が変わった
❸ここまでドラッグ

表全体が移動した

関連 ≫239 表全体の大きさを変更するには ……………… P.137

241 行の高さや列の幅を変更するには

お役立ち度 ★★★
2016 / 2013 / 2010 / 2007

表の挿入直後は、セルの大きさがすべて同じです。特定の行の高さや列の幅を変更するときは、列や行の境界線をドラッグします。このとき、1行目の見出しの行をほかの行の半分程度に縮めると、表がバランスよく整います。また、セル内の文字が数文字分改行されてしまうときは、列幅を広げて文字を1行に収めると見栄えがする表になります。

ここでは見出しの行を少し狭める

❶見出しの下の罫線にマウスポインターを合わせる

マウスポインターの形が変わった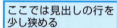

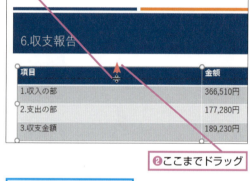

❷ここまでドラッグ

1行目の高さが変更できた

関連 ≫242 行の高さや列の幅を一発でそろえたい！ ……… P.139
関連 ≫243 列幅を均等にそろえるには ……………………… P.139

242 行の高さや列の幅を一発でそろえたい！

お役立ち度 ★★★
2016 / 2013 / 2010 / 2007

列幅をセルに入力した文字ぴったりにするときは、変更する列の右側の境界線にマウスポインターを合わせてダブルクリックします。そうすると、文字数に合わせて列幅が自動的に調整されるため、手動で列幅を変更する手間が省けます。

➡マウスポインター……P.328

❶列の境界線にマウスポインターを合わせる
マウスポインターの形が変わった

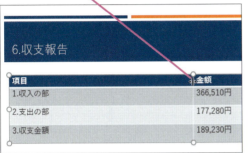

❷そのままダブルクリック
セルの文字に合わせて自動的に列幅が調整される

243 列幅を均等にそろえるには

お役立ち度 ★★★
2016 / 2013 / 2010 / 2007

「1月」「2月」「3月」などの同類の項目があるときは、それぞれの列幅をそろえると見ためがきれいになります。[表ツール]の[レイアウト]タブにある[幅を揃える]ボタンをクリックすると、表の列幅を列数で均等に分割した幅に自動的に変更できます。行の高さを均等にそろえるときは[高さを揃える]ボタンをクリックしましょう。

列幅を変更したいセルをドラッグして選択しておく

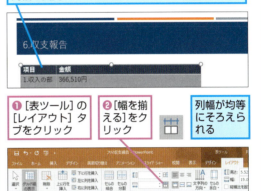

❶[表ツール]の[レイアウト]タブをクリック
❷[幅を揃える]をクリック
列幅が均等にそろえられる

244 作成済みの表に新しい列を挿入したい

お役立ち度 ★★★
2016 / 2013 / 2010 / 2007

PowerPointの表には行や列を後から簡単に追加できます。不足している列があったときは、右の手順で列を追加します。同様に、行を追加するときは、[上に行を挿入]ボタンや[下に行を挿入]ボタンをクリックしましょう。

選択したセルの右に列を追加する
❶列を右に追加したいセルをクリック

❷[表ツール]の[レイアウト]タブをクリック

❸[右に列を挿入]をクリック

選択したセルの右に列が挿入された

関連 ≫245 行や列を削除するには……P.140

245 行や列を削除するには

お役立ち度 ★★★
2016 / 2013 / 2010 / 2007

不要な行は右の手順で削除します。［行の削除］をクリックすると、カーソルのある行全体が削除され、下側の行が上に詰まります。列を削除するときは、削除したい列を選択してから［削除］ボタンをクリックし、［列の削除］をクリックします。この場合は列全体が削除され、右側の行が左に詰まります。

➡コンテキストタブ……P.322
➡タブ……P.325

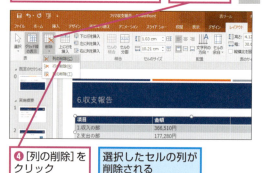

❶削除したい列のセルをクリック
❷［表ツール］の［レイアウト］タブをクリック
❸［削除］をクリック
❹［列の削除］をクリック
選択したセルの列が削除される

関連 ▶244 作成済みの表に新しい列を挿入したい……P.139

---

246 列の順番を入れ替えたい

お役立ち度 ★★★
2016 / 2013 / 2010 / 2007

表の列の順番を入れ替えるには、移動したい列を切り取ってから挿入したい列に貼り付けるといいでしょう。行を移動するときも同じです。なお、切り取りや貼り付けは、スライドの編集でよく使う操作です。［ホーム］タブから操作する以外にも Ctrl + X キー（切り取り）や Ctrl + V キー（貼り付け）のショートカットキーを覚えておくと便利です。　➡スライド……P.324

ワザ244を参考に、切り取った列を貼り付けたい位置に列を挿入しておく

❶移動したい列をドラッグして選択

❷［ホーム］タブをクリック
❸［切り取り］をクリック

選択した行が切り取られた
❹移動先の列の一番上をクリック

❺［貼り付け］をクリック
列の順番が入れ替わる

関連 ▶244 作成済みの表に新しい列を挿入したい……P.139

247 表の［スタイル］って何？

お役立ち度 ★★★
2016 / 2013 / 2010 / 2007

表を挿入すると、スライドに適用されているテーマに合わせて自動的に色が付きますが、この色は後から変更できます。［表のスタイル］には、あらかじめ表をデザインしたパターンが登録されており、クリックするだけで表全体のデザインを変更できます。

→テーマ……P.326

表をクリックして選択しておく

❶［表ツール］の［デザイン］タブをクリック
❷［表のスタイル］の［その他］をクリック
❸ 適用したいデザインにマウスポインターを合わせる

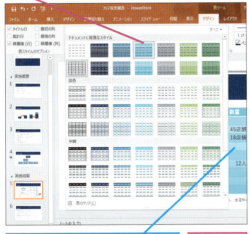

ここにマウスポインターを合わせたデザインがプレビューされる
❹ そのままクリック

選択したデザインに変更できる

関連 ≫128 統一感のあるデザインをすべてのスライドに設定するには……P.87
関連 ≫178 図形の塗りつぶしや枠線の色をまとめて変更するには……P.109

248 1行目のデザインをほかとそろえたい

お役立ち度 ★★☆
2016 / 2013 / 2010 / 2007

ワザ247の［表のスタイル］に登録されているデザインは、どれも1行目に表の見出しがあることを想定しています。見出しのない表を作成したときなど、デザインを削除したい場合は、［デザイン］タブにある［タイトル行］のチェックマークをはずします。

表をクリックして選択しておく

❶［表ツール］の［デザイン］タブをクリック

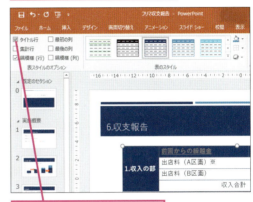

❷［タイトル行］をクリックしてチェックマークをはずす

1行目のタイトル行のデザインを削除できた

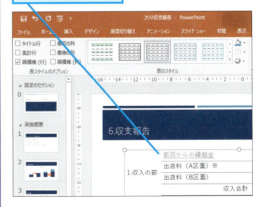

関連 ≫142 特定のスライドだけ配色を変更するには……P.93

249 列や行を素早く選択するには

お役立ち度 ★★★
2016 / 2013 / 2010 / 2007

表の列を1列分選択するには、列の上端にマウスポインターを合わせ、マウスポインターの形が下向きの黒い矢印に変わったときにクリックします。行を選択するには、行の左端にマウスポインターを合わせ、マウスポインターの形が右向きの黒い矢印に変わったときにクリックします。あるいは、[表ツール]の[レイアウト]タブの[選択]ボタンから[列の選択]や[行の選択]をクリックする方法もあります。

●マウスで列を選択する

❶選択する列の上端にマウスポインターを合わせる

マウスポインターの形が変わった

❷そのままクリック

カーソルの下の列が選択される

●[選択]ボタンを使って列を選択する

選択したい列のセルをクリックしておく

❶[表ツール]の[レイアウト]タブをクリック

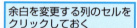

❷[選択]をクリック

❸[列の選択]をクリック

250 セルの余白を変更するには

お役立ち度 ★★☆
2016 / 2013 / 2010 / 2007

セルに入力した文字のまわりには自動的に余白が付きます。余白の大きさを変更するには、[レイアウト]タブの[セルの余白]ボタンをクリックします。最初に列単位や行単位で選択しておくと、複数のセルの余白をまとめて変更できます。

➡コンテキストタブ……P.322

余白を変更する列のセルをクリックしておく

❶[表ツール]の[レイアウト]タブをクリック

❷[セルの余白]をクリック

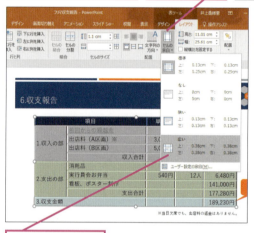

❸[広い]をクリック

選択したセルの列の余白が広くなった

| 関連 ≫241 | 行の高さや列の幅を変更するには……P.138 |

251 特定のセルに色を付けて強調したい

お役立ち度 ★★★
2016 / 2013 / 2010 / 2007

[表のスタイル]の機能を使わずに、手動でもセルや罫線の色を変更できます。セルの色を変更したいときは[塗りつぶし]ボタンから色を選びます。罫線の色を変更したいときは[ペンの色]を変更してから[罫線]ボタンを使って罫線を引きます。部分的に色を付けるときは、タイトル行や見出しと明確に区別できるようにしつつ、ほかのセルとも違う色を付けるのがポイントです。

→スタイル……P.323

❶好きな色を付けたいセルをクリック
❷[表ツール]の[デザイン]タブをクリック
❸[塗りつぶし]のここをクリック

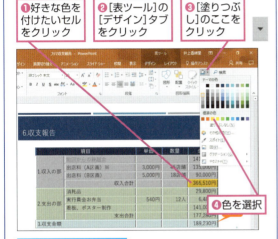

❹色を選択

セルに色が設定される

252 セルの背景に模様を付けたい

お役立ち度 ★★★
2016 / 2013 / 2010 / 2007

[塗りつぶし]ボタンから[グラデーション]や[テクスチャ]を選択すると、セルの背景にさまざまな塗りつぶしを設定できます。ただし、背景の色が目立ちすぎてセル内の文字が読みづらくなっては逆効果です。スライドのデザインに合った色合いで、さらに文字を引き立てるような模様を選びましょう。

❶ワザ249を参考にタイトル行以外を選択
❷[表ツール]の[デザイン]タブをクリック
❸[塗りつぶし]のここをクリック
❹[テクスチャ]にマウスポインターを合わせる

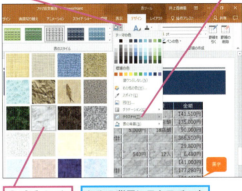

❺デザインを選択

セルの背景にテクスチャを設定できる

253 2つのセルを1つにまとめたい

お役立ち度 ★★★
2016 / 2013 / 2010 / 2007

複数のセルを1つにまとめることを「結合」と呼びます。横方向に連続したセルや縦方向に連続したセル、縦横に連続したセルを自由に結合できます。それぞれのセルに文字が入力されている状態でセルを結合すると、左上のセルに文字がまとめて表示されます。

関連 ≫254 セルを分割して別の文字を入力したい ……… P.144
関連 ≫264 隣り合ったセル同士を一瞬でつなげるには …… P.147

❶1つにまとめたいセルをドラッグして選択
❷[表ツール]の[レイアウト]タブをクリック
❸[セルの結合]をクリック

2つのセルが1つにまとめられる

254 セルを分割して別の文字を入力したい

お役立ち度 ★★★
2016 / 2013 / 2010 / 2007

1つのセルを2つのセルに分割するときは、[表ツール]の[レイアウト]タブにある[セルの分割]ボタンをクリックします。[セルの分割]ダイアログボックスで[列数]と[行数]を指定すると、縦方向や横方向などに自由に分割できます。

ここでは1つのセルを左右2つに分割する

❶セルをクリック

❷[表ツール]の[レイアウト]タブをクリック　❸[セルの分割]をクリック

[セルの分割]ダイアログボックスが表示された

❹分割したいセルの列数と行数を入力

❺[OK]をクリック

セルが2つに分割された

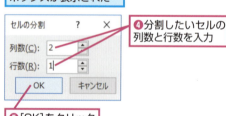

| 関連 ≫253 | 2つのセルを1つにまとめたい | P.143 |
| 関連 ≫267 | 罫線でセルを分割するには | P.148 |

255 セルに凹凸感を出したい

お役立ち度 ★★★
2016 / 2013 / 2010 / 2007

セルに凹凸感を出すには、[面取り]を設定します。特定のセルを選択することで、一部のセルだけに凹凸を設定することも可能です。

表をクリックして選択しておく

❶[表ツール]の[デザイン]タブをクリック　❷[効果]をクリック

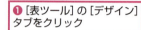

❸[セルの面取り]にマウスポインターを合わせる

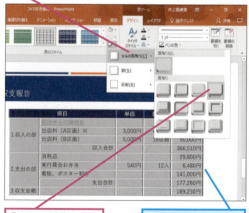

❹セルに設定したいデザインをクリック

マウスポインターを合わせたデザインがプレビューされる

| 関連 ≫252 | セルの背景に模様を付けたい | P.143 |

144　できる　●　表の作成

256 文字をセルの上下中央に配置するには

お役立ち度 ★★★
2016 / 2013 / 2010 / 2007

セルに文字を入力すると、最初はセルの上側に詰まって表示されます。セル内の文字の縦方向の配置は、[表ツール]の[レイアウト]タブにある[上揃え][上下中央揃え][下揃え]ボタンで変更できます。文字を行の上下中央に配置すると、安定感があり、見栄えのする表に仕上がります。

➡プレースホルダー……P.328

表のプレースホルダーをクリックして選択しておく

❶[表ツール]の[レイアウト]タブをクリック

❷[上下中央揃え]をクリック

セル内の文字が上下中央にそろう

---

257 セルの中で文字を均等に配置するには

お役立ち度 ★★☆
2016 / 2013 / 2010 / 2007

セルに文字を入力すると、最初はセルの左側に詰まって表示されます。セル内の文字の横方向の配置は、[表ツール]の[レイアウト]タブにある[文字列を左に揃える][中央揃え][文字列を右に揃える]ボタンを使って後から変更できますが、均等割り付けのボタンだけは[ホーム]タブにあります。見出しの文字を中央や均等に配置すると安定感が出ますが、数値はけたが読みやすいように必ず右そろえで使いましょう。

➡タブ……P.325

表のプレースホルダーをクリックして選択しておく

❶[ホーム]タブをクリック

❷[均等割り付け]をクリック

セルの幅に合わせて文字が均等に配置される

---

258 セルの中で文字の先頭位置をずらすには

お役立ち度 ★★☆
2016 / 2013 / 2010 / 2007

セル内で文字の階層関係を付けたいときは、文字の先頭位置をずらすといいでしょう。セル内で先頭位置をずらすには、Ctrl+Tabキーを押します。Ctrl+Tabキーを押すごとに、先頭位置が次々と右側にずれます。なお、表内でTabキーだけを押すと、右のセルや左下のセルにカーソルが移動してしまいます。

❶ここをクリック　❷Ctrl+Tabキーを押す

文字の先頭位置が右側にずれた

| 関連 ≫256 | 文字をセルの上下中央に配置するには ……P.145 |
| 関連 ≫257 | セルの中で文字を均等に配置するには ……P.145 |

259 セルの文字を縦書きにするには

お役立ち度 ★★★
2016 / 2013 / 2010 / 2007

複数行にまたがるセルの文字は縦書きで表示するといいでしょう。[表ツール]の[レイアウト]タブにある[文字列の方向]ボタンから[縦書き]をクリックすると、セルの文字を縦書きに変更できます。

❶文字を縦書きにしたいセルをクリック
❷[表ツール]の[レイアウト]タブをクリック
❸[文字列の方向]をクリック

❹[縦書き]をクリック
セル内の文字が縦書きになる

関連 ≫109 縦書きの半角数字を縦に並べるには ……… P.78

260 表の罫線を全部なくしたい

お役立ち度 ★★☆
2016 / 2013 / 2010 / 2007

罫線の色が濃いと、罫線ばかりが目立つ表になってしまう場合があります。このようなときは、思い切って罫線をなしにしてみるといいでしょう。あるいは、罫線の色を白やグレーなどの薄い色に変更するのも効果的です。　➡コンテキストタブ……P.322

表をクリックして選択しておく

❶[表ツール]の[デザイン]タブをクリック
❷[罫線]のここをクリック

❸[枠なし]をクリック
表に罫線が表示されなくなる

261 斜めの罫線はどうやって引くの？

お役立ち度 ★★☆
2016 / 2013 / 2010 / 2007

表の一番左上のセルや、データがないことを示すセルには斜線を引くことがあります。セルに斜線を引くには、斜線を引きたいセルをクリックし、罫線の一覧から[斜め罫線（右下がり）]や[斜め罫線（右上がり）]をクリックします。

❶斜めの罫線を引きたいセルをクリック
❷[表ツール]の[デザイン]タブをクリック
❸[罫線]のここをクリック

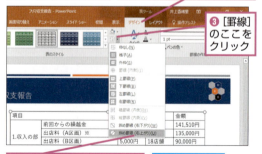

❹[斜め罫線（右上がり）]をクリック
斜めの罫線が引かれる

関連 ≫267 罫線でセルを分割するには ……… P.148

262 強調したいデータに丸を付けて目立たせたい

お役立ち度 ★★★
2016 / 2013 / 2010 / 2007

表の中で特に強調したいデータは、目立たせる工夫が必要です。以下のように［楕円］の図形でデータを囲むと、聞き手の視線を自然と集められます。このとき、円の線の色は目立つような色を選択し、線の太さも太くすると効果的です。あるいは、ワザ251を参考に、強調したいセルだけ、別の色で塗りつぶして目立たせてもいいでしょう。

ワザ171を参考に楕円の図形を描画

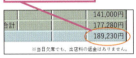

強調したいデータを目立たせることができる

関連 ≫171	真ん丸な円を描くには …… P.106
関連 ≫251	特定のセルに色を付けて強調したい …… P.143
関連 ≫265	表のポイントを強調したい！…… P.148

263 表の外に出典や備考を入れたい

お役立ち度 ★★★
2016 / 2013 / 2010 / 2007

表のデータをほかの資料から引用した場合は、出典を明確にしておくことが大切です。また、表の内容に関する備考を追記したいこともあるでしょう。このようなときは、テキストボックスを使って表の右下に入力します。出典や備考の文字サイズは、表のセルに入力した文字サイズよりも小さめに設定します。

→テキストボックス……P.326

ワザ069を参考に、テキストボックスを挿入

表の備考を入力できる

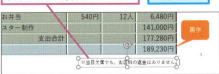

| 関連 ≫069 | 好きな位置に文字を入力するには …… P.61 |

264 隣り合ったセル同士を一瞬でつなげるには

お役立ち度 ★★★
2016 / 2013 / 2010 / 2007

［表ツール］の［デザイン］タブにある［罫線の削除］ボタンを使うと、隣り合ったセル同士を一瞬で結合できます。罫線を削除すると、罫線で区切られていたセルが自動的に結合され、それぞれのセルに入力されていた文字はまとめて表示されます。

→マウスポインター……P.328

❶［表ツール］の［デザイン］タブをクリック
❷［罫線の削除］をクリック

マウスポインターの形が変わった

❸削除したい罫線の上をなぞるようにドラッグ

罫線が削除され、セルが結合された

Escキーを押すと、［罫線の削除］機能を終了できる

| 関連 ≫253 | 2つのセルを1つにまとめたい …… P.143 |
| 関連 ≫267 | 罫線でセルを分割するには …… P.148 |

265 表のポイントを強調したい！

お役立ち度 ★★★
2016 / 2013 / 2010 / 2007

プレゼンテーション用のスライドは、発表者が伝えたいことを聞き手がすぐに分かるようにする工夫が大切です。特に注目して欲しい項目や重要な情報は、吹き出しの図形などを使ってポイントを明記しておくといいでしょう。
➡プレゼンテーション……P.328

ワザ171を参考に、操作2で[吹き出し：角を丸めた四角形]を選択して吹き出しを挿入

伝えたいポイントを強調できた

| 関連 ≫171 | 真ん丸な円を描くには …… P.106 |

266 PowerPointの表では計算できないの？

お役立ち度 ★★★
2016 / 2013 / 2010 / 2007

PowerPointには、Excelのような計算機能がありません。セルのデータを計算したいときは、最初からExcelで表を作成するか、PowerPointで作成した表のデータをコピーしてExcelのワークシートに貼り付けます。Excelで作成した表は、ワザ556を参考にしてPowerPointのスライドに貼り付けましょう。
➡スライド……P.324

| 関連 ≫556 | Excelで作成した表をスライドに貼り付けるには …… P.294 |
| 関連 ≫562 | リンク貼り付けしたグラフの背景の色を透明にしたい …… P.298 |

267 罫線でセルを分割するには

お役立ち度 ★★★
2016 / 2013 / 2010 / 2007

[表ツール]の[デザイン]タブにある[罫線を引く]ボタンを使うと、表内のセルを分割することができます。マウスポインターが鉛筆の形になった状態で、セルの上を水平にドラッグしましょう。新しいセルが下に追加され、同じ行のほかのセルの高さが自動的に変化します。なお、垂直方向にドラッグした場合は、新しいセルが右に追加されます。
➡マウスポインター……P.328

❶[表ツール]の[デザイン]タブをクリック
❷[罫線を引く]をクリック

マウスポインターの形が変わった

❸分割したいセルの上を水平にドラッグ

セルが分割され、新しいセルが下に追加された

垂直にドラッグすると新しいセルが右に追加される

| 関連 ≫254 | セルを分割して別の文字を入力したい …… P.144 |
| 関連 ≫264 | 隣り合ったセル同士を一瞬でつなげるには …… P.147 |

グラフの挿入

数値をグラフにすると、大きさや推移や割合を強調して伝えられます。ここでは、グラフに関する疑問を解決するほか、グラフの利用テクニックを紹介します。

268

PowerPointでグラフを作成するには

お役立ち度 ★★★
2016 / 2013 / 2010 / 2007

数値の情報をグラフ化すると、数値を使って説明したい内容がひと目で分かります。そのため、数値がポイントとなるプレゼンテーションにグラフは欠かせません。[挿入]タブの[グラフ]ボタンをクリックしてグラフの種類を選ぶと、データシートと仮のグラフが表示されます。データシートのセルにデータを入力すると、自動的にPowerPointのグラフに反映されます。作成したグラフの細部は、[グラフツール]の[デザイン]タブや[グラフツール]の[書式]タブを使って編集します。

→グラフ……P.322

関連		
≫270	作成したグラフを別のグラフに変更したい	P.150
≫399	表やグラフにアニメーションを付けるには	P.215
≫556	Excelで作成した表をスライドに貼り付けるには	P.294
≫562	リンク貼り付けしたグラフの背景の色を透明にしたい	P.298

269 グラフにある要素と名前を知りたい

お役立ち度 ★★★
2016 / 2013 / 2010 / 2007

グラフは［プロットエリア］や［項目軸］など、複数の要素で構成されています。グラフの内容や見ためを変えるときは、要素を正しく選択する必要があるので、代表的な要素を覚えておきましょう。なお、グラフ上で要素にマウスポインターを合わせると、マウスポインターの下に要素名が表示されます。また、PowerPointのバージョンで要素名が異なります。

→マウスポインター……P.328

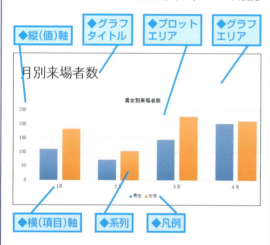

◆縦(値)軸　◆グラフタイトル　◆プロットエリア　◆グラフエリア
◆横(項目)軸　◆系列　◆凡例

270 作成したグラフを別のグラフに変更したい

お役立ち度 ★★☆
2016 / 2013 / 2010 / 2007

グラフの種類を間違えると、聞き手に正しい情報が伝わらない恐れがあります。グラフの種類は、［グラフの種類の変更］ダイアログボックスで変更できます。

→ダイアログボックス……P.325

❶グラフエリアをクリック
❷［グラフツール］の［デザイン］タブをクリック

❸［グラフの種類の変更］をクリック

❹変更したいグラフのデザインを選択

271 グラフ全体のデザインを変更するには

お役立ち度 ★★★
2016 / 2013 / 2010 / 2007

グラフ全体のデザインを一度に変更したいときは、［グラフスタイル］の機能を使うと便利です。［グラフスタイル］には、あらかじめいくつものグラフデザインのパターンが登録されているので、クリックするだけでグラフ全体のデザインが変わります。なお、グラフの色合いを変更したいときは、［色の変更］ボタンをクリックします。グラフの一部分のデザインを変更したいときは、ワザ272を参照してください。

❶グラフエリアをクリック
❷［グラフツール］の［デザイン］タブをクリック

❸［グラフスタイル］の［その他］をクリック

❹デザインを選択　グラフ全体の色合いや要素の書式が変わる

272 グラフの背景を明るい色に変更したい！

お役立ち度 ★★☆
2016 / 2013 / 2010 / 2007

グラフは、[データ系列] や [グラフエリア] など、それぞれの要素ごとに書式を設定できます。例えば、グラフの背景の色を変更したいときは、[グラフエリア] をクリックし、[グラフツール] の [書式] タブにある [図形の塗りつぶし] ボタンをクリックします。

➡ 書式……P.323

❶ [グラフエリア] をクリック

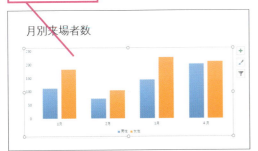

❷ [グラフツール] の [書式] タブをクリック
❸ [図形の塗りつぶし] のここをクリック

❹ 色を選択

グラフの背景色が変わった

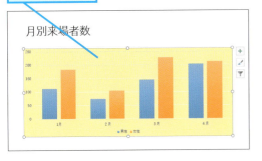

関連 ≫271 グラフ全体のデザインを変更するには ……… P.150

273 グラフタイトルを削除してしまった！

お役立ち度 ★★☆
2016 / 2013 / 2010 / 2007

グラフを作成すると、自動的にグラフの上側に仮のタイトルが表示されます。[グラフタイトル] をクリックして、タイトルの文字を入力しましょう。グラフタイトルを削除してしまったときは、[グラフツール] の [デザイン] タブにある [グラフ要素を追加] ボタンから [グラフタイトル] をクリックし、表示する位置を選択します。またPowerPoint 2016/2013では、[グラフ要素] ボタンでもグラフタイトルを追加できます。

➡ コンテキストタブ……P.322

● [グラフ要素を追加] ボタンの利用

❶ [グラフエリア] をクリック

❷ [グラフツール]の[デザイン] タブをクリック
❸ [グラフ要素を追加]をクリック

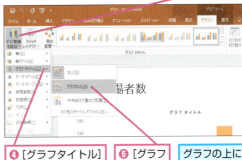

❹ [グラフタイトル] にマウスポインターを合わせる
❺ [グラフの上] をクリック

グラフの上にタイトルが表示される

● [グラフ要素] ボタンの利用

❶ [グラフ要素] をクリック

❷ [グラフタイトル]をクリックしてチェックマークを付ける
❸ [グラフの上] をクリック

274 グラフを削除するには

お役立ち度 ★★★
2016 / 2013 / 2010 / 2007

作成したグラフを削除するには、グラフをクリックして選択してから Delete キーを押します。

→グラフ……P.322
→プレースホルダー……P.328

❶ [グラフエリア] をクリック
❷ Delete キーを押す

グラフが削除された

グラフ以外の要素が何もない場合は空白のプレースホルダーが表示される

関連 ≫236 スライド上に表を作成するには……P.136
関連 ≫237 1枚のスライドに2つの表を並べて配置したい……P.137
関連 ≫276 必要のないデータだけグラフから削除したい……P.153

275 グラフの元データはどうやって編集するの?

お役立ち度 ★★★
2016 / 2013 / 2010 / 2007

グラフの元データを表示するには、[グラフツール] の [デザイン] タブにある [データの編集] ボタンをクリックします。そうすると、データシートが表示されます。ただし、データシートでは簡易的な作業しか行えません。Excelの機能をフルに使ってデータを編集したいときは、[データの編集] ボタンの [データを編集します] をクリックしてから [Excelでデータを編集] をクリックしましょう。

→インストール……P.320

❶ [グラフエリア] をクリック

❷ [グラフツール] の [デザイン] タブをクリック
❸ [データの編集] をクリック

❹ データを修正
❺ データを修正できたら [閉じる] をクリック

Excelがインストールされていれば、ここをクリックしてグラフをExcelで編集してもいい

関連 ≫565 Excelの表やグラフを目立つようにするには……P.299

276 必要のないデータだけグラフから削除したい

お役立ち度 ★★★
2016 / 2013 / 2010 / 2007

データシートで青い枠線で囲まれているのがグラフ化されているデータです。グラフに必要のないデータがあるときは、青い枠線の右下のハンドルにマウスポインターを合わせ、必要なデータだけが囲まれるようにドラッグします。あるいは、不要な行や列を丸ごと削除しても構いません。　→マウスポインター……P.328

ワザ275を参考にデータシートを表示させておく

❶ ここにマウスポインターを合わせる

マウスポインターの形が変わった

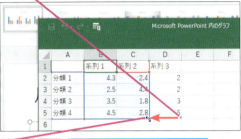

❷ ここまでドラッグ

グラフ化したいデータだけを選択できた

| 関連 ≫275 | グラフの元データはどうやって編集するの？……P.152 |

---

277 折れ線グラフの角を滑らかにしたい

お役立ち度 ★★★
2016 / 2013 / 2010 / 2007

折れ線グラフは、値と値を直線で結び、線の傾き具合で数値の推移を表します。折れ線グラフの直線を滑らかな曲線で表示したいときは、以下の手順で［データ系列の書式設定］作業ウィンドウを表示して、［スムージング］にチェックマークを付けます。

→書式設定……P.323

ワザ268を参考に、操作2以降で［折れ線グラフ］を選択して折れ線グラフを作成しておく

❶ 折れ線グラフを右クリック

❷ ［データ系列の書式設定］をクリック

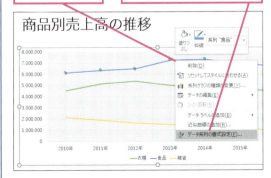

［データ系列の書式設定］作業ウィンドウが表示された

❸ ［塗りつぶしと線］をクリック

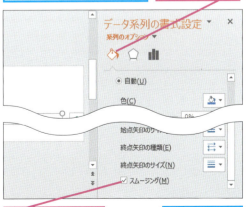

❹ ［スムージング］をクリックしてチェックマークを付ける

折れ線グラフが滑らかな曲線になる

| 関連 ≫268 | PowerPointでグラフを作成するには……P.149 |

278 棒グラフと折れ線グラフを組み合わせて表示したい

お役立ち度 ★★☆
2016 / 2013 / 2010 / 2007

以下の例は、「商品別の売上高」と「来店者数」を表した折れ線グラフです。一番上にある明るい緑の折れ線が来店者数ですが、売上高と来店者数でそもそも数値の差が大きすぎるため、2つの関係性が見いだせなくなってしまいました。こういった場合は、来店者数を棒グラフにして、売上高と来店者数のそれぞれに縦（値）軸の目盛りを表示するといいでしょう。最初はすべてのデータを棒グラフで表しますが、後から特定のデータを折れ線グラフに変更し、第2軸を設定します。PowerPoint 2016では、[グラフの種類の変更]ダイアログボックスで[組み合わせ]を選ぶと、グラフの種類と第2軸を簡単に設定できます。操作結果の図のように、1つのグラフの中に異なる種類のグラフを組み合わせたものをグラフのことを「複合グラフ」と呼びます。このワザの例では、「来店数と商品別の売り上げに関係性があるのかどうか」をひと目で確認できるようになります。

❶ 棒グラフに変更する折れ線をクリック

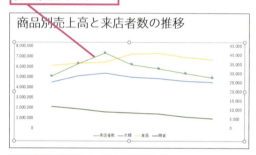

❷ [グラフツール] の [デザイン] タブをクリック

❸ [グラフの種類の変更] をクリック

❹ [来店者数] のここをクリック　❺ [集合縦棒] をクリック

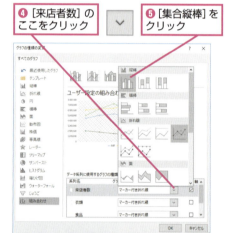

設定したグラフがプレビューされた

❻ [OK] をクリック

棒グラフと折れ線グラフの複合グラフを作成できる

関連 ≫268 PowerPointでグラフを作成するには……P.149

279 棒グラフの棒を太くしたい

お役立ち度 ★★☆
2016 / 2013 / 2010 / 2007

棒グラフの棒と棒の間隔を変更するには、[データ系列の書式設定]作業ウィンドウにある[要素の間隔]の数値を変更します。数値が小さいほど、棒と棒の間隔が狭まります。[0]を指定すると、隣同士がくっついた状態で表示されます。

➡系列……P.322
➡書式設定……P.323

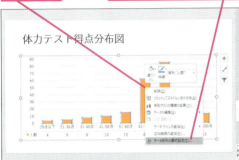

❶系列を右クリック
❷[データ系列の書式設定]をクリック

[データ系列の書式設定]作業ウィンドウが表示された

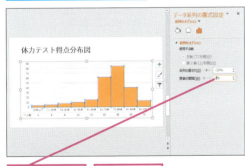

❸[要素の間隔]に「0」と入力
❹ Enter キーを押す

グラフの間隔が変更される

| 関連 ≫269 | グラフにある要素と名前を知りたい ……………… P.150 |
| 関連 ≫271 | グラフ全体のデザインを変更するには ………… P.150 |

280 棒グラフの上にそれぞれの数値を表示するには

お役立ち度 ★★★
2016 / 2013 / 2010 / 2007

グラフは、数値の大きさや推移など全体的な傾向を伝えるのは得意ですが、数値の詳細を伝えることには向いていません。グラフの元になる数値をグラフの中に表示するには、以下の手順で[データラベル]を設定します。強調したいグラフの要素だけにデータラベルを付けるのも効果的です。 ➡データラベル……P.326

[グラフエリア]をクリックしておく

❶[グラフツール]の[デザイン]タブをクリック
❷[グラフ要素を追加]をクリック

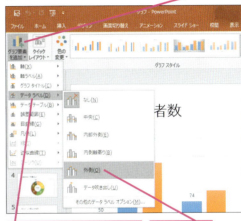

❸[データラベル]にマウスポインターを合わせる
❹[外側]をクリック

棒グラフの上に数値が表示された

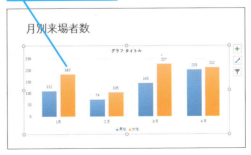

| 関連 ≫286 | グラフと表を同時に表示するには ……………… P.158 |

グラフの挿入 ● できる 155

281 項目軸を縦書きにするには

お役立ち度 ★★★
2016 / 2013 / 2010 / 2007

項目名の文字数が長いと、すべての項目名を表示しきれずに一部が欠けてしまいます。文字サイズを小さくして対応することもできますが、それでも表示できないときは、文字を縦書きにするといいでしょう。

項目軸は通常横書きで表示される

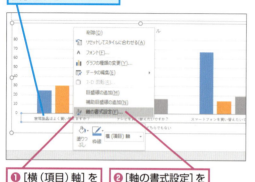

❶ [横(項目)軸]を右クリック
❷ [軸の書式設定]をクリック

[軸の書式設定]作業ウィンドウが表示された
❸ [サイズとプロパティ]をクリック

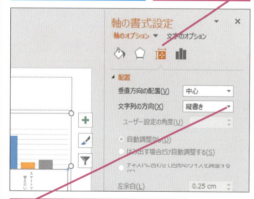

❹ [文字列の方向]のここをクリックして[縦書き]を選択

項目名が縦書きで表示される

関連 ≫269 グラフにある要素と名前を知りたい ………… P.150

282 グラフの目盛りをもっと細かくしたい

お役立ち度 ★★☆
2016 / 2013 / 2010 / 2007

グラフの目盛り間隔は、通常はデータシートに入力されている数値を認識して自動的に設定されます。しかし、似たような数値が並んでいるグラフでは、目盛りを細かくした方が比較しやすくなります。以下の手順で[軸の書式設定]作業ウィンドウの[単位]の項目の[主]に数値を入力すると、目盛りの間隔を自由に変更できます。

グラフの目盛り間隔が細かくなるよう設定する

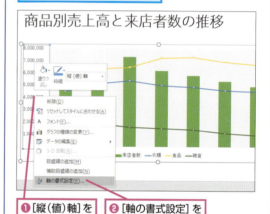

❶ [縦(値)軸]を右クリック
❷ [軸の書式設定]をクリック

[軸の書式設定]作業ウィンドウが表示された
❸ [主]に数値を入力

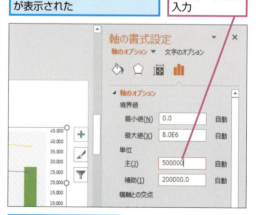

数値軸の目盛り間隔の設定を変更できる

関連 ≫283 数値の差を意図的に強調するには ………… P.157

283 数値の差を意図的に強調するには

お役立ち度 ★★☆
2016 / 2013 / 2010 / 2007

棒グラフや折れ線グラフで、縦（値）軸の最小値や最大値を変えると、数値の差を強調したり、数値の差がそれほどないように見せたりすることができます。このワザの例では、棒グラフの最小値は「0」、最大値が「45000」ですが、最小値を「20000」に変更するとそれぞれの棒の高低差が強調されます。逆に最大値の数値を大きくすると、棒の高低差が目立たなくなり、全体的に棒が短くなった印象となります。データそのものが変わるわけではなく、あくまでグラフの見ためが変わるだけですが、グラフから受ける印象は大きく異なります。それほど数値に差がないとき、差を強調するのは、聞き手に誤解を与える可能性があるので、あまりお薦めできません。「あえて差を強調したい」というときに設定を変更するといいでしょう。

棒グラフの最小値を変更する

❶ ［第2軸縦（値）軸］を右クリック
❷ ［軸の書式設定］をクリック

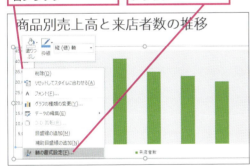

［軸の書式設定］作業ウィンドウが表示された

❸ ［最小値］に数値を入力

最小値が変更される

関連 ≫282 グラフの目盛りをもっと細かくしたい ………… P.156

284 大きい数値を「千」や「百」で省略したい

お役立ち度 ★★☆
2016 / 2013 / 2010 / 2007

数値のけた数が大きいときは、以下の手順で単位を「百」や「千」に設定すると、グラフがすっきりします。このとき、数値を読み間違えないように、必ず［表示単位のラベルをグラフに表示する］のチェックマークを付けたままにしておきましょう。

❶ ［縦（値）軸］を右クリック
❷ ［軸の書式設定］をクリック

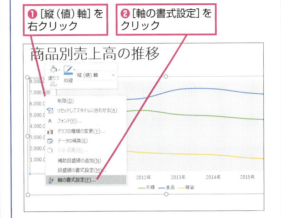

［軸の書式設定］作業ウィンドウが表示された

❸ ［表示単位］のここをクリック
❹ ［千］をクリック

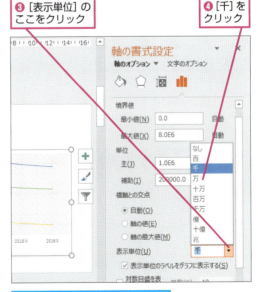

数値軸の目盛りの単位が変更される

関連 ≫282 グラフの目盛りをもっと細かくしたい ………… P.156

285 スライドの模様が邪魔で表やグラフがよく見えない

お役立ち度 ★★☆
2016 / 2013 / 2010 / 2007

スライドのテーマによっては、模様が邪魔をしてグラフが見づらくなることがあります。このようなときは、以下の手順で［背景グラフィックを表示しない］のチェックマークを付けて、模様を非表示にしましょう。表が見づらいときにも同じように操作できます。

スライドの背景とグラフが重なって文字が見づらい

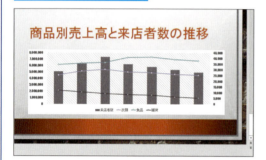

❶ ［デザイン］タブをクリック
❷ ［背景の書式設定］をクリック

［背景の書式設定］作業ウィンドウが表示された

❸ ［背景グラフィックを表示しない］をクリックしてチェックマークを付ける

スライドの模様が非表示になる

関連 ≫141 特定のスライドだけ別のテーマを適用するには……P.93

286 グラフと表を同時に表示するには

お役立ち度 ★★★
2016 / 2013 / 2010 / 2007

グラフは数値の全体的な傾向を表すのには向いていますが、数値を正しく伝えることはできません。グラフの元になる表全体をグラフの下側に表示したいときは、［データテーブル］を追加します。なお、表の数値をグラフに表示するときは、ワザ280で紹介した［データラベル］を使いましょう。

→データラベル……P.326

❶ ［グラフツール］の［デザイン］タブをクリック
❷ ［グラフ要素を追加］をクリック

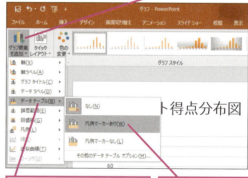

❸ ［データテーブル］にマウスポインターを合わせる
❹ ［凡例マーカーあり］をクリック

グラフの元になるデータの表がグラフの下に表示された

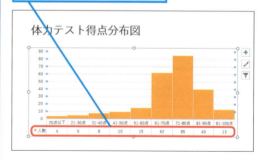

関連 ≫280 棒グラフの上にそれぞれの数値を表示するには……P.155

287 ドーナツ型のグラフを作成するには

お役立ち度 ★★★
2016 / 2013 / 2010 / 2007

ドーナツグラフは、グラフの中央に穴の開いた円グラフのことで、円グラフと同じように内訳や構成比を表すときに利用します。穴の開いた部分には、[テキストボックス]の図形を描画して、グラフのタイトルや全体の総計などを表示するのが一般的です。

→ダイアログボックス……P.325

ワザ268を参考に、[グラフの挿入]ダイアログボックスを表示しておく

❶ [円] をクリック
❷ [ドーナツ] をクリック

❸ [OK] をクリック

グラフが作成され、データシートが表示された

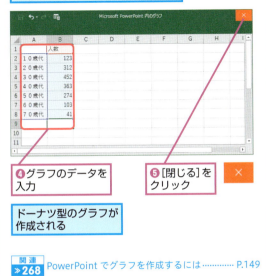

❹ グラフのデータを入力
❺ [閉じる] をクリック

ドーナツ型のグラフが作成される

関連 ≫268 PowerPointでグラフを作成するには……P.149

288 ヒストグラムを作成するには

お役立ち度 ★★★
2016 / 2013 / 2010 / 2007

ヒストグラムは、データの分布状況を示すグラフで、度数分布表とも呼びます。PowerPoint 2016ではグラフの作成時に[ヒストグラム]の種類を選ぶことができ、入力したデータの分布を自動的に集計してグラフに表示できます。初期状態ではデータシートに「1」から「24」までの数字が入っており、グラフには1以上5未満の項目数、5以上9未満の項目数といった形でグループ分けされて表示されます。データを入力する際は1列だけに入力するのがポイントです。

ワザ268を参考に、[グラフの挿入]ダイアログボックスを表示しておく

❶ [ヒストグラム] をクリック
❷ [ヒストグラム] をクリック

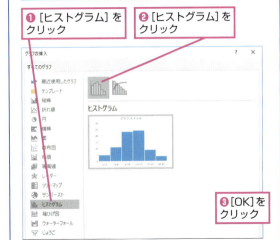

❸ [OK] をクリック

グラフが作成され、データシートが表示された
データはこの列に入力する

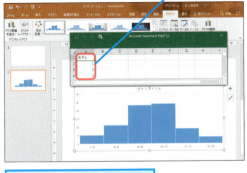

初期状態では6つのグループに分けてグラフが作成される

第6章 写真でイメージを伝える

画像の挿入

デジタルカメラで撮影した写真やWebページにある画像をスライドに入れると、イメージを明確に伝えられます。ここでは、スライドに画像を入れるときの疑問を解決します。

---

289 パソコンに保存してある画像を挿入するには

お役立ち度 ★★★
2016 / 2013 / 2010 / 2007

新製品案内や、イベント報告書のプレゼンテーションでは、製品写真や会場の写真などを見せた方がより具体性が増します。ただし、スライドの内容に合わない画像を使うと逆効果になるので注意が必要です。

➡プレゼンテーション……P.328

❶[挿入]タブをクリック　❷[画像]をクリック

[図の挿入]ダイアログボックスが表示された

ここでは、[ピクチャ]フォルダーにある画像を挿入する

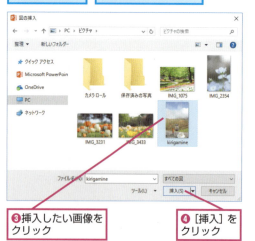

❸挿入したい画像をクリック　❹[挿入]をクリック

---

290 複数の画像をまとめて挿入するには

お役立ち度 ★★☆
2016 / 2013 / 2010 / 2007

1枚のスライドに複数の画像を一度に挿入したいときは、ワザ289の操作で[図の挿入]ダイアログボックスを開き、複数の画像を選択しましょう。Ctrlキーを押しながら画像をクリックすると、離れた画像をまとめて選択できます。また、先頭の画像をクリックしてからShiftキーを押しながら最後の画像をクリックすると、連続した画像を選択できます。スライドに挿入した画像は重なって表示されるので、ワザ303の操作で移動しましょう。　➡ダイアログボックス……P.325

| 関連 ≫291 | 自分で描いたイラストを挿入するには …………P.160 |
| 関連 ≫303 | 画像を好きな場所に移動するには ………………P.167 |

---

291 自分で描いたイラストを挿入するには

お役立ち度 ★★☆
2016 / 2013 / 2010 / 2007

Windowsに付属している「ペイント」や画像編集ソフトなどで作成したイラストを画像形式でパソコンに保存しておけば、[挿入]タブの[画像]ボタンを使ってスライドに挿入できます。挿入した画像のサイズ変更や移動は、ワザ301やワザ302と同じ操作で実行できます。

| 関連 ≫215 | 作った図形を画像として保存するには …………P.125 |
| 関連 ≫301 | 縦横比はそのまま 画像のサイズを変更するには ………………………P.166 |

292 フォトアルバムを作成するには

お役立ち度 ★★☆
2016 / 2013 / 2010 / 2007

[フォトアルバム]の機能を使うと、アルバムに表示したい写真と配置を選択するだけで、簡単にアルバムを作成できます。アルバムを作成した後に、写真の配置や画質などを変更したいときは、[フォトアルバム]ボタンから[フォトアルバムの編集]をクリックし、表示される[フォトアルバムの編集]ダイアログボックスで設定します。なお、フォトアルバムは新しいプレゼンテーションファイルに作成されます。

→ フォトアルバム……P.328

新しいプレゼンテーションファイルを作成しておく

❶ [挿入]タブをクリック
❷ [フォトアルバム]のここをクリック

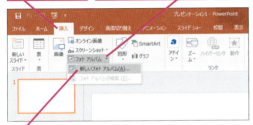

❸ [新しいフォトアルバム]をクリック

[フォトアルバム]ダイアログボックスが表示された

❹ [ファイル/ディスク]をクリック

| 関連 ≫293 | 1枚のスライドに複数の写真を挿入するには……P.162 |

[新しい写真の挿入]ダイアログボックスが表示された

❺ Ctrl キーを押しながら複数の写真を選択

❻ [挿入]をクリック

[フォトアルバム]ダイアログボックスが表示された

❼ 選択した写真がここに表示されていることを確認

❽ [作成]をクリック

フォトアルバムが作成された
各スライドに写真が挿入された

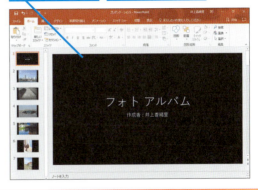

画像の挿入 ● できる 161

293 1枚のスライドに複数の写真を挿入するには

お役立ち度 ★★☆
2016 / 2013 / 2010 / 2007

ワザ292の操作でフォトアルバムを作成するときに、スライドに配置する写真の枚数を指定できます。[フォトアルバム]ダイアログボックスで[写真のレイアウト]の一覧から[2枚の写真]や[4枚の写真]を選びましょう。また、複数の写真を選ぶと[枠の形]も選べるようになります。

ワザ292を参考に[フォトアルバム]ダイアログボックスを表示しておく

❶ここをクリック

❷[2枚の写真]を選択

[枠の形]が選べるようになった

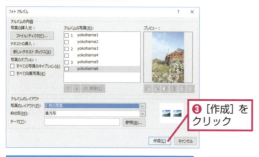

❸[作成]をクリック

2枚ずつ写真が入ったフォトアルバムが作成できた

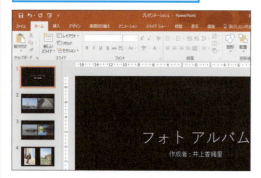

294 パソコンの画面をスライドに挿入するには

お役立ち度 ★★☆
2016 / 2013 / 2010 / 2007

アプリの操作を説明するときやWeb上の地図を利用するときなどは、[スクリーンショット]の機能を使って、パソコン画面そのものを画像としてスライドに挿入するといいでしょう。[スクリーンショット]の一覧には現在開いているウィンドウでスクリーンショットに使用できる画像が表示され、目的のウィンドウをクリックして挿入します。なお、ワザ307を参考にして不要な部分は切り抜きしておくといいでしょう。

→スクリーンショット……P.323

スライドに挿入したいアプリの画面などを開いておく

❶[挿入]タブをクリック　❷[スクリーンショット]のここをクリック

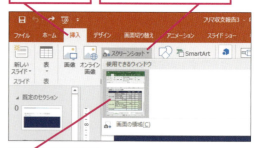

❸画面をクリック

スライドに画像が挿入された

関連	縦横比はそのままで	
≫301	画像のサイズを変更するには	P.166
関連 ≫302	画像のサイズを数値で指定するには	P.167
関連 ≫307	画像の一部を切り取るには	P.169

295 インターネット上にある画像を挿入するには

インターネット上には、有料や無料の画像がたくさんあります。[Bingイメージ検索]の機能を使うと、入力したキーワードに関連する画像を検索して、スライドに挿入できます。ただし、インターネット上の画像には著作権があります。画像の利用規約をよく読んで、自由に使用できるのかどうかを確認してから利用しましょう。画像の出典元のWebページを表示する方法は、ワザ296を参照してください。　➡Bing……P.318

インターネット上にある画像を検索してスライドに挿入する

❶ [挿入]タブをクリック
❷ [オンライン画像]をクリック

[画像の挿入]ダイアログボックスが表示された
❸ キーワードを入力

❹ [検索]をクリック

検索結果が表示された
❺ 画像のサムネイルにマウスポインターを合わせる
画像の出典元のURLが表示された

❻ ここをクリックしてチェックマークを付ける
❼ [挿入]をクリック

画像が挿入された

関連		
≫296	Bing検索で画像の出典を確認するには	P.164
≫297	クリエイティブコモンズライセンスって何？	P.164
≫298	コピーライトとは	P.164

296 Bing検索で画像の出典を確認するには

お役立ち度 ★★★
2016 / 2013 / 2010 / 2007

インターネット上にある画像のクリエイティブコモンズライセンスを確認するには、画像をクリックしたときに表示されるURLのリンクをクリックします。そうすると、ブラウザーが起動して、画像の掲載元のページが表示されます。　→Microsoft Edge……P.318

関連 ≫295 インターネット上にある画像を挿入するには………………P.163

297 クリエイティブコモンズライセンスって何？

お役立ち度 ★★★
2016 / 2013 / 2010 / 2007

ワザ295の操作でBingイメージ検索を実行すると、「こちらの結果はクリエイティブコモンズライセンスのタグ付きです。ライセンスをよく読み、準拠していることを確認してください。」の通知メッセージが表示されます。クリエイティブコモンズライセンスとは、インターネット上での画像を守るための著作権ルールで、画像の作成者が「この条件を守れば私の作品を自由に使って構いません。」という意思表示をするものです。ただし、画像によって「そのまま利用する」「編集してもいい」「商用利用は不可」など、許諾内容が異なります。ワザ296の操作を参考に、画像がある出典元のWebページを確認してからスライドで利用しましょう。　→Bing……P.318

関連 ≫296 Bing 検索で画像の出典を確認するには………P.164

298 コピーライトとは

お役立ち度 ★★★
2016 / 2013 / 2010 / 2007

コピーライト（Copyright）とは著作権のことで、「©2017 Impress Corporation.」のように、「コピーライトマーク＋発行年度（修正年度）＋著作権者」などと表記されます。書籍や音楽はもちろん、文章や写真、イラストなど、すべての作品には著作権があり、勝手に利用できません。インターネット上にある画像を利用するときも、著作権者の許可を得てから利用する必要があります。
ただし、著作権フリーと表記されている画像は、許可を得る必要はありません。

関連 ≫297 クリエイティブコモンズライセンスって何？………………P.164

299 スライドの背景を画像で彩るには

お役立ち度 ★★★
2016 / 2013 / 2010 / 2007

表紙のスライドにプレゼンテーション全体を象徴する画像を表示すると、プレゼンテーションを印象的に開始できます。スライドの大きさに合わせて画像をぴったり表示するには、［背景の書式設定］作業ウィンドウで、スライドの背景に使う画像を指定します。画像を表示した結果、スライドの文字が読みづらくなったときは、プレースホルダーを移動したり、画像の色や文字の色を変更するなどして調整しましょう。ただし、すべてのスライドの背景に画像を表示すると、プレゼンテーションの内容や焦点がぼやけてしまう可能性があります。2枚目以降のスライドは、文字の読みやすさを第一に考えましょう。

➡ プレースホルダー……P.328

❶［デザイン］タブをクリック　❷［背景の書式設定］をクリック

［背景の書式設定］作業ウィンドウが表示された

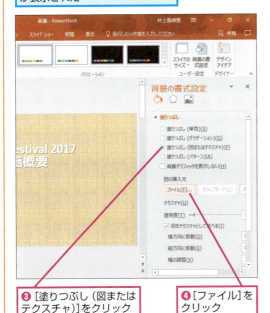

❸［塗りつぶし（図またはテクスチャ）］をクリック　❹［ファイル］をクリック

［図の挿入］ダイアログボックスが表示された

ここでは、［ピクチャ］フォルダーにある画像を挿入する

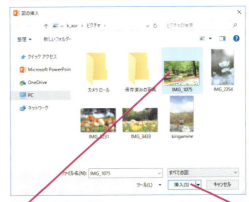

❺ 挿入する画像をクリック　❻［挿入］をクリック

選択した画像が背景に設定された

関連 ≫134	スライドの背景に木目などの模様を付けるには…………P.90
関連 ≫099	文字の背景を好きな色で塗りつぶすには…………P.74
関連 ≫289	パソコンに保存してある画像を挿入するには…………P.160

画像の編集

スライドに挿入した画像やイラストは、PowerPointの機能を使って編集したり加工したりできます。ここでは、画像の編集にまつわる疑問を解決します。

300 ［図ツール］のコンテキストタブを表示するには

お役立ち度 ★★★
2016 / 2013 / 2010 / 2007

［図ツール］の［書式］タブはコンテキストタブと呼ばれ、画像やイラストをクリックしたときに自動的に表示されます。コンテキストタブが表示されていないときは、スライド上の画像やイラストをクリックし直してみましょう。なお、画像やイラストをダブルクリックすると、コンテキストタブが表示されるのと同時に、コンテキストタブの内容が前面に表示され、すぐに操作できます。

➡ コンテキストタブ……P.322

画像をクリック

コンテキストタブが表示された

画像をダブルクリックすると［図ツール］の［書式］タブがアクティブになる

関連 ≫031 見慣れないタブがリボンに表示された ……P.43

301 縦横比はそのままで画像のサイズを変更するには

お役立ち度 ★★★
2016 / 2013 / 2010 / 2007

画像のサイズを変更するときは、画像のまわりに表示されるハンドルをドラッグします。このとき、四隅のハンドルをドラッグすると、元の画像の縦横比を保持したままサイズを変更できます。

➡ ハンドル……P.327

画像を選択しておく

❶ここにマウスポインターを合わせる　**マウスポインターの形が変わった**

❷ここまでドラッグ

縦横比を保ったまま縮小された

関連 ≫302 画像のサイズを数値で指定するには ……P.167

302 画像のサイズを数値で指定するには

お役立ち度 ★★★
2016 / 2013 / 2010 / 2007

スライドの中で画像の縦または横のサイズがそろっていると、それだけで整然とした印象になります。[図ツール]の[書式]タブで[高さ]と[幅]に数値を入力すれば、サイズを正確にそろえられます。また[図の書式設定]作業ウィンドウを使うと、拡大や縮小の倍率も指定できます。

画像を選択しておく

❶ [図ツール]の[書式]タブをクリック
❷ [配置とサイズ]をクリック

[高さ]と[幅]に数値を入力してもサイズをそろえられる

[図の書式設定]作業ウィンドウが表示された

❸ [高さ]にサイズを入力

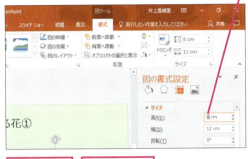

❹ Enter キーを押す
❺ [閉じる]をクリック

[縦横比を固定する]にチェックマークが付いていれば、画像の縦横比は変わらない

関連 ≫301 縦横比はそのままで 画像のサイズを変更するには ……… P.166

303 画像を好きな場所に移動するには

お役立ち度 ★★☆
2016 / 2013 / 2010 / 2007

画像にマウスポインターを合わせて、マウスポインターが4方向の矢印に変わった状態でドラッグすると、任意の位置に移動できます。人間の視線はスライドの左上から右下に向かってZ型に動くので、右下に画像があると、次のスライドに移る前にひと呼吸する「間」を演出できます。　➡ マウスポインター ……P.328

画像を選択しておく

❶ 画像にマウスポインターを合わせる

マウスポインターの形が変わった

❷ ここまでドラッグ

イラストの位置を変更できた

関連 ≫324 空白で「間」を演出しよう ……………………… P.177

画像の編集

304 画像の角度を調整するには

お役立ち度 ★★☆
2016 / 2013 / 2010 / 2007

画像をクリックしたときに表示される回転ハンドルを使用すると、図形と同様に画像の角度を調整することができます。このとき Shift キーを押しながらドラッグすると15度ごとに回転を止めることができ、Ctrl キーを押しながらドラッグすると、回転前と回転後の画像を同時に表示しながら調整できます。

→ハンドル……P.327

❶画像をクリック

❷回転ハンドルをクリック マウスポインターの形が変わった

❸ドラッグして角度を調整

| 関連 ≫186 | 図形のまわりにある矢印付きのハンドルは何？ …………………… P.113 |
| 関連 ≫187 | 図形を上下逆さまにするには …………… P.113 |

305 画像の向きを左右反転するには

お役立ち度 ★★☆
2016 / 2013 / 2010 / 2007

画像は以下の手順で簡単に左右に反転できます。また、上下反転や90度ずつ回転することもできます。[その他の回転オプション]を選ぶと[図の書式設定]作業ウィンドウが表示され、角度を1度ずつ調整することができます。

 画像を選択しておく

❶[図ツール]の[書式]タブをクリック　❷[オブジェクトの回転]をクリック

❸[左右反転]をクリック

画像の向きが変わった

関連 ≫187	図形を上下逆さまにするには …………… P.113
関連 ≫188	図形を90度ぴったりに回転するには …… P.113
関連 ≫304	画像の角度を調整するには …………… P.168

306 画像を図形の形で切り抜くには

お役立ち度 ★★☆
2016 / 2013 / 2010 / 2007

スライドの画像をいつもと違った雰囲気に仕上げるには、図形を使った切り抜きを実行するといいでしょう。操作3の一覧から切り抜きたい図形を選択すると、図形の形に合わせて写真を切り抜いたように加工できます。同じ操作で別の形にも変更できるので、画像に合わせて図形を選ぶといいでしょう。　➡図形……P.323

切り抜きたい画像をクリックして選択しておく

❶［図ツール］の［書式］タブをクリック
❷［トリミング］のここをクリック

❸［図形に合わせてトリミング］にマウスポインターを合わせる
❹切り抜きたい形をクリック

写真が選択した図形の形に切り抜かれた

| 関連 ≫316 | 画像のまわりに枠を付けるには……P.174 |

307 画像の一部を切り取るには

お役立ち度 ★★★
2016 / 2013 / 2010 / 2007

写真のまわりに不要なものが写りこんでいるときは、［図ツール］の［書式］タブにある［トリミング］ボタンを使って必要なものだけが表示されるように修正します。思うようにトリミングができなかったときは、黒い鍵型のハンドルを反対方向にドラッグすると、トリミングした部分を再表示できます。
➡トリミング……P.326

画像を選択しておく

❶［図ツール］の［書式］タブをクリック
❷［トリミング］をクリック

写真のまわりにトリミング用のハンドルが表示された
❸ハンドルにマウスポインターを合わせる

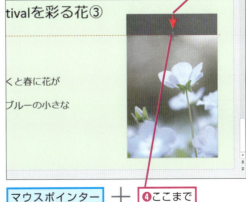

マウスポインターの形が変わった
❹ここまでドラッグ

画像の周辺が切り取られる
画像以外の場所をクリックしてトリミングを終了する

| 関連 ≫306 | 画像を図形の形で切り抜くには……P.169 |

画像の編集　●　できる　169

308 画像全体の色味を変更するには

お役立ち度 ★★☆
2016 / 2013 / 2010 / 2007

［図ツール］の［書式］タブにある［色］ボタンを使うと、［色の彩度］［色のトーン］［色の変更］をPowerPoint上で設定できます。彩度とは色の鮮やかさ、トーンとはここでは「青み」「赤み」などの色の調子のことです。また、［色の変更］の項目にあるグレースケールやセピアをクリックすれば、画像の色そのものを変更できます。

画像を選択しておく

❶［図ツール］の［書式］タブをクリック　❷［色］をクリック

❸ 変更したい色味をクリックして選択

画像全体の色味が変更される

関連 ≫309	画像を鮮やかに補正するには……P.170
関連 ≫310	画像にアート効果を設定するには……P.171
関連 ≫311	画像をモノクロにするには……P.171

309 画像を鮮やかに補正するには

お役立ち度 ★★★
2016 / 2013 / 2010 / 2007

「写真が少し暗い」「写真がぼんやりしている」というように、スライドに画像を挿入してみると、いろいろな問題が出てくる場合があります。［図ツール］の［書式］タブの［修整］ボタンを使うと、［シャープネス］の項目で画像をくっきり表示できるほか、［明るさ/コントラスト］の項目で画像の見ためを調整できます。

→ スライド……P.324

画像を選択しておく

❶［図ツール］の［書式］タブをクリック　❷［修整］をクリック

補正後のサムネイルの一覧が表示された

右に行くほど明るくなり、下に行くほどコントラストが強くなる

❸ 補正後のサムネイルをクリック

写真の色調が鮮やかになる

| 関連 ≫308 | 画像全体の色味を変更するには……P.170 |

310 画像にアート効果を設定するには

お役立ち度 ★★☆
2016 / 2013 / 2010 / 2007

［図ツール］の［書式］タブにある［アート効果］ボタンを使うと、スライド上の画像にパッチワークやパステルなどの面白い効果を設定できます。設定したアート効果は、［アート効果のオプション］をクリックして表示される［図の書式設定］作業ウィンドウの［アート効果］の項目で微調整できます。

➡作業ウィンドウ……P.322
➡マウスポインター……P.328

画像を選択しておく

❶［図ツール］の［書式］タブをクリック
❷［アート効果］をクリック

［アート効果］の一覧が表示された

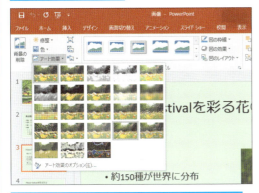

マウスポインターを合わせるとプレビューが表示されるので、設定したい効果をクリックする

関連 ≫316 画像のまわりに枠を付けるには……P.174

311 画像をモノクロにするには

お役立ち度 ★★★
2016 / 2013 / 2010 / 2007

カラーで撮影した写真をモノクロにしたいときは、［図ツール］の［書式］タブにある［色］ボタンから［色の変更］の項目にある［グレースケール］をクリックします。なお、［色変更なし］をクリックすると、元のカラー写真に戻せます。

画像を選択しておく

❶［図ツール］の［書式］タブをクリック
❷［色］をクリック

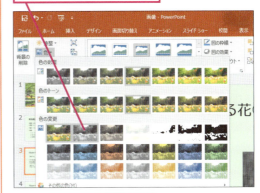

❸［グレースケール］にマウスポインターを合わせる

写真がモノクロで表示される

関連 ≫308 画像全体の色味を変更するには……P.170

312 画像の効果を調整するには

お役立ち度 ★★☆
2016 / 2013 / 2010 / 2007

画像に設定した効果は［図の書式設定］作業ウィンドウで細かく調整ができます。また、［光彩］［面取り］［3-D回転］など、ほかの効果との組み合わせも可能です。
➡書式……P.323

画像を選択しておく

❶［図ツール］の［書式］タブをクリック
❷［図形の書式設定］をクリック

［図の書式設定］作業ウィンドウが表示された

図の効果を個別に調節できる

新しい効果を追加できる

関連 ≫310 画像にアート効果を設定するには ……… P.171

313 背景画像を半透明にするには

お役立ち度 ★★★
2016 / 2013 / 2010 / 2007

ワザ299の操作で、スライドの背景に画像を表示すると、画像の色によって肝心の文字が目立たなくなります。このようなときは、背景の画像の透明度を変更して半透明にするといいでしょう。［透明度］の数値が大きいほど透明度が増し、「100％」になると画像が見えなくなります。
➡作業ウィンドウ……P.322

❶［デザイン］タブをクリック
❷［背景の書式設定］をクリック

［背景の書式設定］作業ウィンドウが表示された

❸［透明度］のここを右にドラッグ

背景画像が半透明になる

関連 ≫299 スライドの背景を画像で彩るには ……… P.165

314 画像の背景を削除するには

お役立ち度 ★★★
2016 / 2013 / 2010 / 2007

画像の背景色を削除して、スライドの模様が透けて見えるようにするには、[図ツール]の[書式]タブにある[背景の削除]ボタンをクリックします。紫色が削除される領域なので、ハンドルをドラッグして紫色の範囲を調整します。最後に[変更を保持]ボタンをクリックすると、紫色の部分が削除されます。ただし、画像によってはきれいに削除できません。

➡ハンドル……P.327

画像を選択しておく

❶[図ツール]の[書式]タブをクリック
❷[背景の削除]をクリック

削除される領域が紫色で表示された
❸ハンドルをドラッグして領域を調整

❹[削除する領域としてマーク]をクリック

マウスポインターの形が変わった
❺削除する部分をクリック

❻[変更を保持]をクリック

画像の背景が削除された

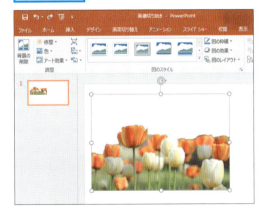

ドラッグで削除する領域を指定してもいい
残す部分は[保持する領域としてマーク]で指定する

関連 ≫307 画像の一部を切り取るには …… P.169

画像の編集 ● できる 173

315 枠線に色を付けるには

お役立ち度 ★★☆
2016 / 2013 / 2010 / 2007

［図ツール］の［書式］タブにある［図の枠線］ボタンを使うと、画像のまわりに色付きの枠を付けられます。設定した枠の色は、同じ操作で何度でも変更ができます。
➡コンテキストタブ……P.322

画像を選択しておく

❶［図ツール］の［書式］タブをクリック

❷［図の枠線］をクリック

❸枠線の色をクリックして選択

枠線に色が付いた

関連 ≫121	プレースホルダーに枠線を付けるには……P.83
関連 ≫316	画像のまわりに枠を付けるには……P.174

316 画像のまわりに枠を付けるには

お役立ち度 ★★★
2016 / 2013 / 2010 / 2007

［図ツール］の［書式］タブにある［図のスタイル］には、枠付きのスタイルがいくつも登録されています。スタイルにマウスポインターを合わせると、スライド上の画像に枠が付いた状態を一時的に表示できます。いろいろ試しながら、画像が効果的に見えるスタイルを探してみましょう。
➡スタイル……P.323

画像を選択しておく

❶［図ツール］の［書式］タブをクリック

❷［図のスタイル］の［その他］をクリック

❸スタイルにマウスポインターを合わせる

スタイルのプレビューが表示される

❹そのままクリック

写真のまわりに枠が付いた

関連 ≫310	画像にアート効果を設定するには……P.171

317 複数の画像から図表を作成するには

お役立ち度 ★★★
2016 / 2013 / 2010 / 2007

スライドに挿入した画像を組み込んで、SmartArtの図表を作成できます。画像を選択して［図ツール］の［書式］タブにある［図のレイアウト］ボタンをクリックすると、図入りのSmartArtの一覧が表示されます。作成したSmartArtの図表は、ワザ228の方法で色やスタイルなどを変更できます。

➡SmartArt……P.319

複数の画像を選択しておく

❶［図ツール］の［書式］タブをクリック
❷［図のレイアウト］をクリック

❸使用したい図表をクリックして選択

写真が組み込まれた図表が作成された

| 関連 ≫228 | 図表の色だけを変更するには ……… P.132 |

318 書式を保ったまま別の画像に差し替えるには

お役立ち度 ★★☆
2016 / 2013 / 2010 / 2007

［図の変更］の機能を使うと、画像に付けた書式はそのままで画像だけ入れ替えができます。

書式を設定した画像を選択しておく

❶［図ツール］の［書式］タブをクリック
❷［図の変更］をクリック

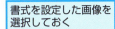

［画像の挿入］ダイアログボックスが表示された
❸［参照］をクリック

ワザ289を参考に画像を挿入する

319 画像の調整を最初からやり直すには

お役立ち度 ★★☆
2016 / 2013 / 2010 / 2007

画像の調整を一度に最初の状態に戻したいときは［図のリセット］ボタンをクリックします。写真のサイズも同時に元に戻すときは、［図のリセット］ボタンの右側をクリックし、［図とサイズのリセット］を実行してください。

画像を選択しておく

❶［図ツール］の［書式］タブをクリック
❷［図のリセット］をクリック

320 画像の上に文字を入力するには

お役立ち度 ★★
2016 / 2013 / 2010 / 2007

画像の上に文字を入力したいときは、[挿入]タブの[テキストボックス]を使いましょう。[横書きテキストボックス]か[縦書きテキストボックス]ボタンをクリックし、文字を入力したい位置をクリックすると、テキストボックスが挿入されます。テキストボックスは、入力する文字の長さに合わせて自動的に拡大します。必要に応じてテキストボックスの文字の色や枠の色を設定するといいでしょう。なお、操作4の直後に、文字を入力しないで別の場所をクリックするとテキストボックスが消えてしまうので注意してください。

➡テキストボックス……P.326

❶[挿入]タブをクリック
❷[テキストボックス]のここをクリック

❸[横書きテキストボックス]をクリック

マウスポインターの形が変わった
❹画像をクリック

テキストボックスが挿入された

❺文字を入力

321 文字を画像と同じ色にするには

お役立ち度 ★★
2016 / 2013 / 2010 / 2007

[スポイト]の機能を使うと、スライド上にあるあらゆるものの色を抽出して、塗りつぶしなどの色に使用できます。画像の中にある色を文字に適用すれば、全体の雰囲気を簡単にそろえられます。

➡スポイト……P.324

画像の文字を花の色に合わせたい
テキストボックスを選択しておく

❶[図ツール]の[書式]タブをクリック

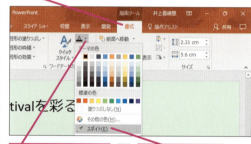

❷[フォントの色]のここをクリック
❸[スポイト]をクリック

❹合わせる色にマウスポインターを合わせる
プレビューが表示された

❺そのままクリック

文字の色が変わった

関連 ≫320 画像の上に文字を入力するには……P.176

322

画像を圧縮するには

お役立ち度 ★★★
2016 / 2013 / 2010 / 2007

画像の数を減らさずにファイルサイズを抑えるには、画像ファイルを圧縮します。[画像の圧縮]ダイアログボックスで、[この画像だけに適用する]のチェックマークをはずすと、ファイルに含まれるすべての画像が圧縮されます。特定の画像だけを圧縮するときは、[この画像だけに適用する]のチェックマークを付けます。

➡ダイアログボックス………P.325

[画像の圧縮]ダイアログボックスが表示された

❸[この画像だけに適用する]をクリックしてチェックマークをはずす

画像を選択しておく

❶[図ツール]の[書式]タブをクリック
❷[図の圧縮]をクリック

❹[電子メール用]をクリック
❺[OK]をクリック

| 関連 ≫323 | 画像を削除するには……P.177 |
| 関連 ≫546 | ファイルサイズを少しでも節約するには……P.289 |

323

画像を削除するには

お役立ち度 ★★★
2016 / 2013 / 2010 / 2007

スライド上の画像をクリックして選択し、Deleteキーを押すと削除できます。画像を選択できないときは、画像がテーマのデザインの一部であるか、スライドマスター画面で画像を挿入したことが原因です。この場合は、スライドマスター画面に切り替えれば画像を削除できます。ただし、すべてのスライドから画像が削除されてしまうことに注意してください。

➡スライドマスター……P.325

| 関連 ≫147 | テーマに使われている画像や図形を削除するには……P.95 |

324

空白で「間」を演出しよう

お役立ち度 ★★★
2016 / 2013 / 2010 / 2007

スライドに空白があることを恐れてむやみに画像を入れてしまう場合があります。画像を入れる本来の目的は、スライドの内容を具体的にイメージしやすくすることです。イメージに合う画像がない場合は、画像を入れずに空白のままにしておきましょう。スライドに隙間なく文字や画像が入っているよりも、空白があるスライドの方が「間」を演出できます。

➡スライド……P.324

| 関連 ≫303 | 画像を好きな場所に移動するには……P.167 |

第7章 動画やBGMを入れる

動画の挿入

ビデオカメラやスマートフォンで撮影した動画をスライドに挿入すれば、プレゼンテーションのインパクトがアップします。ここでは、動画を効果的に使う方法や再生のワザを解説します。

325 動画を挿入するには

お役立ち度 ★★★
2016 / 2013 / 2010 / 2007

ビデオカメラやスマートフォンで撮影した動画やWebページからダウンロードした動画など、パソコンに動画を保存しておけば、簡単な操作でスライドに挿入できます。ただし、再生時間が長い動画は、聞き手が飽きてしまいがちです。また、プレゼンテーション全体のファイルサイズが大きくなる原因にもなります。あらかじめ、短めの動画を使うか、ワザ332の操作で動画をトリミングして使いましょう。なお、スライドには動画の1コマ目が表示されます。

動画ファイルをパソコンに保存しておく

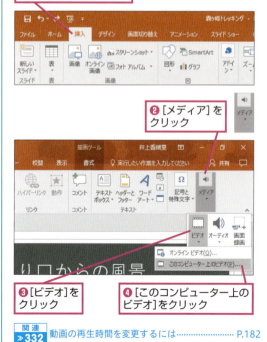

❶ [挿入] タブをクリック
❷ [メディア] をクリック
❸ [ビデオ] をクリック
❹ [このコンピューター上のビデオ] をクリック

[ビデオの挿入] ダイアログボックスが表示された

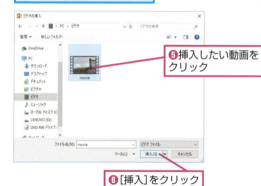

❺ 挿入したい動画をクリック
❻ [挿入] をクリック

スライドに動画を挿入できた

関連 ≫332 動画の再生時間を変更するには……P.182

326 スライドに挿入した動画を再生するには

お役立ち度 ★★☆
2016 / 2013 / 2010 / 2007

スライドに挿入した動画を再生するには、動画をクリックしたときに表示される再生ボタンをクリックしましょう。［ビデオツール］の［書式］タブや［再生］タブにある［再生］ボタンをクリックしても再生できます。
➡スライドショー……P.324

●動画の再生ボタンでプレビューする

ここをクリック　動画が再生される

マウスをクリックするか、何かキーを押すと再生が終了する

●［ビデオツール］タブの再生ボタンでプレビューする

❶動画をクリック　❷［ビデオツール］の［再生］タブをクリック

❸［再生］をクリック

| 関連 ≫329 | スライドショーの実行時に動画を全画面で表示するには ……………… P.180 |
| 関連 ≫330 | 動画再生用のボタンを作成するには ……………… P.181 |

327 スライドに挿入できる動画のファイル形式とは

お役立ち度 ★★☆
2016 / 2013 / 2010 / 2007

自分で用意した動画がスライドに挿入できないときは、PowerPointで使える形式かどうかを確認しましょう。スライドに挿入できる主な動画のファイル形式は以下の表の通りです。
➡スライド……P.324

●スライドに挿入できるビデオ形式

ビデオ形式	特徴
Windowsビデオファイル（.avi）	Audio Visual Interleavedの略。Windowsで再生できる標準的なビデオファイル形式
MPGファイル（.mpg、.mpeg）	動画を圧縮するための規格であるMPEGに則したファイル形式。高画質なため、DVDやデジタル衛星放送にも利用される
Windows Mediaファイル（.asf）	Advanced Systems Formatの略。マイクロソフトが開発したマルチメディアファイル形式で、ストリーミング再生などに使われる
Windows Mediaビデオファイル（.wmv）	動画圧縮標準のMPEG-4を元にして、マイクロソフトが開発した動画形式。「Windows Media Player」が標準でサポートしている形式の1つ
MP4ビデオファイル※（.mp4、.m4v、.mov）	動画圧縮標準のMPEG-4に則したファイル形式の1つ
Adobe Flashメディア（.swf）	Adobe Flashで作成した動画の標準ファイル形式

※PowerPoint 2013以降で対応。PowerPoint 2010の32bit版の場合はQuickTimeプレーヤーのインストールが必要

| 関連 ≫325 | 動画を挿入するには ……………… P.178 |

328 動画の表紙画像を変更するには

お役立ち度 ★★☆
2016 / 2013 / 2010 / 2007

動画の1コマ目とは別に、動画全体を象徴する表紙を設定すると、動画の内容が聞き手に伝わりやすくなります。印象に残っているシーンに差しかかったら、以下の手順で操作してください。また、操作5で、［ファイルから画像を挿入］をクリックすると、別途作成した表紙用の画像を表紙に設定できます。

❶ ここをクリック
❷ 挿入したいコマで一時停止

❸ ［ビデオツール］の［書式］タブをクリック
❹ ［表紙画像］をクリック

❺ ［現在の画像］をクリック

一時停止した1コマが動画の表紙画像として挿入される

関連 ≫325 動画を挿入するには……P.178
関連 ≫326 スライドに挿入した動画を再生するには……P.179

329 スライドショーの実行時に動画を全画面で表示するには

お役立ち度 ★★☆
2016 / 2013 / 2010 / 2007

スライドショーの実行時に動画を再生すると、スライドに挿入したサイズで再生されます。以下の手順で動画を画面いっぱいに表示すると、スライドのタイトルなどの文字が一切表示されなくなるため、迫力あるプレゼンテーションが実行できます。

➡ プレゼンテーション……P.328

❶ 動画をクリック
❷ ［ビデオツール］の［再生］タブをクリック

❸ ［全画面表示］をクリックしてチェックマークを付ける

スライドショーの実行時に、動画が全画面で再生される

再生が終了すると自動的に元の画面に戻る
［Esc］キーを押すと再生が中断される

関連 ≫326 スライドに挿入した動画を再生するには……P.179

330 動画再生用のボタンを作成するには

お役立ち度 ★★★
2016 / 2013 / 2010 / 2007

初期設定では、スライドショーでスライドが切り替わったときか、クリックしたときに動画が再生されますが、［動作設定ボタン］を使うと、スライド上のボタンをクリックしたときに動画が再生されるようにできます。スライドの切り替え直後に動画が再生されると、その前に説明する内容よりも動画の内容に聞き手の関心が集まる場合があります。ひと呼吸置いてから動画を再生するときはこのワザを活用するといいでしょう。なお、［動作設定ボタン］の［ビデオ］を使うと、ボタンの表面にビデオカメラの絵柄が表示されます。絵柄が気に入らないときは、［空白］のボタンでも設定できます。
➡スライドショー……P.324

❶［挿入］タブをクリック
❷［図形］をクリック

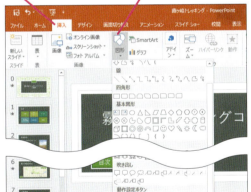

❸［動作設定ボタン：ビデオ］をクリック

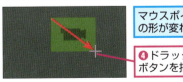

マウスポインターの形が変わった
❹ドラッグしてボタンを描画

［オブジェクトの動作設定］ダイアログボックスが表示された

❺［プログラムの実行］をクリック
❻［参照］をクリック

［起動するプログラムの選択］ダイアログボックスが表示された

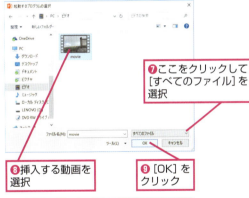

❼ここをクリックして［すべてのファイル］を選択
❽挿入する動画を選択
❾［OK］をクリック

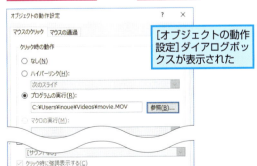

［オブジェクトの動作設定］ダイアログボックスが表示された
❿［OK］をクリック
ビデオ用の動作設定ボタンが作成される

関連 ≫171 真ん丸な円を描くには……P.106

動画の挿入 ● できる 181

331 動画の再生中に別の音声を流すには

お役立ち度 ★★☆
2016 / 2013 / 2010 / 2007

動画の再生中にサウンドを流すには、以下の手順で動画の設定画面を開き、[効果]タブの[サウンド]の項目で再生するサウンドを指定します。PowerPointに用意されている以外のサウンドを使う場合は、[その他のサウンド]をクリックして、パソコンに保存済みのサウンドを指定しましょう。

❶動画をクリック

❷[アニメーション]タブをクリック

❸[効果のその他のオプションを表示]をクリック

ビデオの設定画面が表示された

❹[効果]タブをクリック

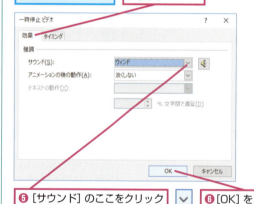

❺[サウンド]のここをクリックして再生したいサウンドを選択

❻[OK]をクリック

ビデオの再生と同時にサウンドが再生されるようになった

[その他のサウンド]を選択すると、パソコンに保存済みのサウンドを指定できる

関連 ≫342 スライドに挿入できるサウンドのファイル形式とは ……… P.189

332 動画の再生時間を変更するには

お役立ち度 ★★☆
2016 / 2013 / 2010 / 2007

スライドに挿入した動画が長すぎると、聞き手が飽きてしまいます。[ビデオのトリミング]の機能を使って、メインとなる部分を中心に30秒前後にトリミングするといいでしょう。以下の手順のように、緑色と赤い色のマーカーをドラッグしてトリミングする方法以外に、[開始時間]と[終了時間]を数値で指定する方法もあります。　→ダイアログボックス……P.325

動画をクリックしておく

❶[ビデオツール]の[再生]タブをクリック

❷[ビデオのトリミング]をクリック

[ビデオのトリミング]ダイアログボックスが表示された

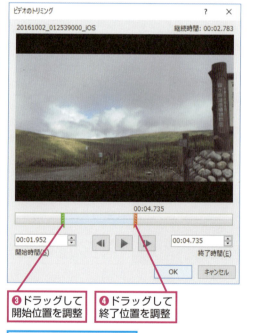

❸ドラッグして開始位置を調整

❹ドラッグして終了位置を調整

設定した位置が再生されるようになる

333 動画に枠を付けるには

スライドに挿入した動画のまわりに枠を付けたいときは、ワザ316と同様の手順で［ビデオスタイル］の一覧から設定します。［モニター：グレー］のスタイルを付けると、テレビ画面のような枠になります。パソコンに保存されている動画ファイルを挿入した場合は、枠が付いたまま再生されます。ただし、ワザ329の操作でスライドショーの実行時に動画を全画面で再生するように設定すると、再生中には枠は表示されません。

➡スライドショー……P.324

❶ 枠を付けたい動画をクリック
❷ ［ビデオツール］の［書式］タブをクリック

❸ ［ビデオスタイル］の［その他］をクリック

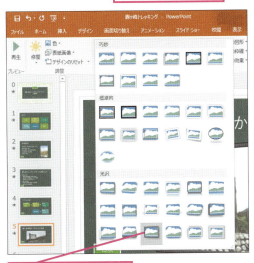

❹ 動画に付けたい効果をクリック

動画に枠が付いた
全画面再生を設定しない限り、設定した枠が付いたまま動画が再生される

●全画面再生の設定時

ワザ329を参考に、スライドショー実行時に動画が全画面で再生されるように設定しておく

全画面で再生されるときは枠は表示されない

関連 ≫316	画像のまわりに枠を付けるには……P.174
関連 ≫329	スライドショーの実行時に動画を全画面で表示するには……P.180

動画の挿入

334

YouTubeの動画を挿入するには

お役立ち度 ★★☆
2016 / 2013 / 2010 / 2007

YouTubeには世界中の人が撮影したさまざまな動画がアップロードされています。YouTubeの動画をPowerPointのスライドに挿入するには、以下の操作を行います。挿入後に［ビデオツール］の［書式］タブの［再生］ボタンをクリックすると、YouTubeの動画の中央に再生ボタンが表示されます。

➡ アップロード……P.320

YouTubeにアップロードされている動画をPowerPointで検索する

❶［挿入］タブをクリック
❷［メディア］をクリック

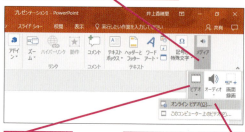

❸［ビデオ］をクリック
❹［オンラインビデオ］をクリック

［ビデオの挿入］の画面が表示された

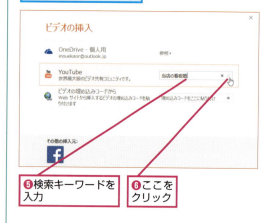

❺検索キーワードを入力
❻ここをクリック

検索結果が表示された

❼動画をクリック
❽［挿入］をクリック

YouTubeの動画が挿入された

関連 ≫325	動画を挿入するには……………………………………P.178
関連 ≫326	スライドに挿入した動画を再生するには………P.179
関連 ≫335	YouTubeの埋め込みコードを使うには………P.185

335

YouTubeの埋め込みコードを使うには

お役立ち度 ★★★

2016 / 2013 / 2010 / 2007

ワザ334の方法以外にも、YouTubeの埋め込みコードを使って、スライドにYouTubeの動画を挿入できます。挿入直後に黒い画面が表示される場合は、［ビデオツール］の［書式］タブの［再生］ボタンをクリックすると、動画の中央に再生ボタンが表示されます。

➡ダイアログボックス……P.325

| 関連 ≫334 | YouTubeの動画を挿入するには……P.184 |

動画の挿入 ● できる 185

336 パソコンの操作画面を簡単に録画するには

お役立ち度 ★★☆
2016 / 2013 / 2010 / 2007

PowerPointの使い方の説明動画を作成したいというように、パソコンやPowerPointの画面そのものを録画するには［画面録画］の機能を使います。このとき、［ポインターの録画］がオンになっていれば、マウスポインターの動きも同時に録画できます。録画を終了すると、録画した動画がスライドに表示されます。動画を右クリックして表示されるメニューの［メディアに名前を付けて保存］をクリックすると、動画ファイルとして保存することもできます。

➡マウスポインター……P.328

❶［挿入］タブをクリック　❷［メディア］をクリック

❸［画面録画］をクリック

［ドック］が表示された

録画したい画面を表示しておく

ここではデスクトップの操作を録画する

録画する領域を指定する　❹録画する領域をドラッグして選択

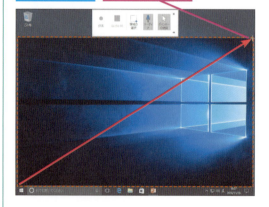

関連 ≫294 パソコンの画面をスライドに挿入するには……P.162

❺［録画］をクリック

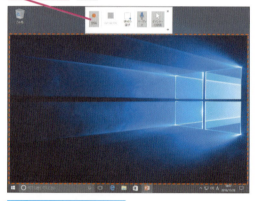

3秒後に録画が開始する

録画が終了した　❻画面上部にマウスカーソルを合わせて［ドック］を表示する

❼ここをクリック

録画した動画が表示された

サウンドの挿入

プレゼンテーションの開始にBGMなどのサウンドを設定すると、聞き手の関心を集められます。ここでは、サウンドを挿入するテクニックを紹介します。

337

自分で用意したサウンドファイルを挿入するには

お役立ち度 ★★★
2016 / 2013 / 2010 / 2007

自分で録音したサウンドやWebページからダウンロードしたサウンドなど、パソコンにサウンドを保存してあれば、以下の手順でスライドに挿入できます。PowerPointで使えるサウンドの形式は、ワザ342を参照してください。　→サウンド……P.322

[オーディオの挿入]ダイアログボックスが表示された

❺ ファイルをクリック

挿入したいサウンドファイルをパソコンに保存しておく

❶ [挿入]タブをクリック

❷ [メディア]をクリック

❸ [オーディオ]をクリック

❻ [挿入]をクリック

❹ [このコンピューター上のオーディオ]をクリック

プレゼンテーションファイルにサウンドが挿入された

関連 ≫338	サウンドのアイコンを非表示にするには ……… P.188
関連 ≫341	サウンドを削除するには ……………………… P.189
関連 ≫342	スライドに挿入できるサウンドのファイル形式とは …………………… P.189

サウンドの挿入　できる　**187**

338 サウンドのアイコンを非表示にするには

お役立ち度 ★★★
2016 / 2013 / 2010 / 2007

サウンドを挿入したスライドにはスピーカーの形をしたサウンドのアイコンが表示されます。初期設定では、スライドショーの実行時にサウンドのアイコンが表示されてしまいます。プレゼンテーションの聞き手にサウンドファイルの存在を意識させないようにするには、以下の手順でアイコンを非表示にしましょう。また、サウンドのアイコンをスライドのまわりにあるグレーの領域にドラッグしても非表示にできます。

➜アイコン……P.319

❶サウンドのアイコンをクリック

❷[オーディオツール]の[再生]タブをクリック

❸[スライドショーを実行中にサウンドのアイコンを隠す]をクリックしてチェックマークを付ける

スライドショーの実行中に、サウンドのアイコンが表示されなくなる

| 関連 ➤339 | スライドショーの実行中にずっとサウンドを流すには …… P.188 |

339 スライドショーの実行中にずっとサウンドを流すには

お役立ち度 ★★★
2016 / 2013 / 2010 / 2007

スライドに挿入したサウンドは、スライドショーの実行時にスライドを切り替えたタイミングで再生が終わります。スライドショーの実行中にずっとサウンドを再生し続けたいときは、[オーディオツール]の[再生]タブにある[スライド切り替え後も再生]をクリックしてチェックマークを付けます。

➜スライドショー……P.324

❶サウンドのアイコンをクリック

❷[オーディオツール]の[再生]タブをクリック

❸[スライド切り替え後も再生]をクリックしてチェックマークを付ける

スライドショーの実行中にずっとサウンドが流れるように設定できた

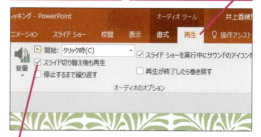

| 関連 ➤340 | サウンドが繰り返し再生されるようにするには …… P.189 |

340 サウンドが繰り返し再生されるようにするには

お役立ち度 ★★☆
2016 / 2013 / 2010 / 2007

ワザ339のようにスライドショーの実行中にサウンドを再生し続けるように設定しても、サウンドファイルよりもスライドショーの実行時間が長いと、途中でサウンドの再生が止まります。このようなときは、[オーディオツール]の[再生]タブにある[停止するまで繰り返す]のチェックマークを付けて、繰り返しサウンドが再生されるようにしましょう。

→コンテキストタブ……P.322

❶サウンドのアイコンをクリック
❷[オーディオツール]の[再生]タブをクリック

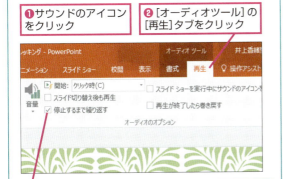

❸[停止するまで繰り返す]をクリックしてチェックマークを付ける

停止するまでサウンドが再生されるよう設定できた

341 サウンドを削除するには

お役立ち度 ★★☆
2016 / 2013 / 2010 / 2007

スライドに挿入したサウンドを削除するには、サウンドのアイコンをクリックして選択し、Deleteキーを押します。

→アイコン……P.319

❶サウンドのアイコンをクリック
❷Deleteキーを押す

サウンドが削除された

342 スライドに挿入できるサウンドのファイル形式とは

お役立ち度 ★★☆
2016 / 2013 / 2010 / 2007

自分で用意したサウンドがスライドに挿入できないときは、PowerPointで使える形式かどうかを確認しましょう。スライドに挿入できる主なサウンドファイルの形式は以下の表の通りです。

●スライドに挿入できるサウンド形式

サウンド形式	特徴
Windowsオーディオファイル（.wav）	Windowsの標準のサウンドファイルの形式。ファイルサイズが大きいため、比較的短い効果音での使用に適している
MIDIファイル（.mid）	電子楽器同士、またはパソコンと電子楽器の間で情報のやりとりを行うための形式。ファイルサイズが小さいため、BGMなどの比較的長い音楽に適している
Windows Mediaオーディオファイル（.wma）	マイクロソフトが開発した音声圧縮方式。高い圧縮率で高品質な音楽ファイルを作成できる
AIFFオーディオファイル（.aiff）	Audio Interchange File Formatの略。アップルが開発したサウンドファイルの形式
AUオーディオファイル（.au）	サンマイクロシステムズが開発したUNIX/Linuxの標準のサウンドファイルの形式
MP3オーディオファイル（.mp3）	正式名称はMPEG-1 Audio Layer3で、音声圧縮規格の1つ。高い圧縮率でファイルサイズが小さいため、Webサイトでの音楽配信に使われる
Advanced Audio Coding - MPEG-4オーディオファイル（.m4a、.mp4）	動画やサウンドの圧縮規格であるMP4ファイルから映像データを除いてサウンドだけにしたファイル。MP3よりも高品質でファイルサイズが小さい

関連 ≫331 動画の再生中に別の音声を流すには……P.182
関連 ≫337 自分で用意したサウンドファイルを挿入するには……P.187

343 ナレーションを録音するには

お役立ち度 ★★★
2016 / 2013 / 2010 / 2007

店頭での無人デモなどのように発表者のいないプレゼンテーションでは、スライドの内容に合わせてナレーションを録音しておくと便利です。ナレーションを録音するときは、あらかじめパソコンとマイクを接続し、スライドショーを実行しながら録音します。録音したナレーションはスライドごとに保存され、それぞれのスライドにサウンドのアイコンが表示されます。

→ スライドショー………P.324

❶ [スライドショー] タブをクリック
❷ [スライドショーの記録] をクリック

❸ [先頭から録音] をクリック

録音用の画面が表示された

❹ [記録の開始] をクリック

録音が開始された

❺ マイクに向かってナレーションを録音

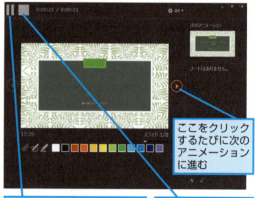

ここをクリックするたびに次のアニメーションに進む

[記録の一時停止] をクリックすると、再生中のアニメーションが止まる

[記録の停止] をクリックすると、スライドの先頭に戻る

スライドショーが終了した

ナレーションを終了する

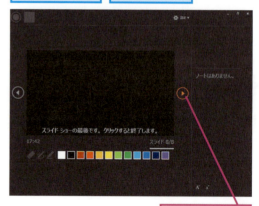

❻ ここをクリックして終了

| 関連 | ナレーションの一部分を |
| ≫344 | 録音し直すには………………………………P.191 |

344 ナレーションの一部分を録音し直すには

お役立ち度 ★★☆
2016 / 2013 / 2010 / 2007

ナレーションの一部を間違えたからといって、最初から録音し直す必要はありません。録音し直したいスライドのナレーションを録音し直せば、自動的に上書きされます。ナレーションが終ったら、Escキーを押して録音を終了します。 ➡スライド……P.324

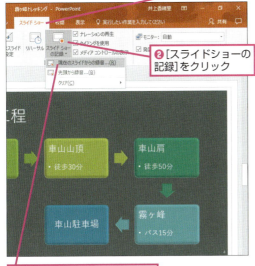

ナレーションを修正するスライドを表示しておく
❶[スライドショー]タブをクリック
❷[スライドショーの記録]をクリック
❸[現在のスライドからの録音]をクリック
ワザ343を参考に、ナレーションを録音する
録音が終了したら、次のスライドに進まずにEscキーを押して終了する

345 ナレーションとサウンドを同時に再生できるの？

お役立ち度 ★★☆
2016 / 2013 / 2010 / 2007

ナレーションを挿入したスライドにすでに別のサウンドが挿入されている場合は、サウンドを再生しながら同時にナレーションも再生できます。ただし、サウンドファイルの形式によっては、どちらか一方しか再生できない場合もあります。 ➡サウンド……P.322
➡スライド……P.324

346 音楽再生用のボタンを作成するには

お役立ち度 ★★☆
2016 / 2013 / 2010 / 2007

初期設定ではスライドショーでスライドが切り替わると同時にサウンドが再生されますが、[動作設定ボタン]を使うと、スライドのボタンをクリックしたときにサウンドが再生されるようにできます。[動作設定ボタン]は図形として扱われるため、サイズ変更や移動、塗りつぶしの色や線の色などの書式を後から簡単に変更できます。 ➡書式……P.323

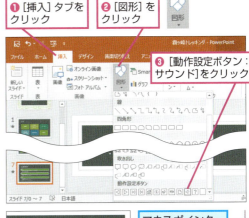

❶[挿入]タブをクリック
❷[図形]をクリック
❸[動作設定ボタン：サウンド]をクリック

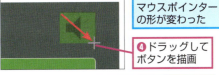

マウスポインターの形が変わった
❹ドラッグしてボタンを描画

動作設定ボタンが描画され、[オブジェクトの動作設定]ダイアログボックスが表示された

❺[マウスのクリック]タブをクリック
❻ここをクリックして再生したいサウンドを選択

サウンドの挿入 ● できる 191

第8章 スライドに動きを付ける

画面切り替えの効果

1枚のスライドや複数のスライドに設定できるのが「画面切り替えの効果」です。これを効果的に利用し、スマートなプレゼンテーションができるようにするテクニックを解説します。

347
スライドが切り替わるときに動きを付けるには

お役立ち度 ★★★
2016 / 2013 / 2010 / 2007

スライドショーの実行中にスライドが切り替わるときの動きを「画面切り替え」と呼びます。［画面切り替え］タブの［画面切り替え］の一覧から設定したい画面切り替えをクリックするだけで、スライドに動きを設定できます。なお、切り替え効果を設定したスライドには星のマークが付きますが、プレースホルダーにアニメーションを設定しても同様に星のマークが表示されます。

→画面切り替え効果……P.321
→スライドショー……P.324

［画面切り替え］の動きの効果の一覧が表示された

❸画面切り替え効果を選択

画面の切り替え効果を設定するスライドを選択しておく

ここでは、1枚目のスライドに画面の切り替え効果を設定する

❶［画面切り替え］タブをクリック

❷［画面切り替え］の［その他］をクリック

選択した画面の切り替え効果がプレビューで表示される

切り替え効果を設定すると、星のマークが表示される

関連 ≫348 複数のスライドにまとめて画面切り替えの効果を付けるには ……P.193

関連 ≫351 設定した画面切り替えを解除するには ……P.194

348 複数のスライドにまとめて画面切り替えの効果を付けるには

お役立ち度 ★★★
2016 / 2013 / 2010 / 2007

複数のスライドに同じ画面切り替えを設定したいときは、[スライド]タブで、Ctrlキーを押しながら必要なスライドを順番にクリックしてから操作します。もう一度Ctrlキーを押しながら同じスライドをクリックすると、選択を解除できます。なお、すべてのスライドに同じ動きを設定したいときは、画面切り替えを設定した後に[画面切り替え]タブの[すべてに適用]ボタンをクリックしましょう。　➡スライド……P.324

関連 ≫347 スライドが切り替わるときに動きを付けるには …………………………… P.192
関連 ≫353 画面切り替えの効果を確認するには ……………… P.195

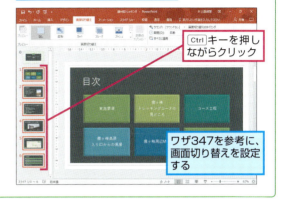

複数のスライドを選択して一度に画面切り替えを設定する

Ctrlキーを押しながらクリック

ワザ347を参考に、画面切り替えを設定する

349 スライドが切り替わるときに効果音を付けたい

お役立ち度 ★★☆
2016 / 2013 / 2010 / 2007

画面が切り替わる動きと同時に音を鳴らしたいときは、[画面切り替え]タブの[サウンド]を設定します。「チャイム」や「喝采」のように最初からPowerPointに用意されている短い効果音もありますが、自分で用意した音楽を再生したいときは、[その他のサウンド]をクリックしてサウンドファイルを指定します。
➡サウンド……P.322

●用意されているサウンドを付ける

❶[画面切り替え]タブをクリック
❷[サウンド]のここをクリック
❸設定したいサウンドを選択
サウンドが設定できた

●自分で用意した効果音を付ける

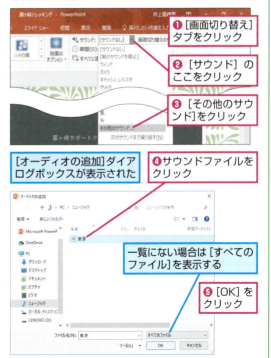

❶[画面切り替え]タブをクリック
❷[サウンド]のここをクリック
❸[その他のサウンド]をクリック
[オーディオの追加]ダイアログボックスが表示された
❹サウンドファイルをクリック
一覧にない場合は[すべてのファイル]を表示する
❺[OK]をクリック

350 ［ランダム］ってどんな効果？

お役立ち度 ★★☆
2016 / 2013 / 2010 / 2007

［ランダム］とは、スライドショーのたびに異なる画面切り替えが自動的に設定されるというものです。［ランダム］という名前の動きがあるわけではありません。

➡画面切り替え効果……P.321

ワザ347を参考に［画面切り替え］の一覧を表示しておく

［ランダム］を選択すると、スライドショーを再生するたびに異なる切り替え効果が実行される

| 関連 ≫347 | スライドが切り替わるときに動きを付けるには …… P.192 |
| 関連 ≫353 | 画面切り替えの効果を確認するには …… P.195 |

---

351 設定した画面切り替えを解除するには

お役立ち度 ★★☆
2016 / 2013 / 2010 / 2007

画面切り替えを解除するときは、解除したいスライドを選択し、［画面切り替え］タブの［画面切り替え］の一覧から［なし］をクリックします。

➡画面切り替え効果………P.321

ワザ347を参考に［画面切り替え］の一覧を表示しておく

［なし］をクリックすると、画面切り替え効果が解除される

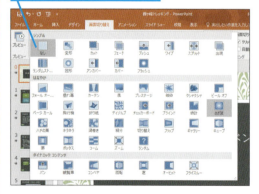

| 関連 ≫347 | スライドが切り替わるときに動きを付けるには …… P.192 |

---

352 スライドを自動的に切り替えるには

お役立ち度 ★★★
2016 / 2013 / 2010 / 2007

初期設定では、スライドショーの実行中にクリックボタンを押すと次のスライドに切り替わります。［画面切り替え］タブの［画面切り替えのタイミング］にある［自動的に切り替え］にチェックマークを付け、秒数を指定すると、指定した時間の経過後に自動でスライドが切り替わります。無人の店頭デモのように、スライドを操作する人がいない場合は、すべてのスライドが自動的に切り替わるように設定しておきましょう。

➡スライドショー……P.324

❶［画面切り替え］タブをクリック
❷［自動的に切り替え］をクリックしてチェックマークを付ける

❸切り替わる時間を入力

| 関連 ≫355 | クリックしてもスライドが切り替わらないようにするには …… P.195 |
| 関連 ≫427 | 繰り返し再生するスライドショーを作成するには …… P.228 |

353 画面切り替えの効果を確認するには

お役立ち度 ★★★
2016 / 2013 / 2010 / 2007

画面切り替えやアニメーションを設定したスライドには、下の例のように星のマークが付きます。このマークをクリックして動きを確認しましょう。[画面切り替え]タブの[プレビュー]ボタンをクリックしても動きが再生されます。　→タブ……P.325

星のマークをクリックして、効果を確認できる

[画面切り替え]タブの[プレビュー]をクリックしても、効果を確認できる

関連 ≫351　設定した画面切り替えを解除するには ………… P.194

354 画面切り替えの速度を変更したい

お役立ち度 ★★☆
2016 / 2013 / 2010 / 2007

最初に設定されている画面切り替えのスピードは、種類によってそれぞれ異なります。[画面切り替え]タブの[期間]の数値を大きくすると動きが遅くなり、数値を小さくすると動きが早くなります。スライドショーを実行したとき、次のスライドの表示までに間を持たせるかそうでないかで設定を変更するといいでしょう。　→タブ……P.325

❶ 画面切り替えのスピードを調整したいスライドをクリック

❷ [画面切り替え]のタブをクリック

❸ [期間]のここに秒数で数値を入力

関連 ≫355　クリックしてもスライドが切り替わらないようにするには ……………… P.195

355 クリックしてもスライドが切り替わらないようにするには

お役立ち度 ★★★
2016 / 2013 / 2010 / 2007

ワザ354のようにスライドが切り替わる時間を指定しても、それよりも早くクリックすると、スライドが切り替わってしまいます。これは、[画面切り替え]タブの[画面切り替えのタイミング]の[クリック時]にチェックマークが付いているためです。クリック操作でスライドが切り替わらないようにするには、[クリック時]のチェックマークをはずしましょう。

❶ [画面切り替え]タブをクリック

❷ [クリック時]をクリックしてチェックマークをはずす

関連 ≫354　画面切り替えの速度を変更したい ………… P.195

356 どんな画面切り替えの効果を設定したらいいの？

お役立ち度 ★★★
2016 / 2013 / 2010 / 2007

スライドの内容にもよりますが、1枚目のスライドに華やかな動きを付けると、印象的にプレゼンテーションを開始できます。2枚目以降のスライドには控えめな動きを設定し、最後のスライドまで同じ動きを設定するとすっきりします。スライドがぐるぐる回るような奇抜な動きは、スライドの文字が見づらくなると同時に、聞き手の関心が動きに集中してしまうので避けましょう。スライドの切り替わりだけでも、十分な動きが出るので迷ったときは画面の切り替え効果をあえて設定しない手もあります。
→スライド……P.324
→プレゼンテーション……P.328

357 画面切り替えの効果の方向を変更するには

お役立ち度 ★★★
2016 / 2013 / 2010 / 2007

［画面切り替え］タブの［効果のオプション］ボタンをクリックすると、設定した画面切り替えが動く方向や形を変更できます。例えば、［図形］の画面切り替えを設定してから［効果のオプション］ボタンをクリックすると、［円］［ひし形］［プラス］［イン］［アウト］のメニューが表示され、図形の形と表示方向を指定できます。なお、［効果のオプション］に表示されるメニューは、画面切り替えの種類によって異なります。

❶画面切り替えを設定したスライドをクリック
❷［画面切り替え］タブをクリック
❸［効果のオプション］をクリック

画面切り替えの種類によってオプションは異なる

358 暗い画面から徐々にスライドを表示したい

お役立ち度 ★★★
2016 / 2013 / 2010 / 2007

スライドショーの実行中に、次のスライドが暗い画面からじわじわと表示されると期待感を演出できます。それには、［画面切り替え］の一覧にある［フェード］を使いましょう。ワザ354の手順で［期間］の数値を大きくするほど画面がゆっくり切り替わります。ただし、スライドの枚数が多く、説明が中盤に差しかかったところでじわじわと表示される効果を多用すると、聞き手がいらいらする場合もあることに注意してください。
→スライド……P.324

ワザ347を参考に、切り替え効果の一覧を表示しておく
❶［フェード］をクリック

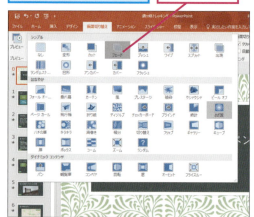

❷ワザ354を参考に［期間］の数値を変更

暗い画面から徐々にスライドが表示される

関連 ≫347 スライドが切り替わるときに動きを付けるには……P.192
関連 ≫354 画面切り替えの速度を変更したい……P.195

アニメーションの効果

［アニメーション］の機能を使うと、文字や図形などに動きを付けることができます。ここでは、アニメーションの疑問を解決します。

359

アニメーションを設定するには

2016 / 2013 / 2010 / 2007

スライド上の文字や図形などにアニメーションを設定するには、最初にアニメーションを設定したい文字や図形を選択し、次に［アニメーション］タブの［その他］から任意のアニメーションを選びます。すると、最初に選択したスライド上の文字や図形の左側にアニメーションの実行順序を示す数字が表示されます。

→アニメーション……P.320

❶タイトル文字のプレースホルダーをクリック

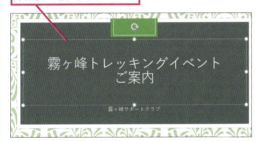

❷［アニメーション］タブをクリック
❸［アニメーション］の［その他］をクリック

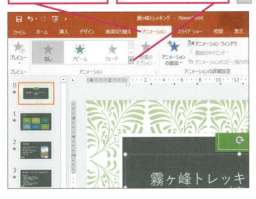

アニメーションの一覧が表示された

❹［ズーム］をクリック

［ズーム］のアニメーションが設定された

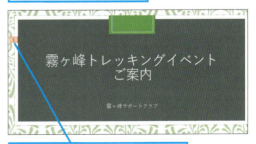

アニメーションを設定すると、順序を示す数字のマークが表示される

関連 ≫360 どんな動きがあるの？ ……P.198

アニメーションの効果

360 どんな動きがあるの？

お役立ち度 ★★☆
2016 / 2013 / 2010 / 2007

アニメーションには、[開始][強調][終了][アニメーションの軌跡]の4つの動きが用意されており、単独で設定するだけなく、複数の動きを組み合わせることもできます。通常は、文字や図形などがスライドに表示されるまでの動きを[開始]で設定し、表示された後に目立たせる動きを[強調]で設定します。また、文字や図形がスライドから見えなくなる動きを[終了]で設定します。イラストや図形などをドラッグした通りに動かすときは[アニメーションの軌跡]を設定しましょう。

➡ アニメーション………P.320

アニメーションは[開始][強調][終了][アニメーションの軌跡]の4種類に分けられている

361 アニメーションが多すぎて選択に迷う

お役立ち度 ★★☆
2016 / 2013 / 2010 / 2007

アニメーションは聞き手の注目を集める楽しい機能ですが、間違った使い方をすると逆効果になります。面白い動きではなく、対象となるものが一番魅力的に見える動きを探しましょう。横書きの文字は、先頭の文字から順番に表示される動きがいいでしょう。また、棒グラフの棒は下から伸び上がるような動きを付けると、棒の高さを強調できます。また、アニメーションばかりのスライドはプレゼンテーションの焦点がぼやけてしまいます。アニメーションを付けるかどうかを迷ったら、付けないという選択も考えましょう。

362 一覧にないアニメーションはどうやって選択するの？

お役立ち度 ★★★
2016 / 2013 / 2010 / 2007

[開始][強調][終了]のアニメーションには、最近使った効果が優先的に表示されます。使いたい効果が表示されないときは[その他の開始効果][その他の強調効果][その他の終了効果]を選ぶと、すべてのアニメーションが別ウィンドウで表示されます。イメージに合った効果を探しやすいように、「ベーシック」「あざやか」「巧妙」「控えめ」「はなやか」などのグループに分類されています。

ワザ359を参考に、アニメーションの一覧を表示しておく

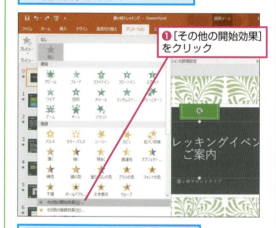

[開始効果の追加]ダイアログボックスが表示された

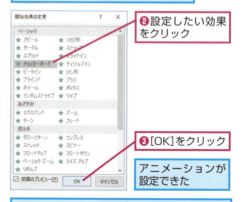

❶[その他の開始効果]をクリック
❷設定したい効果をクリック
❸[OK]をクリック

アニメーションが設定できた

[効果のプレビュー]にチェックマークが付いていると、効果をクリックしたときにプレビューが表示される

関連 ≫359 アニメーションを設定するには……P.197

363 設定したアニメーションの一覧を表示するには

お役立ち度 ★★★
2016 / 2013 / 2010 / 2007

スライドにいくつものアニメーションを設定したときは、どこにどんなアニメーションを設定したのかが分かると便利です。[アニメーションウィンドウ]作業ウィンドウには、設定済みのアニメーションが実行される順に一覧表示されます。一覧の左端の数字とスライド上の数字は同じアニメーションであることを示しています。　　　　　　　➡作業ウィンドウ……P.322

アニメーションの一覧を表示したいスライドを表示しておく

❶[アニメーション]タブをクリック
❷[アニメーションウィンドウ]をクリック

[アニメーションウィンドウ]作業ウィンドウが表示された
❸ここをクリック

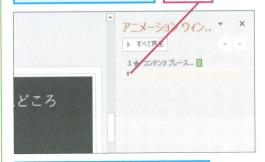

スライドに設定されたアニメーションの一覧が表示された

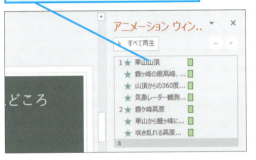

関連 ≫364　アニメーションの順序を変更するには ……… P.199

364 アニメーションの順序を変更するには

お役立ち度 ★★☆
2016 / 2013 / 2010 / 2007

アニメーションの実行順序は後から変更できます。[アニメーションウィンドウ]作業ウィンドウで、順序を変更したいアニメーションを上下にドラッグすると、移動先に目安となる線が表示されます。アニメーションの順序を変更すると、対応しているスライドに表示されている番号も連動して変わります。
➡作業ウィンドウ……P.322
➡マウスポインター……P.328

ワザ363を参考に、[アニメーションウィンドウ]作業ウィンドウを表示しておく

❶移動したいアニメーションをクリック
マウスポインターの形が変わった

❷ここまでドラッグ

アニメーションの順序を変更すると、スライドに表示されている番号も変更される

365 アニメーションは絶対付けないといけないの？

お役立ち度 ★★☆
2016 / 2013 / 2010 / 2007

アニメーションをまったく設定しなくても構いません。ただし、単調になりがちなプレゼンテーションの中にアニメーションがあると、聞き手の関心を引き付ける効果があります。アニメーションは、キーワードや製品名のように強調したい部分に設定するといいでしょう。また、説明に合わせてクリックするたびに順番に文字や図形を表示したい、というときもアニメーションが役立ちます。

366 順番と種類を確認したい

お役立ち度 ★★☆
2016 / 2013 / 2010 / 2007

[アニメーションウィンドウ]作業ウィンドウには、アニメーションを設定した順番に一覧が表示されます。それぞれのアニメーションの左側には、アニメーションの順番と開始のタイミング、アニメーションの種類の3つの情報が表示されています。アニメーションの順番はスライドに表示されている番号と対応しています。また、タイミングは[アニメーション]タブの[開始]で設定した内容に合わせてアイコンが表示されます。表示の意味を覚えておくと、ひと目でアニメーションの設定を確認できます。

→アイコン……P.319

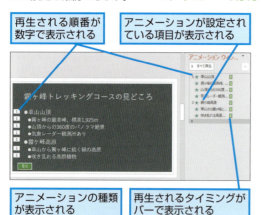

- 再生される順番が数字で表示される
- アニメーションが設定されている項目が表示される
- アニメーションの種類が表示される
- 再生されるタイミングがバーで表示される

367 設定したアニメーションを変更するには

お役立ち度 ★★☆
2016 / 2013 / 2010 / 2007

アニメーションを変更するときは、[アニメーションウィンドウ]作業ウィンドウの一覧で変更したいアニメーションをクリックして選択してから、変更後のアニメーションを設定し直します。スライド上のアニメーションの数字をクリックしてからアニメーションを設定し直しても構いません。

→作業ウィンドウ……P.322

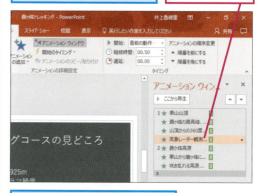

- ワザ363を参考に、[アニメーションウィンドウ]作業ウィンドウを表示しておく
- アニメーションをクリック
- ワザ359を参考に設定し直したいアニメーションを選択する

368 設定したアニメーションを削除するには

お役立ち度 ★★★
2016 / 2013 / 2010 / 2007

アニメーションを削除するときは、[アニメーションウィンドウ]作業ウィンドウの一覧で削除したいアニメーションをクリックして選択してから Delete キーを押します。右側のボタンをクリックして[削除]を選ぶこともできます。スライド上のアニメーションの数字をクリックしてから Delete キーを押しても構いません。

→スライド……P.324

- ワザ363を参考に[アニメーションの設定]作業ウィンドウを表示しておく
- ❶設定済みのアニメーションをクリック
- ❷[削除]をクリック

関連 ≫363 設定したアニメーションの一覧を表示するには……P.199

200 できる ● アニメーションの効果

369 アニメーションが動く速さを変更するには

お役立ち度 ★★★
2016 / 2013 / 2010 / 2007

アニメーションごとに設定されている速さは異なります。また、使用するパソコンによっても再生される速さが変わります。以下の手順で、速さを変更したいアニメーションごとのダイアログボックスを開くと、[継続時間]から[さらに遅く][遅く][普通][速く][さらに速く]の5段階に調整できます。

→ダイアログボックス……P.325

ワザ363を参考に、[アニメーションウィンドウ]作業ウィンドウを表示しておく

❶ アニメーションをクリック
❷ ここをクリック

❸ [タイミング]をクリック

[(効果名)]ダイアログボックスが表示された

❹ [タイミング]タブをクリック
❺ [継続時間]のここをクリック

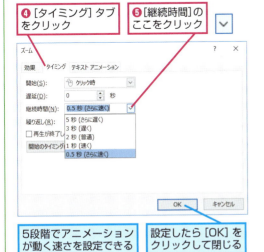

5段階でアニメーションが動く速さを設定できる

設定したら[OK]をクリックして閉じる

| 関連 ≫371 | アニメーションの速さを秒数で指定するには……P.201 |

370 パソコンによってアニメーションの速さが違う?

お役立ち度 ★★☆
2016 / 2013 / 2010 / 2007

パソコンの性能によって、アニメーションが再現される速さは微妙に異なります。プレゼンテーションの本番と同じパソコンでアニメーションを動かして、速さの最終調整をしましょう。

| 関連 ≫410 | 経過時間を見ながらリハーサルを行うには……P.221 |
| 関連 ≫434 | 最初のスライドからスライドショーを実行するには……P.232 |

371 アニメーションの速さを秒数で指定するには

お役立ち度 ★★☆
2016 / 2013 / 2010 / 2007

アニメーションの速さは、ワザ369のように5段階で設定する方法以外にも、[アニメーション]タブの[継続時間]に、直接数値で指定する方法もあります。数値が大きいほど、アニメーションは遅くなります。

→タブ……P.325

❶ [アニメーション]タブをクリック
❷ [継続時間:]のここをクリック

速さを秒数で入力できるようになった

関連 ≫369	アニメーションが動く速さを変更するには……P.201
関連 ≫370	パソコンによってアニメーションの速さが違う?……P.201
関連 ≫372	設定したアニメーションを確認するには……P.202
関連 ≫374	アニメーションが開始するタイミングを設定するには……P.203

372 設定したアニメーションを確認するには

お役立ち度 ★★☆
2016 / 2013 / 2010 / 2007

アニメーションの設定が完了したら、必ずスライドショーを実行して、全体の動きを確認しましょう。アニメーションは、つい過剰に設定してしまいがちです。アニメーションを付け過ぎていないか、統一感はあるか、スライドが見づらくなっていないかなどを総合的に点検することが大切です。

➡タブ……P.325

❶[スライドショー]タブをクリック ❷[最初から]をクリック

[現在のスライドから]をクリックすると、表示しているスライドからスライドショーが実行される

スライドショーが実行された

クリックに応じて、次のアニメーションや画面の切り替え効果が実行される

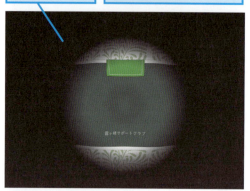

終了するときは Esc キーを押す

関連 ≫366	順番と種類を確認したい……P.200
関連 ≫434	最初のスライドからスライドショーを実行するには……P.232

373 同じアニメーションを使い回したい

お役立ち度 ★★☆
2016 / 2013 / 2010 / 2007

同じアニメーションを何カ所にも設定するときは、アニメーションをコピーすると便利です。[アニメーションのコピー/貼り付け]の機能を使うと、文字や図形や写真などに設定したアニメーションの種類や速さ、開始のタイミングなどをまとめてコピーできます。

➡マウスポインター……P.328

❶[アニメーション]タブをクリック

❷アニメーションを設定した図形をクリック

❸[アニメーションのコピー/貼り付け]をクリック

マウスポインターの形が変わった

図形をクリックするとアニメーションが貼り付けられる

関連 ≫366	順番と種類を確認したい……P.200

374 アニメーションが開始するタイミングを設定するには

初期設定では、スライドショーの実行時にクリックしたタイミングでアニメーションが動きます。[アニメーション]タブの[開始]には、[クリック時][直前の動作と同時][直前の動作の後]の3つのタイミングが用意されており、どのタイミングでアニメーションを動かすかを設定できます。複数のアニメーションを連続して自動的に動かす場合は、[直前の動作の後]を設定しましょう。

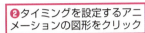

375 アニメーションを追加するには

アニメーションは単独で利用するだけでなく、複数を組み合わせても利用できます。2つ目以降のアニメーションを追加するには、[アニメーション]タブの[アニメーションの追加]ボタンをクリックしてアニメーションを設定します。[アニメーションの追加]ボタンを使わずにアニメーションを設定すると、設定済みのアニメーションが変更されて上書きされるので注意しましょう。

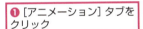

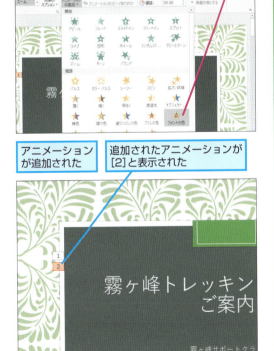

関連 ▶363 設定したアニメーションの一覧を表示するには……P.199

文字のアニメーション

タイトルや箇条書きの文字に動きを付けると、文字を印象的に表示できます。ここでは、文字にアニメーションを設定するときのトラブルや疑問を解決します。

376 箇条書きを1行ずつ表示するには

お役立ち度 ★★☆
2016 / 2013 / 2010 / 2007

箇条書きのプレースホルダーに［開始］のアニメーションを設定すると、箇条書きが1行ずつ順番に表示されます。箇条書きにレベルを設定しているときは、下のレベルの箇条書きは上のレベルの箇条書きと同時に表示されます。

→アニメーション……P.320
→箇条書き……P.321
→プレースホルダー……P.328
→レベル……P.329

ここでは箇条書きの文字が画面の端から現れるように設定する

❶効果を設定する箇条書きのプレースホルダーをクリック

ワザ359を参考に、アニメーションの一覧を表示しておく

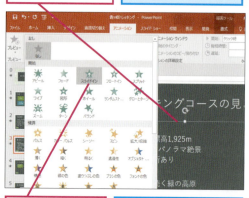

❷［スライドイン］をクリック

箇条書きにアニメーションが設定された

関連 ≫359	アニメーションを設定するには……………… P.197
関連 ≫377	箇条書きを表示する方向を変更したい……… P.204
関連 ≫378	箇条書きの下のレベルを後から表示するには……………………… P.205

377 箇条書きを表示する方向を変更したい

お役立ち度 ★★★
2016 / 2013 / 2010 / 2007

ワザ376の操作で箇条書きのアニメーションを設定した後で、［効果のオプション］ボタンをクリックすると、箇条書きが表示される方向を変更できます。箇条書きの行頭文字から表示される方向を選ぶと読みやすいでしょう。なお、最初に設定したアニメーションによって、［効果のオプション］に表示される［方向］の種類が異なります。

→行頭文字……P.321

ワザ376を参考に、箇条書きに［スライドイン］を設定する

❶［効果のオプション］をクリック

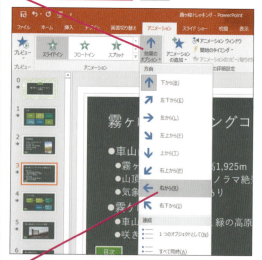

❷［右から］をクリック

右から箇条書きが流れて表示されるように設定された

| 関連 ≫372 | 設定したアニメーションを確認するには……… P.202 |

378 箇条書きの下のレベルを後から表示するには

お役立ち度 ★★★
2016 / 2013 / 2010 / 2007

箇条書きにアニメーションを設定したとき、1項目ずつ順番に表示されるのは［グループテキスト］に［第1レベルの段落まで］が設定されているためです。箇条書きのレベルごとに順番に表示するには、［グループテキスト］を目的のレベルに変更します。

➡ レベル……P.329

下のレベルの項目も1つずつ表示されるようにする

ワザ363を参考に、［アニメーションウィンドウ］作業ウィンドウを表示しておく

❶設定するアニメーションのここをクリック

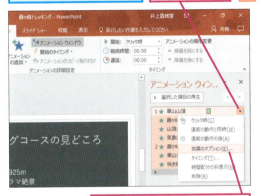

❷［効果のオプション］をクリック

［(効果名)］ダイアログボックスが表示された

❸［テキストアニメーション］タブをクリック

❹［グループテキスト］のここをクリックして［第2レベルの段階まで］を選択

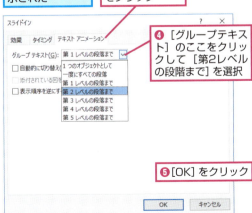

❺［OK］をクリック

関連 ≫363 設定したアニメーションの一覧を表示するには……P.199

379 一部の箇条書きだけに適用するには

お役立ち度 ★★
2016 / 2013 / 2010 / 2007

プレースホルダーにある一部の箇条書きだけにアニメーションを設定したいときは、目的の箇条書きをドラッグして選択し、行ごとに設定します。目的の箇条書きのプレースホルダーをクリックすると、プレースホルダー全体にアニメーションが設定されるので注意しましょう。

➡ プレースホルダー……P.328

特定の箇条書きだけにアニメーションを設定する

❶効果を付けたい行をドラッグして選択

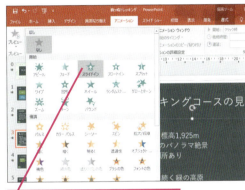

❷ワザ359を参考にアニメーションを設定

箇条書きの一部にアニメーションを設定できた

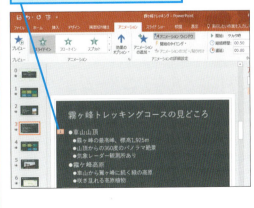

関連 ≫359 アニメーションを設定するには……P.197

380 1文字ずつ表示するには

お役立ち度 ★★☆
2016 / 2013 / 2010 / 2007

スライドのタイトルや箇条書きに設定したアニメーションは1文字ずつでも動かせます。1文字ずつ動くようにするには、[テキストの動作]を[文字単位で表示]に変更します。　→ダイアログボックス……P.325

ワザ369を参考に［(効果名)］ダイアログボックスを表示しておく

❶ [効果] タブをクリック
❷ [テキストの動作]のここをクリック

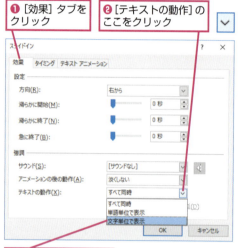

❸ [文字単位で表示]をクリック

| 関連 ≫369 | アニメーションが動く速さを変更するには …… P.201 |

381 文字にはどんなアニメーションを付ければいいの?

お役立ち度 ★★☆
2016 / 2013 / 2010 / 2007

PowerPointのアニメーションは豊富で、ついつい奇抜な動きを付けてしまいがちですが、文字が読みにくくなってしまっては逆効果です。横書きの文字であれば、先頭の文字から表示される[スライドイン]で[方向]が[右から]、あるいは[ワイプ]で[方向]が[左から]がお薦めです。

| 関連 ≫383 | 文字が表示されて消えるまでを一連の流れにするには …… P.206 |

382 文字を大きくして強調するには

お役立ち度 ★★☆
2016 / 2013 / 2010 / 2007

スライド上の文字を画面からはみ出るほど大きく表示すると迫力が出ます。[強調]のアニメーションにある[拡大/収縮]を設定すると、スライドの文字を拡大できます。アニメーションの設定後に、[効果のオプション]ボタンをクリックすると、拡大する方向や拡大の度合いを調整できます。　→スライド……P.324

ワザ359を参考に、アニメーションの一覧を表示しておく

[拡大/収縮]をクリック

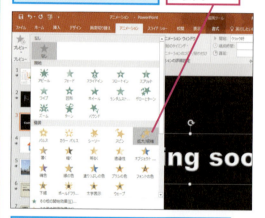

[効果のオプション]で[最大]を選ぶと文字がスライドからはみ出して表示される

383 文字が表示されて消えるまでを一連の流れにするには

お役立ち度 ★★☆
2016 / 2013 / 2010 / 2007

文字や図形に[開始]と[終了]のアニメーションを組み合わせて設定すると、表示されてから消えてなくなるまでを動きで表現できます。このとき、クリックしなくても[終了]のアニメーションが連続して動くようにしておくとスムーズです。それには、ワザ374の操作で、終了のアニメーションの[開始]のタイミングを[直前の動作の後]に変更します。また、文字が早く消えるときは、ワザ369の方法で継続時間を長めに設定しましょう。

| 関連 ≫374 | アニメーションが開始するタイミングを設定するには …… P.203 |

384 説明の終わった文字を薄くするには

お役立ち度 ★★★
2016 / 2013 / 2010 / 2007

プレゼンテーションの本番では、説明中の箇条書きだけに聞き手の視線を集めたいものです。ワザ369の操作で、アニメーションごとのダイアログボックスを開き、[効果]タブの[アニメーション後の動作]からスライドの背景の色に溶け込むような薄めの色を設定すると、次の箇条書きが表示された段階で、表示済みの箇条書きの文字の色が変化します。

→ダイアログボックス……P.325

| 関連 369 | アニメーションが動く速さを変更するには……P.201 |

ワザ369を参考に、[(効果名)]ダイアログボックスを表示しておく

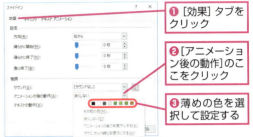

❶ [効果]タブをクリック
❷ [アニメーション後の動作]のここをクリック
❸ 薄めの色を選択して設定する

385 映画のようなスタッフロールを作成するには

お役立ち度 ★★☆
2016 / 2013 / 2010 / 2007

映画の最後に表示されるクレジットのように、画面の下から上へと流れていくアニメーションを設定したいときは、[開始]のアニメーションにある[クレジットタイトル]を箇条書きのプレースホルダーに設定します。この動きを利用するときは、[継続時間]を遅めにした方が文字が読みやすいでしょう。

→プレースホルダー……P.328

箇条書きのプレースホルダーを選択し、アニメーションの一覧を表示しておく

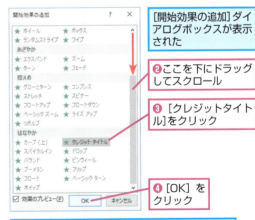

[開始効果の追加]ダイアログボックスが表示された

❷ ここを下にドラッグしてスクロール
❸ [クレジットタイトル]をクリック
❹ [OK]をクリック

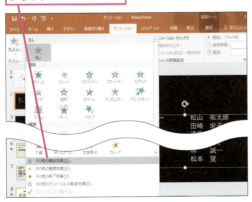

❶ [その他の開始効果]をクリック

スライドショーの実行時に、スタッフロールのように文字が表示される

図形や画像のアニメーション

アニメーションは、スライド上の図形や画像、図表にも設定できます。ここでは、図形や画像などにアニメーションを設定する方法を紹介します。

386 複数の図形に同じアニメーションを設定するには

お役立ち度 ★★★
2016 / 2013 / 2010 / 2007

複数の図形が同時に動き出すようなアニメーションを設定するには、Ctrlキーを押しながら複数の図形をクリックしてアニメーションを設定します。複数の図形に同じ順番の数字が表示されたことをよく確認してください。

→図形……P.323

❶複数の図形をCtrlキーを押しながらクリック

❷ワザ359を参考にアニメーションを設定

複数の図形に同時にアニメーションを設定できた

同じアニメーションを設定したので、同じ数字が表示される

関連 ≫359 アニメーションを設定するには …………… P.197

387 図形を次々と表示するには

お役立ち度 ★★★
2016 / 2013 / 2010 / 2007

複数の図形をアニメーションで順次表示したい場合に、クリックしなくても次々と図形が動き出すようにするには、[アニメーション]タブの[開始]のタイミングを[直前の動作の後]に変更します。なお、[直前の動作と同時]を選択すると、すべてのアニメーションが一度に再生されます。順番に表示したいときは、必ず[直前の動作の後]を選択しましょう。

複数の図形にアニメーションを設定しておく

❶Ctrl+Aキーを押して、すべての図形を選択

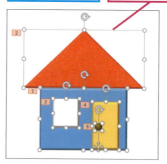

❷[開始]のここをクリック

❸[直前の動作の後]をクリック

図形が順番に表示される

関連 ≫374 アニメーションが開始するタイミングを設定するには …………… P.203

388 図表の上の図形から順番に表示するには

お役立ち度 ★★★
2016 / 2013 / 2010 / 2007

図表の場合、全体を1つのオブジェクトとしてアニメーションが設定されます。上の図形からレベルごとに順番に表示されるようにするには、[アニメーション] タブの [効果のオプション] から [レベル（一括）] か [レベル（個別）] を設定しましょう。 ➡レベル……P.329

ワザ359を参考に図表をクリックしてアニメーションを設定しておく

❶[効果のオプション]をクリック

❷[レベル（個別）]をクリック

同じレベルの図形ごとに順次表示される

| 関連 ≫389 | 表示した図形を見えなくするには……P.209 |

389 表示した図形を見えなくするには

お役立ち度 ★★★
2016 / 2013 / 2010 / 2007

図形が次々と現れては消えていく動きを付けるには、アニメーションが終了した図形をスライドから隠さなくてはいけません。それには、[アニメーションの後の動作]で、図形を非表示に設定します。あるいは、[開始]のアニメーションに[終了]のアニメーションを組み合わせて図形を見えなくすることもできます。
➡ダイアログボックス……P.325

ワザ369を参考に [（効果名）] ダイアログボックスを表示しておく

❶[効果]タブをクリック

❷[アニメーションの後の動作]のここをクリック

❸[アニメーションの後で非表示にする]をクリック

❹[OK]をクリック

アニメーションの実行後に図形が非表示になる

390 アニメーションに合わせて効果音を付けるには

お役立ち度 ★★★
2016 / 2013 / 2010 / 2007

アニメーションと同時に音を鳴らしたいときは、アニメーションごとのダイアログボックスを開いて、[サウンド]を設定します。「チャイム」や「喝采」のように最初からPowerPointに用意されている短い効果音もありますが、自分で用意した音楽を再生したいときは、[その他のサウンド]をクリックしてサウンドファイルを指定します。 ➡サウンド……P.322

ワザ369を参考に [（効果名）] ダイアログボックスを表示しておく

❶[効果]タブをクリック

❷[サウンド]のここをクリック

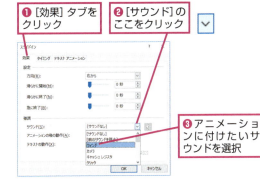

❸アニメーションに付けたいサウンドを選択

| 関連 ≫349 | スライドが切り替わるときに効果音を付けたい……P.193 |

391 1枚ずつ写真をめくるような動きを付けるには

お役立ち度 ★★☆
2016 / 2013 / 2010 / 2007

クリックするとアルバムのように写真がめくれる動きを付けたいときは、最初に表示したい写真に［終了］のアニメーションにある［フェード］を設定します。同様に2番目や3番目に表示したい写真にも同じアニメーションを設定します。最後に、アニメーションを設定した複数の写真を重ねて配置します。同じサイズの写真であれば、すべての写真を選択し、［図ツール］の［書式］タブから［配置］をクリックして［上下中央揃え］と［左右中央揃え］を実行すると、ぴったり重ねられます。

ワザ290を参考に、スライドに写真を挿入しておく

❶はじめに表示したい写真をクリック

❷ワザ359を参考に［フェード］をクリック

同様に表示させたい順番でアニメーションを設定しておく

写真の位置をそろえておく

スライドショーを実行するとクリックするたびに写真がめくれるようなアニメーションを設定できた

関連 ≫359 アニメーションを設定するには ……… P.197

392 クリックで画像の大きさが変わるようにするには

お役立ち度 ★★☆
2016 / 2013 / 2010 / 2007

［強調］のアニメーションの［拡大/収縮］を使うと、スライドショーの実行時に、画像を拡大して目立たせることができます。［開始］のタイミングを［クリック時］にしておけば、説明に合わせてクリックしたタイミングで拡大できます。同じ操作でタイトルなどの文字を拡大して目立たせることもできます。

ここではクリック時に写真が拡大するようなアニメーションを設定する

❶画像をクリック

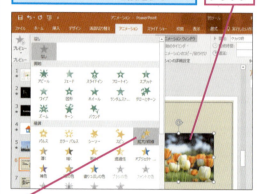

❷［拡大/収縮］をクリック

スライドショーの実行中に写真をクリックすると、写真が拡大したり縮小したりする

関連 ≫374 アニメーションが開始するタイミングを設定するには ……… P.203

関連 ≫382 文字を大きくして強調するには ……… P.206

関連 ≫393 写真のクリック時に別の図形をポップアップさせるには ……… P.211

393 写真のクリック時に別の図形をポップアップさせるには

お役立ち度 ★★★
2016 / 2013 / 2010 / 2007

アニメーションは、スライドショーを実行した後、スライドをクリックしたときに動き出します。スライドに配置した写真をクリックしたときに別の図形を表示するようにするには、図形に設定したアニメーションに、個別のダイアログボックスで［開始のタイミング］の［次のオブジェクトをクリック時に効果を開始］をクリックし、クリックする対象に写真を選択します。

星の図形に［ズーム］のアニメーションを設定しておく

ワザ369を参考に［(効果名)］ダイアログボックスを表示しておく

❶［タイミング］タブをクリック
❷［開始のタイミング］をクリック
❸ここをクリック
❹ここをクリックして写真のファイル名を選択
❺［OK］をクリック

スライドショーの実行中に写真をクリックすると、星がポップアップする

関連 »369 アニメーションが動く速さを変更するには P.201

394 付箋を順番にはがすような演出がしたい

お役立ち度 ★★☆
2016 / 2013 / 2010 / 2007

貼られていたシールをはがすと、隠れていた文字が見えるという演出をテレビでよく目にします。PowerPointでも、［終了］のアニメーションにある［ワイプ］を使うと同じ演出が可能です。あらかじめ文章の一部を四角形などの図形で隠しておいて、この図形に［ワイプ］のアニメーションを設定します。さらに効果のオプションで［左から］を設定すると、スライドショーの実行時に画面をクリックしたときに図形の左端からめくれて、隠れていた文字が表示されます。

ワザ171を参考に、キーワードの上に図形を挿入しておく

❶ワザ359を参考に図形に［終了］のアニメーションの［ワイプ］を設定
❷［効果のオプション］をクリック

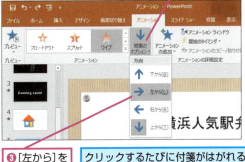

❸［左から］をクリック
クリックするたびに付箋がはがれるようなアニメーションを設定できた

関連 »171 真ん丸な円を描くには P.106
関連 »359 アニメーションを設定するには P.197
関連 »360 どんな動きがあるの？ P.198

図形や画像のアニメーション　できる　211

395 図形を点滅させるには

お役立ち度 ★★★
2016 / 2013 / 2010 / 2007

強調したい部分やポイントを書き込んだ吹き出しの図形などが点滅すると、そこに聞き手の関心を集められます。[強調]のアニメーションの中にある[ブリンク]の動きを図形に設定し、何度も繰り返す効果を付けると点滅しているように見えます。

➡ダイアログボックス……P.325

図形が点滅を繰り返すように設定する	❶点滅させる図形をクリック
❷[アニメーション]タブをクリック	❸[その他]をクリック

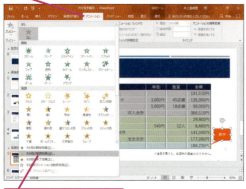

❹[その他の強調効果]をクリック

[強調効果の変更]ダイアログボックスが表示された

❺[ブリンク]をクリック

❻[OK]をクリック

点滅のアニメーションが設定された
点滅の回数を設定する	❼[効果のその他のオプションを表示]をクリック

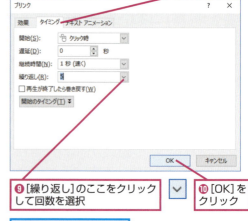

[(効果名)]ダイアログボックスが表示された

❽[タイミング]タブをクリック

❾[繰り返し]のここをクリックして回数を選択

❿[OK]をクリック

点滅の回数が設定される

関連 ≫362 一覧にないアニメーションはどうやって選択するの？……P.198

関連 ≫382 文字を大きくして強調するには……P.206

212 できる ● 図形や画像のアニメーション

396

地図の道順を示すには

お役立ち度 ★★★
2016 / 2013 / 2010 / 2007

画像や図形などをA地点からB地点まで動かすには［アニメーションの軌跡］のアニメーションを使います。［直線］や［対角線］など最初から用意されている軌跡もありますが、［フリーハンド］を選択すると、マウスでドラッグした通りに自由に動かせます。

➡ マウスポインター……P.328

赤色の円が、緑色の円から青色の円まで移動する道順のアニメーションを設定する

図形をクリックして選択しておく

ワザ359を参考に、アニメーションの一覧を表示しておく

❶［直線］をクリック

軌跡を短くする

❷ここにマウスポインターを合わせる

マウスポインターの形が変わった

❸ここまでドラッグ

ワザ375を参考に［直線］のアニメーションを追加する

❹追加したアニメーションの始点にマウスポインターを合わせる

マウスポインターの形が変わった

❺最初のアニメーションの終点までドラッグ

❻追加したアニメーションの終点にマウスポインターを合わせる

❼ここまでドラッグ

同様の手順で［直線］のアニメーションをさらにもう1つ追加して、2つ目の軌跡の終点から青色の円まで軌跡を変更しておく

ワザ374を参考に、2つ目と3つ目のアニメーションをそれぞれ［直前の動作の後］に設定しておく

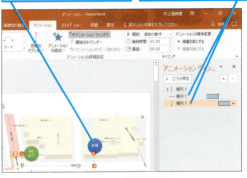

地図の道順を示すアニメーションが設定された

関連 ≫359	アニメーションを設定するには……………………P.197
関連 ≫375	アニメーションを追加するには……………………P.203
関連 ≫397	アニメーションの軌跡を滑らかにするには……………………P.214

397 アニメーションの軌跡を滑らかにするには

お役立ち度 ★★★
2016 / 2013 / 2010 / 2007

ワザ396の操作で設定したアニメーションの軌跡を滑らかにするには、アニメーション専用のダイアログボックスで、[滑らかに開始][滑らかに終了]を設定します。スライダーを右に移動するほど、滑らかな動きになります。　→作業ウィンドウ……P.322

ワザ363を参考に、[アニメーションウィンドウ]作業ウィンドウを表示しておく

❶設定するアニメーションのここをクリック

❷[効果のオプション]をクリック

[(効果名)]ダイアログボックスが表示された

❸[効果]タブをクリック

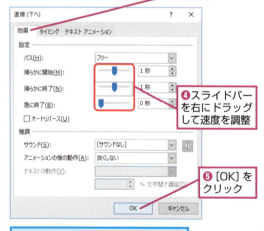

❹スライドバーを右にドラッグして速度を調整

❺[OK]をクリック

アニメーションの軌跡が滑らかになる

関連 ≫396　地図の道順を示すには……P.213

398 矢印が伸びるようなアニメーションを設定したい

お役立ち度 ★★☆
2016 / 2013 / 2010 / 2007

フローチャートや手順を説明するときに、矢印が先端に向かって伸びるように動くアニメーションを設定すると、進行方向が明確になります。それには、[開始]のアニメーションの[ワイプ]を設定し、[効果のオプション]ボタンを使って[方向]を調整します。以下の図のように、右方向を向く矢印には[左から]を設定すると、矢印が左から右に伸びるように動きます。

矢印を作図して選択しておく

ワザ359を参考に、アニメーションの一覧を表示しておく

❶[ワイプ]をクリック

❷[効果のオプション]をクリック

❸[左から]をクリック

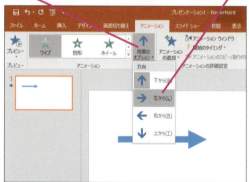

矢印が左から右に伸びるようなアニメーションを設定できる

関連 ≫377　箇条書きを表示する方向を変更したい……P.204

214　できる　●　図形や画像のアニメーション

表やグラフのアニメーション

アニメーションでは表やグラフ全体を動かしたり、部分的に動かすことができます。ここでは、表やグラフを効果的に見せるためのアニメーションを紹介します。

399 表やグラフにアニメーションを付けるには

お役立ち度 ★★☆
2016 / 2013 / 2010 / 2007

アニメーションは文字や画像や図形だけでなく、表やグラフにも設定できます。表内をクリックするか、表の外枠をクリックしてアニメーションを設定すると、表全体に設定されます。

→グラフ……P.322

関連 ≫400 どんなアニメーションでも設定できるの？……P.215

400 どんなアニメーションでも設定できるの？

お役立ち度 ★★★
2016 / 2013 / 2010 / 2007

ワザ399で解説したように、表やグラフにも文字や図形と同じ操作でアニメーションを設定できます。ただし、アニメーションの名前がグレーアウトしているものは選択できません。画像や図形や図表についても、選択できないアニメーションがあります。

表やグラフに設定できないアニメーションはグレーで表示される

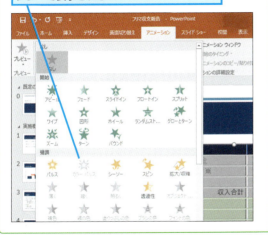

401 セルの中の文字にアニメーションを付けられる？

お役立ち度 ★★☆
2016 / 2013 / 2010 / 2007

表のセルの文字だけにアニメーションを設定することはできません。セルの文字だけが動くようにするには、セルに重ねてテキストボックスを配置して文字を入力し、このテキストボックスにアニメーションを設定します。その際、元のセルに入力されている文字は削除するといいでしょう。　→テキストボックス……P.326

表にテキストボックスを重ねてアニメーションを設定する

❶ワザ069を参考に表の上にテキストボックスを挿入

表と同じ内容を入力して、元の表のデータは削除する

❷ワザ359を参考に[下線]を適用

数字に下線が表示される

関連 ≫069 好きな位置に文字を入力するには……P.61

402 表を1行ずつ順番に表示するには

お役立ち度 ★★★
2016 / 2013 / 2010 / 2007

表の一部をドラッグしてからアニメーションを設定しても、表全体に設定されてしまいます。行単位で順番に表示されるようなアニメーションを設定したいときは、1行ずつに分解した表をいくつか組み合わせて表を作成し、1行単位にアニメーションを設定します。

➡ プレースホルダー……P.328

- ワザ238を参考に1行ずつの表を作成しておく
- ❶表のプレースホルダーをクリック
- ❷ワザ359を参考に［スライドイン］をクリック
- 同様にほかの表にもアニメーションを設定しておく
- 表が1行ずつ順番に表示されるように設定された

関連 ≫238 ドラッグで列数と行数を指定して表を挿入するには……P.137
関連 ≫359 アニメーションを設定するには……P.197

403 グラフにはどんなアニメーションを付ければいいの？

お役立ち度 ★★★
2016 / 2013 / 2010 / 2007

グラフの種類やグラフで伝えたい内容によって、アニメーションを使い分けましょう。グラフでよく使われるアニメーションは下の表の通りです。例えば、棒グラフの棒の高さを強調したいときは、下から伸び上がるような［ワイプ］で［方向］が［下から］、折れ線グラフの線を時系列ごとに順番に表示したいときは［ワイプ］で［方向］が［左から］が最適です。

●棒グラフの高さを強調する

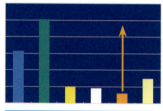

ワザ359を参考に［ワイプ］、ワザ394を参考に［方向］を［下から］に設定する

グラフが下から伸びるような表現ができる

●折れ線グラフの推移を強調する

ワザ359を参考に［ワイプ］、ワザ394を参考に［方向］を［左から］に設定する

折れ線グラフが左から順に表示される

●グラフの一部分を強調する

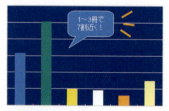

ワザ395を参考に［ブリンク］、［繰り返し］を［5］に設定する

吹き出しが点滅して強調される

関連 ≫405 グラフの背景を固定したい……P.217

404 棒グラフの棒を1本ずつ伸ばすには

お役立ち度 ★★★
2016 / 2013 / 2010 / 2007

棒グラフで上昇傾向を強調するには、棒が下から伸び上がる［ワイプ］で［方向］が［下から］のアニメーションを設定すると効果的です。初期設定ではグラフ全体にアニメーションが設定されますが、［効果のオプション］ボタンから［系列別］や［項目別］に変更すると、棒を1本ずつ表示できます。

→プレースホルダー……P.328

グラフ全体にアニメーションを設定し、その後個別の設定を行う

❶グラフのプレースホルダーをクリック
❷ワザ359を参考に［ワイプ］をクリック

❸［効果のオプション］をクリック

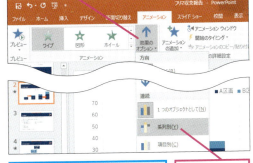

［1つのオブジェクトとして］以外を選択すると、棒グラフの棒が1本ずつ伸びる
❹［系列別］をクリック

関連 ≫406 ［系列別］と［項目別］の違いは何？……P.218

405 グラフの背景を固定したい

お役立ち度 ★★★
2016 / 2013 / 2010 / 2007

グラフにアニメーションを設定すると、グラフ全体に適用されます。そのため、グラフ内の目盛や凡例なども同じように動いてしまいます。棒や線などだけが動くようにするには、アニメーションごとのダイアログボックスを開き、［グラフアニメーション］タブにある［グラフの背景を描画してアニメーションを開始］のチェックマークをはずします。

→ダイアログボックス……P.325

ワザ369を参考に、［(効果名)］ダイアログボックスを表示しておく

❶［グラフアニメーション］タブをクリック
❷［グループグラフ］のここをクリック

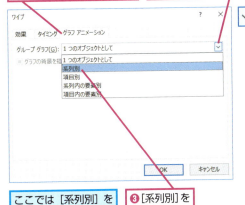

ここでは［系列別］を選択する
❸［系列別］をクリック

❹［グラフの背景を描画してアニメーションを開始］をクリックしてチェックマークをはずす

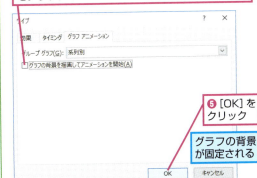

❺［OK］をクリック
グラフの背景が固定される

関連 ≫406 ［系列別］と［項目別］の違いは何？……P.218

406 ［系列別］と［項目別］の違いは何？

お役立ち度 ★★★
2016 / 2013 / 2010 / 2007

［効果のオプション］ボタンをクリックしたときに表示される［連続］の項目には、［1つのオブジェクトとして］［系列別］［項目別］［系列の要素別］［項目の要素別］の5つが用意されています。それぞれの違いは以下の通りです。

◆1つのオブジェクトとして
系列と項目のすべてのデータを同時に表示できる

◆系列別
同じ系列のデータごとに順番に表示できる

◆項目別
同じ項目のデータごとに順番に表示できる

◆系列の要素別
同じ系列のデータが1つずつ表示されたあと、別の系列のデータを1つずつ表示できる

◆項目の要素別
項目ごとに1つずつデータを順番に表示できる

関連 ≫405 グラフの背景を固定したい P.217

407 円グラフを時計回りで表示させるには

お役立ち度 ★★☆
2016 / 2013 / 2010 / 2007

円グラフに［開始］のアニメーションの［ホイール］を設定すると、0度の位置から時計回りに順番にグラフを表示できます。

円グラフが時計回りで徐々に表示されるように設定する

ワザ359を参考に［ホイール］をクリック

円グラフが時計回りで徐々に表示されるように設定できた

関連 ≫359 アニメーションを設定するには P.197

関連 ≫404 棒グラフの棒を1本ずつ伸ばすには P.217

関連 ≫405 グラフの背景を固定したい P.217

408

棒グラフと折れ線グラフが順番に伸びるようにするには

お役立ち度 ★★★
2016 / 2013 / 2010 / 2007

棒グラフと折れ線グラフなどの複合グラフでも、項目別や系列別でアニメーションを設定できます。ただし、グラフの種類は区別せずに設定されてしまうので、棒グラフだけ先にまとめて表示したい、といった場合には、手動でタイミングを設定する必要があります。例えば、棒グラフを先に表示して、続いて折れ線グラフを表示したいといったときは、複数の折れ線グラフが同時に動くように［開始］のタイミングを［直前の動作と同時］に設定します。

❶ ワザ404を参考に、複合グラフに［ワイプ］で［系列別］のアニメーションを設定

2本目の折れ線グラフのアニメーションは［3］に設定されている

❷ ［3］を
クリック

❸ ［アニメーション］タブの［開始］のここをクリック

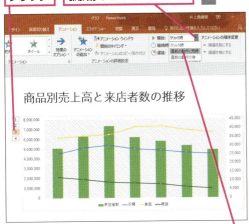

❹ ［直前の動作と同時］をクリック

［2］と［3］のアニメーションが同時に実行されるので1つにまとめられた

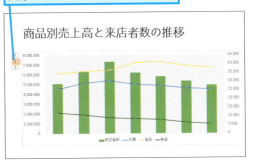

［3］も同様に［直前の動作と同時］に設定する

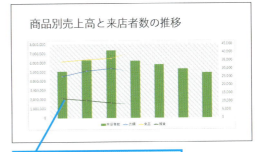

棒グラフが表示された後に、3本の折れ線グラフが同時に表示された

関連 ≫366	順番と種類を確認したい	P.200
関連 ≫387	図形を次々と表示するには	P.208
関連 ≫404	棒グラフの棒を1本ずつ伸ばすには	P.217

表やグラフのアニメーション

第9章 スライドショーの実行

スライドショーの準備

プレゼンテーションを成功させるためには、何よりも準備が大切です。事前に準備を行い、リハーサルやスライドの説明に役立つワザを解説します。

409　各スライドに移動できる目次を作成するには

お役立ち度 ★★★
2016 / 2013 / 2010 / 2007

目次として作成したスライドの箇条書きの文字や図形に［ハイパーリンク］を設定すると、文字や図形をクリックしたときに、該当するスライドに移動できるようになります。移動先のスライドには、説明が終わったときに目次に戻るためのハイパーリンクを設定しておくといいでしょう。　→ハイパーリンク……P.327

❶ハイパーリンクを設定したい図形をクリック

❷［挿入］タブをクリック　❸［ハイパーリンク］をクリック

［ハイパーリンクの挿入］ダイアログボックスが表示された

❹［このドキュメント内］をクリック　❺移動先のスライドをクリック

選択したスライドのプレビューがここに表示される

❻［OK］をクリック

ほかのスライドへのハイパーリンクを設定できた

ワザ434を参考にスライドショーを実行し、ハイパーリンクが正しく設定されているかどうか確認しておく

関連 ≫421　別のスライドに移動するボタンを作成するには……P.226

関連 ≫434　最初のスライドからスライドショーを実行するには……P.232

410 経過時間を見ながらリハーサルを行うには

お役立ち度 ★★★
2016 / 2013 / 2010 / 2007

通常、プレゼンテーションでは、おおよその発表時間が決まっているはずです。予定の時間より早く終わり過ぎてもオーバーし過ぎてもいけません。PowerPointの［リハーサル］の機能を使うと、各スライドの表示時間とスタートからの経過時間が表示されるため、感覚をつかみながらスライドショーの練習を行えます。　　　　　　➡リハーサル……P.329

❶［スライドショー］タブをクリック
❷［リハーサル］をクリック

スライドショーが実行され、［リハーサル］ツールバーが表示された

経過時間がカウントされるので、本番と同じようにプレゼンテーションを始める

❸スライドをクリック

次のスライドに切り替わった

［スライド表示時間］は［0:00:00］に戻る

❹最後のスライドまでリハーサルを続行

リハーサルを途中で終了するには Esc キーを押す

切り替えのタイミングを記録するか確認するダイアログボックスが表示された

❺［いいえ］をクリック

プレゼンテーション全体にかかる時間を確認できた

411 発表時間に応じて自動でスライドを切り替えるには

お役立ち度 ★★★
2016 / 2013 / 2010 / 2007

ワザ410を実行し、「今回のタイミングを保存しますか？」と表示されたダイアログボックスで［はい］ボタンをクリックすると、リハーサルでスライドを切り替えた秒数が保存され、本番のスライドショーの際に同じ秒数でスライドが自動的に切り替わります。時間を確認するだけのリハーサルでは、［いいえ］ボタンをクリックして秒数を保存しない方がいいでしょう。
➡リハーサル……P.329

関連 経過時間を見ながら
≫410 リハーサルを行うには……P.221

412 リハーサルをやり直すには

お役立ち度 ★★★
2016 / 2013 / 2010 / 2007

リハーサルの途中で操作や説明に失敗した場合は、以下の手順で失敗したスライドからやり直すことができます。失敗したスライドの経過時間はトータル時間には含まれません。　　➡リハーサル……P.329

ワザ410を参考にプレゼンテーションのリハーサルを実行しておく

リハーサルを途中からやり直す

❶［リハーサル］ツールバーの［繰り返し］をクリック

［スライド表示時間］が［0:00:00］に戻る

❷［記録の再開］をクリック

関連 経過時間を見ながら
≫410 リハーサルを行うには……P.221

413 スライドショーに必要なファイルをメディアに保存するには

お役立ち度 ★★★
2016 / 2013 / 2010 / 2007

［プレゼンテーションパック］を作成すると、スライドショーの実行に必要なファイル（プレゼンテーションファイルのほか、サウンドやビデオ、リンクしているほかのアプリのファイルなど）をCDやDVDなどにまとめて保存できます。万が一、パソコンが故障してしまったという場合や間違ってファイルを削除してしまったというトラブルを避けられるので安心です。

➡プレゼンテーションパック……P.329

CD-Rへの書き込みに対応したドライブを準備しておく

❶空のCD-RをCDドライブにセット

❷［ファイル］タブをクリック

CDにまとめるプレゼンテーションファイルを開いておく

❸［エクスポート］をクリック

❹［プレゼンテーションパック］をクリック

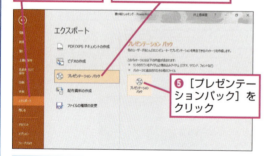

❺［プレゼンテーションパック］をクリック

［プレゼンテーションパック］ダイアログボックスが表示された

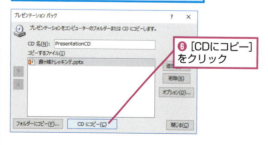

❻［CDにコピー］をクリック

ファイルにリンクされている別のファイルをプレゼンテーションパックに含めるかどうか確認する画面が表示された

❼［はい］をクリック

CD-Rに書き込みがはじまった

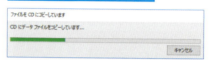

書き込みが終わり、同じ内容のCDをもう一枚作成するかどうか確認する画面が表示された

❽［いいえ］をクリック

［プレゼンテーションパック］ダイアログボックスが表示された

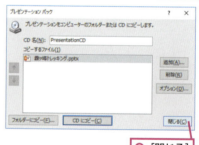

❾［閉じる］をクリック

| 関連 ≫414 | 複数のファイルをまとめてCDに入れるには……P.223 |
| 関連 ≫415 | プレゼンテーションパックをUSBメモリーに保存したい……P.223 |

222 できる ● スライドショーの準備

414 複数のファイルをまとめてCDに入れるには

お役立ち度 ★★☆
2016 / 2013 / 2010 / 2007

プレゼンテーションパックの作成時には、作成済みの別のスライドも追加できます。大切なファイルのバックアップ代わりにするといいでしょう。

→プレゼンテーションパック……P.328

❶空のCD-Rをパソコンにセット

ワザ413を参考に［プレゼンテーションパック］ダイアログボックスを表示しておく

❷［追加］をクリック

［ファイルの追加］ダイアログボックスが表示された

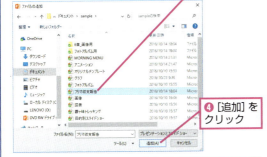

❸追加したいファイルをクリック

❹［追加］をクリック

［プレゼンテーションパック］ダイアログボックスに戻った

選択したファイルが追加された

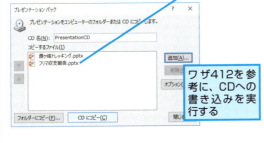

ワザ412を参考に、CDへの書き込みを実行する

| 関連 ≫413 | スライドショーに必要なファイルをメディアに保存するには……P.222 |

415 プレゼンテーションパックをUSBメモリーに保存したい

お役立ち度 ★★☆
2016 / 2013 / 2010 / 2007

USBメモリーにプレゼンテーションパックを保存するときは、USBメモリーをセットしてから［フォルダーにコピー］ボタンをクリックし、USBメモリーのドライブを指定します。

→プレゼンテーションパック……P.328

❶パソコンにUSBメモリーをセット

ワザ412を参考に［プレゼンテーションパック］ダイアログボックスを表示しておく

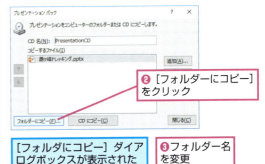

❷［フォルダーにコピー］をクリック

［フォルダにコピー］ダイアログボックスが表示された

❸フォルダー名を変更

❹［参照］をクリック

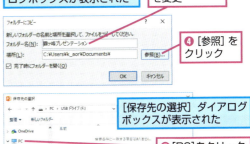

［保存先の選択］ダイアログボックスが表示された

❺［PC］をクリック

❻USBメモリーをクリック

❼［選択］をクリック

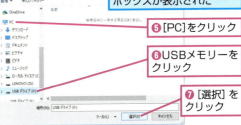

❽ここにUSBのドライブ名が表示されていることを確認

❾［OK］をクリック

| 関連 ≫413 | スライドショーに必要なファイルをメディアに保存するには……P.222 |

416 リハーサルでは何に気を付ければいいの？

お役立ち度 ★★★
2016 / 2013 / 2010 / 2007

リハーサルには2つの目的があります。1つは、説明に合わせてスライドの操作ができるように、スライドやアニメーションを動かすタイミングなどを確認することです。もう1つは本番と同じ話し方に慣れることです。そのためには、本番と同じように実際に声に出して練習することが大切です。

➡ アニメーション……P.320

417 発表用のメモを残しておきたい

お役立ち度 ★★★
2016 / 2013 / 2010 / 2007

スライドペインの下側に表示されるノートペインには、発表者用のメモを記入できます。プレゼンテーションの本番で説明する要点を箇条書きで入力し、ワザ476の操作でスライドとノートをまとめて印刷してプレゼンテーション会場に持ち込むといいでしょう。ワザ432で紹介する[発表者ツール]を使えば、手元のパソコンにのみメモを表示できます。

➡ ノートペイン……P.326

ノートを作成するスライドを表示しておく

❶[ノート]をクリック
❷ここをクリック　❸メモを入力

418 スライドショー形式で保存するには

お役立ち度 ★★★
2016 / 2013 / 2010 / 2007

プレゼンテーションの本番では、スムーズにスライドショーを開始したいものです。PowerPointを起動して、ファイルを開いてからスライドショーを実行するのは、あまりスマートではありません。このワザの方法でスライドショー形式のファイルとして保存すれば、ファイルのダブルクリックで、すぐにスライドショーを開始できます。なお、スライドショー形式で保存したファイルの拡張子は「.ppsx」になります。

➡ スライドショー……P.324

ワザ524を参考に[名前を付けて保存]ダイアログボックスを表示しておく

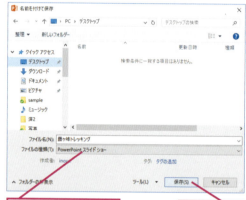

❶ここをクリックして[PowerPointスライドショー]を選択
❷[保存]をクリック

ファイルがスライドショー形式で保存された

編集を行うときはワザ522を参考にファイルを開く

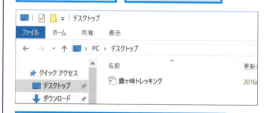

発表直前にスライドを修正することを考慮し、PowerPointプレゼンテーション形式のファイルも保存しておくといい

関連 ≫529 スライドショー形式で保存したファイルを編集するには……P.280

419 スライドショーの途中でExcelの資料を表示したい

お役立ち度 ★★★
2016 / 2013 / 2010 / 2007

スライドショーの実行中に関連するExcelの資料を見せたいことがあります。そんなときもいちいちスライドショーを中断してExcelを起動する必要はありません。表の一部を選択し、ハイパーリンクで表示したいExcelファイルを指定すれば、スライドショーの実行中にクリックするだけでExcelに切り替えられます。Excelを終了するかExcelの画面を最小化すると、自動でスライドショーに戻ります。

➡ハイパーリンク……P.327

[ハイパーリンクの挿入]ダイアログボックスが表示された

❹[ファイル、Webページ]をクリック
❺ファイルの保存場所を選択

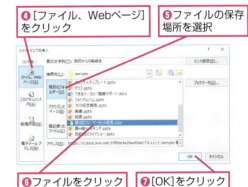

❻ファイルをクリック
❼[OK]をクリック

表のテキストにExcelのファイルへのリンクを設定する

❶表のテキストをドラッグして選択

❷[挿入]タブをクリック
❸[ハイパーリンク]をクリック

クリックするとExcelのファイルを表示できるリンクが設定された

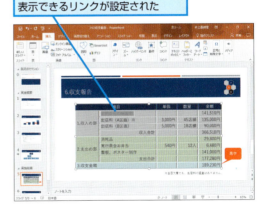

関連 ≫420 [ハイパーリンクの追加]と[動作設定ボタン]は何が違うの？……P.225

420 [ハイパーリンクの追加]と[動作設定ボタン]は何が違うの？

お役立ち度 ★★★
2016 / 2013 / 2010 / 2007

どちらもほぼ同じ機能ですが、[ハイパーリンクの追加]は文字に設定できるので、表や箇条書きの中にハイパーリンクを入れたいときに便利です。一方、動作設定ボタンは[ホームへ移動][サウンド]などのデザインがされているので、目印として役立ちます。

➡ハイパーリンク……P.327

関連 ≫330 動画再生用のボタンを作成するには……P.181

スライドショーの準備　できる　225

421 別のスライドに移動するボタンを作成するには

お役立ち度 ★★★
2016 / 2013 / 2010 / 2007

別のスライドに移動するボタンを一から作成するには、動作設定ボタンを利用しましょう。[動作設定ボタン]の一覧には、[戻る/前へ](1つ前のスライドに移動)[進む/次へ](1つ後のスライド移動)[最初に移動](1枚目のスライド移動)[最後に移動](最後のスライド移動)と、移動先が設定済みのボタンがあります。特定のスライドを移動先に指定するには、以下の手順で[空白]のボタンを利用します。スライドの移動ができることをスライド上で明示し、特定のスライド間を行き来するようなときに利用するといいでしょう。

➡ハイパーリンク……P.327

❶[挿入]タブをクリック ❷[図形]をクリック

ここでは、[空白]のボタンを利用する

マウスポインターの形が変わった

❸[空白]をクリック

❹ワザ171を参考にドラッグして図形を描画

❺[マウスのクリック]タブをクリック ❻[ハイパーリンク]をクリック

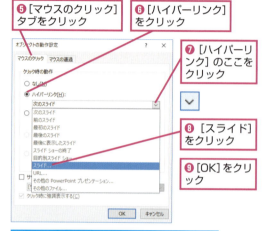

❼[ハイパーリンク]のここをクリック

❽[スライド]をクリック

❾[OK]をクリック

[スライドへのハイパーリンク]ダイアログボックスが表示された

❿リンク先のスライドを選択

⓫[OK]をクリック

[オブジェクトの動作設定]ダイアログボックスが表示された

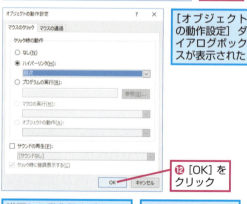

⓬[OK]をクリック

描画した動作設定ボタンに離れたスライドへのハイパーリンクを設定できた

移動先のスライドを表す文字をボタンに挿入しておく

[空白]ボタン以外のボタンでも、手順5以降でリンク先を変更できる

関連 ≫419 スライドショーの途中でExcelの資料を表示したい……P.225

422 スライドショーを中断せずにWebページを表示するには

お役立ち度 ★★★
2016 / 2013 / 2010 / 2007

スライドショーの実行中にWebページを見せたいときに、いちいちスライドショーを中断したのでは、スマートとはいえません。このようなときは、文字をクリックしたときに自動でWebページが表示されるように設定するといいでしょう。ブラウザーを終了すると自動的にスライドショーに戻ります。

ワザ419を参考にハイパーリンクを設定したい文字を選択し、[ハイパーリンクの挿入]ダイアログボックスを表示しておく

❶ [ファイル、Webページ] をクリック
❷ [アドレス] に表示したいWebページのURLを入力

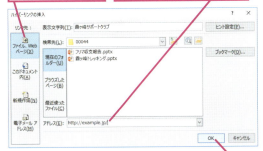

❸ [OK]をクリック

Webページへのハイパーリンクを設定できた

関連 ≫419 スライドショーの途中でExcelの資料を表示したい P.225

423 ハイパーリンクを設定したのに画面が切り替わらない

お役立ち度 ★★★
2016 / 2013 / 2010 / 2007

スライドショーの実行時以外にハイパーリンクを設定した文字や図形をクリックしても変化はありません。スライドショーを実行せずにハイパーリンクを確認するには、Ctrlキーを押しながらハイパーリンクを設定した文字や図形にマウスポインターを合わせ、マウスポインターが手の形に変化した状態でクリックしましょう。リンク先に設定したWebページやスライドに移動できます。 ➡マウスポインター……P.328

424 アニメーションの設定をまとめてオフにするには

お役立ち度 ★★★
2016 / 2013 / 2010 / 2007

「ほかの人が発表したプレゼンテーションが予定時間を上回り、自分の発表時間が減ってしまった」「要点を絞って簡潔に発表するように上司から言われた」プレゼンテーションの本番直前になって、そんな事態になったらどうすればいいでしょうか？ アニメーションを多く使ったスライドでは、1つずつアニメーションを削除する時間もありません。スライドに設定されているアニメーションをまとめて無効にするには、[アニメーションを表示しない]を有効にするといいでしょう。スライドショー形式で保存したファイルの場合は、ワザ529の方法でファイルを開きます。

➡アニメーション……P.320

❶ [スライドショー] タブをクリック
❷ [スライドショーの設定]をクリック

[スライドショーの設定] ダイアログボックスが表示された

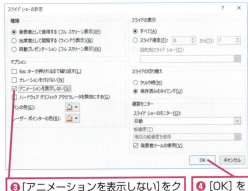

❸ [アニメーションを表示しない]をクリックしてチェックマークを付ける
❹ [OK]をクリック

スライドショーの実行時にアニメーションが再生されなくなる

関連 ≫430 ナレーションだけオフにしたい P.229
関連 ≫529 スライドショー形式で保存したファイルを編集するには P.280

425 特定のスライドをスライドショーで見せるには

お役立ち度 ★★★
2016 / 2013 / 2010 / 2007

作成したスライドの一部をスライドショーで見せるには、[スライドショーの設定] ダイアログボックスの [スライド指定] をクリックし、先頭のスライド番号と最後のスライド番号を指定します。ただし、離れたスライドは指定できません。

→ダイアログボックス……P.325

ワザ424を参考に [スライドショーの設定] ダイアログボックスを表示しておく

❶[スライド指定] をクリック
❷ここにスライドショーで再生する範囲のスライド番号を入力
❸[OK] をクリック

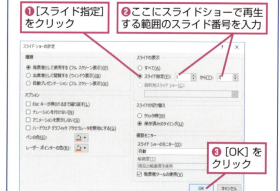

426 スライドショーで使えるキー操作を知りたい

お役立ち度 ★★★
2016 / 2013 / 2010 / 2007

スライドショーの操作がスムーズにできると、それだけで聞き手に安心感を与えます。F1キーを押すと、スライドショーで使える便利なキー操作の一覧が表示されるので、必要に応じて練習しておきましょう。ただし、プレゼンテーションの本番で、キー操作を確認するのは信頼感を失う原因になるので厳禁です。

ワザ434を参考にスライドショーを実行しておく

F1キーを押す
[スライドショーのヘルプ] ダイアログボックスが表示された
ショートカットキーの内容を確認できる

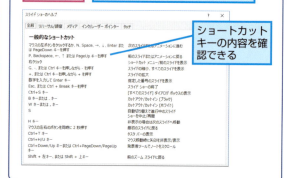

427 繰り返し再生するスライドショーを作成するには

お役立ち度 ★★★
2016 / 2013 / 2010 / 2007

スライドショーの実行後に自動で先頭のスライドに戻り、スライドショーを再開させるには、右の手順で [Escキーが押されるまで繰り返す] にチェックマークを付けます。
ただし、店頭デモではこの設定だけでは不十分です。ワザ352の手順で、クリックしなくてもスライドが自動的に切り替わるように設定しましょう。これで、パソコンを操作する人がいなくても自動的にスライドショーが流れ続けます。

→ダイアログボックス……P.325

ワザ424を参考に [スライドショーの設定] ダイアログボックスを表示しておく

[Escキーが押されるまで繰り返す] をクリックしてチェックマークを付ける

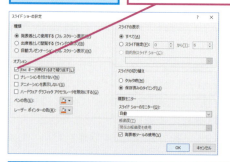

スライドショーが繰り返し再生されるよう設定できる

関連 ≫352 スライドを自動的に切り替えるには……P.194

428 スライドの一部を非表示にするには

お役立ち度 ★★★
2016 / 2013 / 2010 / 2007

プレゼンテーションの直前に発表時間の変更があるなどして、用意したスライドをすべて見せられない場合もあります。このようなときは、見せないスライドを[非表示スライド]に設定するといいでしょう。スライドを削除せずに、スライドショーの実行時のみ非表示にできます。

→スライド……P.324

❶非表示にするスライドをクリック
❷[スライドショー]タブをクリック

❸[非表示スライドに設定]をクリック

スライド番号にグレーの斜線が付いた
このスライドはスライドショー実行時には表示されない

| 関連 ≫424 | アニメーションの設定をまとめてオフにするには……P.227 |
| 関連 ≫431 | 1つのファイルから複数のスライドショーを作成するには……P.230 |

429 スライドの番号がバラバラになってしまった!

お役立ち度 ★★★
2016 / 2013 / 2010 / 2007

ワザ428の手順で途中のスライドを[非表示スライド]に設定すると、スライド番号が不連続になってしまいます。このようなときは、[非表示スライド]に設定したスライドをドラッグして末尾に移動します。スライドを移動するとスライド番号は自動的に更新され、連番で表示されるようになります。

→スライド番号……P.324

430 ナレーションだけオフにしたい

お役立ち度 ★★★
2016 / 2013 / 2010 / 2007

プレゼンテーションの直前に、機材の都合などでナレーション機能が使えなくなる場合があります。[スライドショーの設定]ダイアログボックスで[ナレーションを付けない]をクリックしてチェックマークを付けると、ナレーションをオフにできます。

→ダイアログボックス……P.325

ワザ424を参考に[スライドショーの設定]ダイアログボックスを表示しておく

[ナレーションを付けない]をクリックしてチェックマークを付ける

スライドショーの実行時にナレーションを付けないよう設定できる

| 関連 ≫424 | アニメーションの設定をまとめてオフにするには……P.227 |

431 1つのファイルから複数のスライドショーを作成するには

東京と大阪で実施するプレゼンテーションのように、スライドショーで共通する要素が多い場合は、必要なスライドをすべて作成し、後から[目的別スライドショー]で分割するといいでしょう。ファイルを一元管理でき、共通するスライドに変更があったときに修正する手間が一度で済みます。

➡ダイアログボックス……P.325

ここでは2時間コースと4時間コースのスライドを作成する

❶[スライドショー]タブをクリック

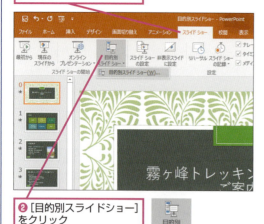

❷[目的別スライドショー]をクリック

[目的別スライドショー]ダイアログボックスが表示された

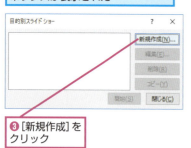

❸[新規作成]をクリック

[目的別スライドショー]ダイアログボックスが表示された

❹スライドショーの名前を入力

❺1枚目に表示するスライドをクリック

❻[追加]をクリック

スライドが追加された

❼同様にしてスライドを追加

表示したいスライドをすべて追加できた

❽[OK]をクリック

[目的別スライドショー]ダイアログボックスが表示された

❾ここに作成した目的別スライドショーが表示されていることを確認

❿同様の手順で操作4でスライドショーの名前を変えて、4時間コースのスライドを作成

2時間コースと4時間コースのスライドがそれぞれ作成される

関連 ≫428 スライドの一部を非表示にするには……P.229

スライドショーの実行

いよいよプレゼンテーションの本番です。ここでは、スライドショーを実行している最中のトラブルや疑問を解決します。

432

お役立ち度 ★★★
2016 / 2013 / 2010 / 2007

発表者ツールを利用するには

通常、PowerPointを起動したパソコンにテレビやプロジェクター、外部ディスプレイを接続すると、PowerPointを操作する自分のパソコンには発表者ツールの画面が表示されます。設定を変えていなければ必ず発表者ツールの画面が接続されますが、事前に[スライドショーの設定]ダイアログボックスにある[発表者ツールの使用]にチェックマークが付いていることを確認しましょう。

→発表者ツール……P.327

●発表者ツールの利用

プレゼンテーションファイルを開いておく

❶[スライドショー]タブをクリック

❷[プレゼンテーションの表示先]が[主モニター]以外であることを確認する

❸[発表者ツールを使用する]にチェックマークが入っていることを確認する

ワザ434を参考にスライドショーを実行すると、発表者の手元のパソコンに発表者ツールの画面が表示される

●発表者ツールの設定

❶[スライドショー]タブをクリック

❷[スライドショーの設定]をクリック

[スライドショーの設定]ダイアログボックスが表示された

❸ここをクリックして[主モニター]以外を選択

❹[発表者ツールの使用]をクリックしてチェックマークを付ける

❺[OK]をクリック

| 関連 ≫434 | 最初のスライドからスライドショーを実行するには……P.232 |
| 関連 ≫441 | スライドショーで使える便利なショートカットは何？……P.235 |

433 プレゼンテーションにはパソコン以外に何が必要？

お役立ち度 ★★★
2016 / 2013 / 2010 / 2007

プレゼンテーションを行うときは、PowerPointがインストールされているパソコン以外にもそろえておくものがたくさんあります。特に大きな会場では、遠くからでも画面が見えるようにプロジェクターやスクリーンが必要です。さらに、プロジェクターとパソコンを接続するケーブル、パソコンやプロジェクターの電源ケーブル、場合によっては延長ケーブルが必要になります。作成したプレゼンテーションファイルも忘れずに会場に持ち込みましょう。

➡プレゼンテーション……P.328

| 関連 ≫413 | スライドショーに必要なファイルをメディアに保存するには……P.222 |

434 最初のスライドからスライドショーを実行するには

お役立ち度 ★★★
2016 / 2013 / 2010 / 2007

表示中のスライドに関係なく1枚目のスライドからスライドショーを実行するには、[F5]キーを押します。[スライドショー] タブの [最初から] ボタンや、クイックアクセスツールバーの [先頭から開始] ボタンをクリックしても同じです。

➡クイックアクセスツールバー……P.321

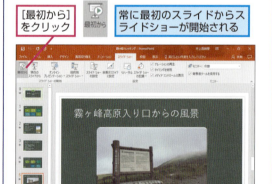

435 スライドショーをスマートに中断するには

お役立ち度 ★★★
2016 / 2013 / 2010 / 2007

スライドショーの途中でスライド以外の内容に注目して欲しいときに、いちいち[Esc]キーでスライドショーを中断する必要はありません。スライドのテーマが白系のときは[W]キーを押すと白い画面に、それ以外のときは[B]キーを押して黒い画面に切り替えるといいでしょう。いずれかのキーを押すか、マウスをクリックするとスライドショーを再開できます。

➡スライドショー……P.324

| 関連 ≫436 | スライドショーを途中でやめるには……P.233 |

436 スライドショーを途中でやめるには

お役立ち度 ★★★
2016 / 2013 / 2010 / 2007

スライドに設定した効果などを確認するだけであれば、最後までスライドショーを進める必要はありません。Escキーを押すと、スライドショーを中断できます。ただし、本番のプレゼンテーションでは中断することがないように、十分に練習を重ねておきましょう。

➡スライドショー……P.324

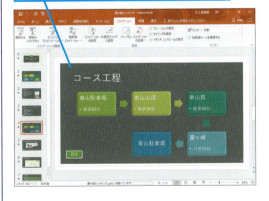

| 関連 ≫435 | スライドショーをスマートに中断するには……P.232 |

437 スライドの一部を指し示しながら説明したい

お役立ち度 ★★★
2016 / 2013 / 2010 / 2007

強調したいポイントや重要な数値などを聞き手に説明するときは、レーザーポインターの機能を使うといいでしょう。スライド上でCtrlキーを押しながらドラッグすると、マウスポインターのある位置がレーザーポインターで光を当てたように赤く光ります。なお、レーザーポインターの色は最初は赤ですが、ワザ424の操作と同様に、[スライドショーの設定]ダイアログボックスの[レーザーポインターの色]の項目で事前に色を変更できます。

➡マウスポインター……P.328
➡レーザーポインター……P.329

関連 ≫424	アニメーションの設定をまとめてオフにするには……P.227
関連 ≫443	スライドショーでスライドの一部を拡大するには……P.235
関連 ≫444	スライドショーの実行中に手書きで線を引くには……P.236

438 最後に表示される黒い画面は何？

お役立ち度 ★★★
2016 / 2013 / 2010 / 2007

スライドショーの最後には、自動的に黒い画面が表示され、クリックすると元の画面に戻ります。プレゼンテーションの本番では黒い画面が表示された状態で発表を終わりにしましょう。そうすれば、プレゼンテーションの舞台裏を見せずに済みます。
➡スライドショー……P.324

スライドショーを進めると最後に黒い画面が表示される

プレゼンテーションの本番では、この状態で終了するといい

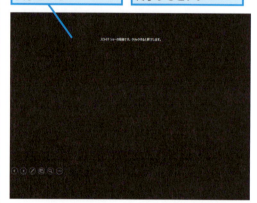

スライドをクリック

スライドショーが終了し、編集画面が表示された

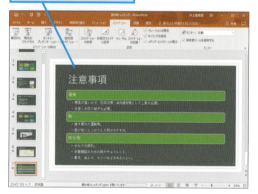

関連	スライドショーをスマートに
≫435	中断するには……P.232

439 スライドショーの実行中にスライドを一覧で表示したい

お役立ち度 ★★★
2016 / 2013 / 2010 / 2007

質疑応答の際に質問のあったスライドに切り替えたり、時間の関係で一部を割愛しなくてはならないときは、スライドの一覧から移動すると便利です。[スライドショー]ツールバーからスライドの一覧を表示して、移動先のスライドをクリックすると、画面がそのスライドに切り替わります。スライドを右クリックして表示されるメニューから[すべてのスライドを表示]をクリックしても構いません。
➡スライド……P.324

❶マウスを動かす

画面の左下に[スライドショー]ツールバーが表示される

❷[スライドショー]ツールバーのここをクリック

スライドの一覧が表示された

サムネイルをクリックするとそのスライドが表示される

440 もっと簡単に離れたスライドに移動するには

お役立ち度 ★★★
2016 / 2013 / 2010 / 2007

移動したいスライドの番号が分かっているときは、スライドショーの実行中にキーボードでスライド番号のキーと Enter キーを押せば移動できます。
➡スライド番号……P.324

441 スライドショーで使える便利なショートカットは何？

お役立ち度 ★★★
2016 / 2013 / 2010 / 2007

スライドショーの実行中にメニューを表示し、マウスを操作するのは案外煩わしいものです。ショートカットキーを覚えておけば、スムーズかつ快適にスライドショーを進められます。なお、ノートパソコンで[Page Down][Page Up][Home][End]のキーを押すときは[Fn]キーを一緒に押します。

→ショートカットキー……P.322

キー操作	機能
[Enter]、[space]、[↓]、[→]、[N]、[Page Down]キー	次のスライドに切り替える
[Back space]、[↑]、[←]、[P]、[Page Up]キー	前のスライドに戻る
[Home]キー	最初のスライドに切り替える
[End]キー	最後のスライドに切り替える
数字キー+[Enter]キー	数字キーで指定したスライドに切り替える

関連 ≫442 直前に表示したスライドに戻るには …… P.235

442 直前に表示したスライドに戻るには

お役立ち度 ★★★
2016 / 2013 / 2010 / 2007

スライドをあちこち切り替えているときに間違ったスライドに移動してしまったときなどは、慌てずに以下の手順で直前に表示していたスライドに戻りましょう。スライドの順番に関係なく、直前に表示していたスライドに戻れます。 →スライド……P.324

ワザ439を参考に[スライドショー]ツールバーを表示しておく

❶ [スライドショー]ツールバーのここをクリック
❷ [最後の表示]をクリック

直前に表示していたスライドに戻る

関連 ≫441 スライドショーで使える便利なショートカットは何？ …… P.235

443 スライドショーでスライドの一部を拡大するには

お役立ち度 ★★★
2016 / 2013 / 2010 / 2007

スライドショー実行中に、[+]キーを押すとスライドの一部を拡大できます。[+]キーを押すたびに拡大率が高くなり、[-]キーを押すたびに縮小されます。拡大は画面の中央を基準に行われるので、見せたい部分が大きく表示されるようにドラッグして表示範囲を変更しましょう。特に強調したい個所でスライドを拡大すると、聞き手の注目を集められ、印象に残りやすくなります。

キーボードの[+]キーを押すたびに画面が拡大される

関連 ≫444 スライドショーの実行中に手書きで線を引くには …… P.236

444 スライドショーの実行中に手書きで線を引くには

お役立ち度 ★★★
2016 / 2013 / 2010 / 2007

スライドショーの実行中にマウスでスライドに書き込みをすると、用意したものを見せているだけでは演出できないライブ感が生まれます。ペンを使うときは、文字などの詳細な内容ではなく、注目して欲しい部分に丸を付けたり下線を引いたりして使いましょう。

➡ペン……P.328

スライドショー実行中にペンで書き込みをする

❶ここをクリック　❷[ペン]をクリック

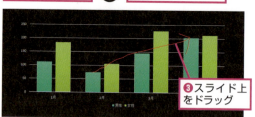

❸スライド上をドラッグ

| 関連 ≫445 | メニューを表示せず、すぐにペンで書き込みたい…… | P.236 |
| 関連 ≫446 | ペンの色を赤以外にしたい…… | P.236 |

---

445 メニューを表示せず、すぐにペンで書き込みたい

お役立ち度 ★★☆
2016 / 2013 / 2010 / 2007

スライドショーの途中で画面にメニューが表示されるのはあまりスマートではありません。頻繁にペンの機能を使うときは、キー操作でペンに切り替える方法を覚えておくと便利です。Ctrl+Pキーを押すと、メニューを表示せずすぐにペンに切り替えられます。ペンから通常のマウスポインターに戻すには、もう一度Ctrl+Pキーか、Ctrl+Aキーを押します。

➡マウスポインター……P.328

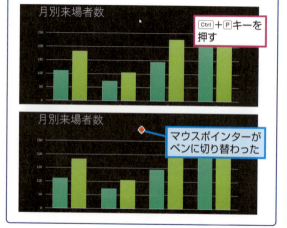

Ctrl+Pキーを押す

マウスポインターがペンに切り替わった

---

446 ペンの色を赤以外にしたい

お役立ち度 ★★★
2016 / 2013 / 2010 / 2007

ワザ445で解説しているように、スライドショーの実行中にマウスでスライドに書き込みができますが、スライドのテーマに関係なく、ペンの色には赤が設定されています。スライドショーの途中でペンの色を変更できますが、事前にペンの色を変更しておく方がスムーズです。

➡テーマ……P.326

ワザ432を参考に[スライドショーの設定]ダイアログボックスを表示しておく

❶[ペンの色]のここをクリック　❷ペンに使いたい色を選択

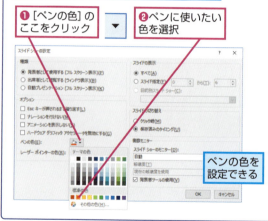

ペンの色を設定できる

447 手書きの線がはみ出てしまった！

お役立ち度 ★★★
2016 / 2013 / 2010 / 2007

部分的に書き込みを消去したいときは、［消しゴム］に切り替えましょう。マウスポインターが消しゴムの形になったら、消したい部分をドラッグします。［消しゴム］は、［スライドショー］ツールバーから選択することもできますが、Ctrl+Eキーを押すと素早く切り替えられて便利です。スライド上のすべての書き込みを消したいときは、ワザ448で解説する操作がお薦めです。
➡マウスポインター……P.328

ワザ439を参考に［スライドショー］ツールバーを表示しておく

❶［スライドショー］ツールバーのここをクリック

❷［消しゴム］をクリック

マウスポインターの形が変わった

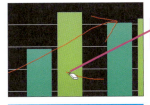

❸ 消去したい部分をドラッグ

ドラッグした部分だけペンの書き込みが消去された

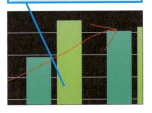

| 関連 ≫448 | ペンで書き込んだ内容をすべて消去するには……P.237 |

448 ペンで書き込んだ内容をすべて消去するには

お役立ち度 ★★★
2016 / 2013 / 2010 / 2007

ペンの機能を使ってスライドに書き込んだ内容は、Eキーを押すとその場で削除できます。「E」はEraser（消しゴム）の頭文字です。
➡ペン……P.328

ペンでスライドに書き込んだ内容を削除する　　Eキーを押す

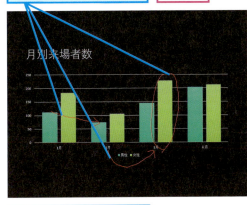

ペンでスライドに書き込んだ内容がすべて削除された

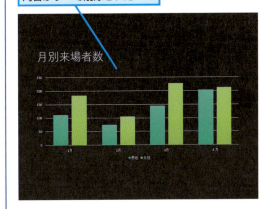

| 関連 ≫447 | 手書きの線がはみ出てしまった！……P.237 |

449 スライドショーの実行中にタスクバーを表示したい

お役立ち度 ★★★
2016 / 2013 / 2010 / 2007

スライドショーの画面にタスクバーを表示すると、ほかのソフトウェアやウィンドウに切り替えられます。以下の手順のように［スライドショー］ツールバーから［タスクバーの表示］を選択しても構いませんが、Ctrl＋Tキーを押せば、メニューを使わなくてもタスクバーを表示できます。使いたいアプリや表示したいウィンドウは、あらかじめタスクバーに表示しておきましょう。

→タスクバー……P.325

ワザ439を参考に［スライドショー］ツールバーを表示しておく

❶［スライドショー］ツールバーのここをクリック

❷［スクリーン］をクリック

❸［タスクバーの表示］をクリック

スライドショーの実行中にタスクバーを表示できた

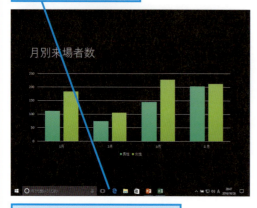

クリックしてほかのソフトウェアやウィンドウに切り替えられる

ほかのウィンドウを表示した後、スライドショーを実行するには、スライドショーの画面をクリックする

関連 ≫439 スライドショーの実行中にスライドを一覧で表示したい ……… P.234

450 スライドが勝手に切り替わってしまう

お役立ち度 ★★★
2016 / 2013 / 2010 / 2007

スライドショーの実行時に、自動的にスライドが切り替わってしまうのは、［画面切り替えのタイミング］に秒数が設定されているためです。自分で設定した覚えがなくても、［リハーサル］機能を使ったときに設定してしまったことも考えられます。ワザ352を参考に自動切り替えの設定を解除しましょう。プレゼンテーションの本番で気付いても遅いので、必ず事前に操作をして確認する習慣を付けましょう。

→リハーサル……P.329

ワザ432を参考に［スライドショーの設定］ダイアログボックスを表示しておく

❶［スライドの切り替え］の［クリック時］をクリック

❷［OK］をクリック

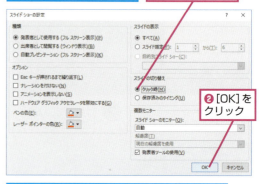

スライドの切り替えのタイミングを変更できた

関連 ≫352 スライドを自動的に切り替えるには ……… P.194

451 プレゼン用のマウスがあるってホント？

お役立ち度 ★★★
2016 / 2013 / 2010 / 2007

レーザーポインターやスライドの切り替え機能を搭載した「プレゼンテーション用マウス」がいろいろなメーカーから発売されています。特に、ワイヤレスのプレゼンテーション用マウスが用意できれば、パソコンから離れて説明しているときでも、スライドショーに必要な操作が手元で行えて便利です。

関連 ≫437 スライドの一部を指し示しながら説明したい ……… P.233

452 スライドショーの中に別のスライドショーを挿入するには

お役立ち度 ★★
2016 / 2013 / 2010 / 2007

特殊な見せ方ですが、スライドショーの中で別のスライドショーを再生できます。スライドの作成中に［オブジェクトの挿入］ダイアログボックスの［ファイルから］をクリックし、挿入したいプレゼンテーションを選択すると、指定したプレゼンテーションの1枚目のスライドが挿入されます。スライドショー実行時にそのスライドをクリックすると、挿入したプレゼンテーションのスライドショーが始まります。また、挿入したスライドショーが終了すると自動的に元のスライドショーに戻ります。

❶［挿入］タブをクリック

❷［オブジェクト］をクリック

［オブジェクトの挿入］ダイアログボックスが表示された

❸［ファイルから］をクリック　❹［参照］をクリック

❺［参照］ダイアログボックスで挿入したいファイルを選択し、［OK］をクリックして閉じる

スライドに別のスライドが挿入された

---

453 ［インク注釈を保存しますか？］を非表示にしたい

お役立ち度 ★★
2016 / 2013 / 2010 / 2007

ワザ444で解説したペンの機能を使うと、ペンの内容を消去しない限り、スライドショーの最後に「インク注釈を保存しますか？」のメッセージが表示されます。プレゼンテーションの本番でこのメッセージが表示されないようにするには、［PowerPointのオプション］ダイアログボックスで、［終了時に、インク注釈を保持するか確認する］のチェックマークをはずします。こうすると、スライドショーを終了したときに、ペンの内容は自動的に消去されます。　➡ペン……P.328

ワザ018を参考に、［PowerPointのオプション］ダイアログボックスを表示しておく

❶［詳細設定］をクリック

❷［終了時に、インク注釈を保持するか確認する］をクリックしてチェックマークをはずす

関連 018　PowerPointの設定を変更したい……P.38
関連 444　スライドショーの実行中に手書きで線を引くには……P.236

第10章 スライドや配布資料の印刷

スライドの印刷

PowerPointでは、スライドをさまざまな方法で印刷できます。ここでは、用途や目的に応じたスライド印刷の基礎テクニックを解説します。

454

お役立ち度 ★★★
2016 / 2013 / 2010 / 2007

印刷前に印刷イメージを確認するには

PowerPointでは、作成したスライドをさまざまな形式で印刷できます。初期設定では、1枚の用紙いっぱいにスライドが印刷されるイメージが表示されますが、［配布資料］や［ノート］など、用途に合わせて印刷するときのイメージも確認できます。印刷イメージをじっくり確認して、用紙やインクの無駄遣いを減らしましょう。

➡印刷……P.320
➡ズームスライダー……P.323
➡配布資料……P.327

❶［ファイル］タブをクリック　❷［印刷］をクリック

［印刷］の画面に印刷イメージが表示された

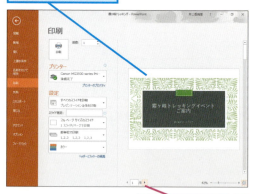

❸［次のページ］をクリック

2枚目のスライドが表示された

❹ズームスライダーを右にドラッグ

| 関連 ≫460 | 印刷イメージがモノクロで表示されるのはなぜ？……P.243 |

240　できる　● スライドの印刷

455 作成済みのスライドをA4用紙いっぱいに印刷するには

お役立ち度 ★★★
2016 / 2013 / 2010 / 2007

初期設定では、スライドの縦横比は横16：縦9のワイド画面サイズに設定されていますが、そのままA4用紙に印刷すると、用紙の上下余白が大きくなります。A4用紙のサイズに合わせて印刷するには、以下の手順でスライドのサイズを事前に調整しましょう。ただし、このままではスライドショーを実行したときも変更後のスライドサイズで表示されます。印刷が終わったら、元のスライドサイズに戻しておきましょう。

❶［デザイン］タブをクリック　❷［スライドのサイズ］をクリック

❷［ユーザー設定のスライドサイズ］をクリック

［スライドのサイズ］ダイアログボックスが表示された

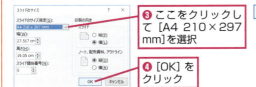

❸ ここをクリックして［A4 210×297 mm］を選択
❹［OK］をクリック

❺［サイズに合わせて調整］をクリック

ワザ454を参考に、印刷プレビューで確認しておく

| 関連 ≫123 | A4用紙やはがきサイズのスライドを作成するには ………… P.84 |

---

456 ファイルを開かずに印刷できるの？

お役立ち度 ★★★
2016 / 2013 / 2010 / 2007

PowerPointを終了した後に、印刷枚数が足りなかったということはありませんか？ そのような場合でも、いちいちPowerPointを起動する必要はありません。印刷したいファイルのアイコンを右クリックして表示されるメニューから［印刷］をクリックすれば、PowerPointの起動、印刷、終了までの一連の作業を自動的に行えます。なお、印刷するプリンターや用紙サイズなどは、あらかじめPowerPointの起動中に［印刷］の画面で設定しておく必要があります。

➡アイコン……P.319

ファイルを保存している場所を表示しておく

❶印刷したいファイルを右クリック
❷［印刷］をクリック
すぐに印刷が始まる

| 関連 ≫467 | ［クイック印刷］って何？ ………………… P.247 |

スライドの印刷　241

457

用紙の余白サイズを手動で小さくするには

スライドや配布資料を印刷すると、用紙の上下左右に余白ができます。WordやExcelには余白のサイズを調整する機能がありますが、PowerPointには余白という概念がありません。これは、PowerPointがパソコンの画面やプロジェクターに映し出すことを前提としているためです。余白のサイズを手動で小さくするには、[スライドのサイズ]ダイアログボックスで、[幅]と[高さ]の数値を変更し、スライドそのもののサイズを大きくしましょう。そうすると、その分余白のサイズが狭まります。

➡ダイアログボックス……P.325

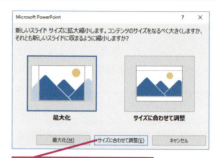

❸[サイズに合わせて調整]をクリック

ワザ455を参考に、[スライドのサイズ]ダイアログボックスを表示しておく

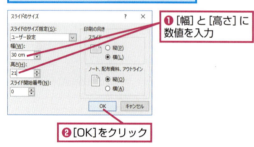

❶[幅]と[高さ]に数値を入力

❷[OK]をクリック

指定したサイズにスライドの大きさが変更され、余白を調整できた

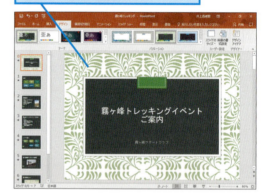

関連 ≫122	スライドの縦横比を変更するには……P.84
関連 ≫123	A4用紙やはがきサイズのスライドを作成するには……P.84

関連 ≫455	作成済みのスライドをA4用紙いっぱいに印刷するには……P.241

458

グレースケールと単純白黒は何が違うの？

[印刷]の画面にある[グレースケール]を指定すると、色の違いが白黒の濃淡に置き換えられて印刷されます。一方[単純白黒]は、白か黒のどちらかで表現するため、図形が線だけで表示される場合があります。どちらで印刷する場合でも、ワザ454を参考に[印刷]の画面で文字が読みにくくないかを確認することが大切です。

459 グレースケールにしたら文字が見づらくなった！

お役立ち度 ★★★
2016 2013 2010 2007

濃い色で塗りつぶした図形の場合、グレースケールで印刷したときに、図形の中の文字が読みにくくなることがあります。このようなときは、［表示］タブの［グレースケール］ボタンをクリックして印刷後の見え方をシミュレーションします。この状態で文字が読みづらい図形をクリックし、［グレースケール］タブから［明るいグレースケール］ボタンや［黒と白］ボタンなどをクリックして調整しましょう。ただし、SmartArtの図形は［グレースケール］タブでは調整できません。

→SmartArt……P.319

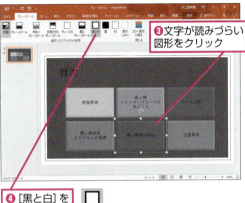

スライドがグレースケールで表示された
このままでは文字が読みづらい部分がある
❸文字が読みづらい図形をクリック

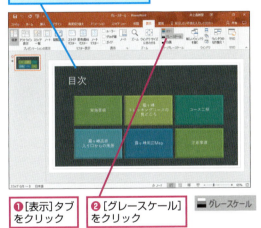

グレースケールで印刷したいファイルを開いておく
❶［表示］タブをクリック
❷［グレースケール］をクリック

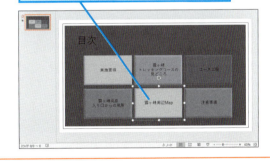

❹［黒と白］をクリック
文字が読みづらかった部分のコントラストがはっきりして読みやすくなった

---

460 印刷イメージがモノクロで表示されるのはなぜ？

お役立ち度 ★★☆
2016 2013 2010 2007

パソコンに接続されているプリンターがモノクロ専用機の場合は、印刷イメージもモノクロで表示されます。複数のプリンターを利用できる環境では、［印刷］の画面にある［プリンター］から目的のプリンターを選びましょう。

関連 グレースケールにしたら
≫459 文字が見づらくなった！……P.243

---

461 スライドの背景に設定した写真が印刷されない

お役立ち度 ★★☆
2016 2013 2010 2007

［グレースケール］や［単純白黒］を設定すると、ワザ299で解説した［背景］の機能を使ってスライドの背景に設定した写真は表示されません。これは、背景の写真を印刷すると、スライドの文字などの情報が読みにくくなるためです。ただし、［挿入］タブの［画像］ボタンをクリックして、［図の挿入］ダイアログボックスから挿入した写真はそのまま印刷されます。

→ダイアログボックス……P.325

462

特定のスライドだけを印刷するには

お役立ち度 ★★★
2016 / 2013 / 2010 / 2007

特定のスライドだけを印刷したいときは、まず［スライド］タブで印刷したいスライドを Ctrl キーを押しながらクリックして選択します。この状態で、ワザ453を参考に［印刷］の画面を表示して［すべてのスライドを印刷］を［選択した部分を印刷］に変更すると、選択しておいたスライドだけを印刷できます。あるいは、［スライド指定］欄にスライド番号をハイフンやカンマで区切って入力することもできます。ハイフンは連続したスライドの範囲を、カンマは離れたスライドを1枚ずつ指定するときに使います。例えば「3-5」なら3枚目から5枚目の3枚のスライド、「3,5」の場合は3枚目と5枚目の2枚のスライドを印刷できます。あらかじめスライドを選択しなかったときは、［スライド指定］を設定しましょう。

●［スライド］タブから選択する

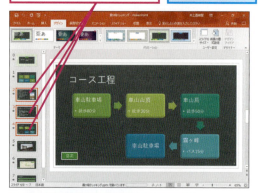

❶ Ctrl キーを押しながら印刷したいスライドをクリック
印刷するスライドが選択された

ワザ454を参考に、［印刷］の画面を表示しておく
❷ ここをクリック
❸［選択した部分を印刷］をクリック
選択したスライドだけが印刷されるように設定できた

●［印刷］画面からスライド番号で選択する

ワザ454を参考に、［印刷］の画面を表示しておく
❶ ここをクリック
❷［ユーザー設定の範囲］をクリック

ここでは、2～4枚目、6枚目のスライドを印刷する
❸「2-4,6」と入力

関連 ≫463 非表示にしたスライドを印刷したくない……… P.245

463 非表示にしたスライドを印刷したくない

お役立ち度 ★★★
2016 / 2013 / 2010 / 2007

スライドショーで表示しないスライドを［非表示スライド］に設定しても、初期設定では印刷されます。非表示スライドを印刷しないようにするには、［印刷］の画面で［非表示スライドを印刷する］のチェックマークをはずしましょう。

➡スライドショー……P.324

非表示に設定されている5枚目のスライドを印刷したくない

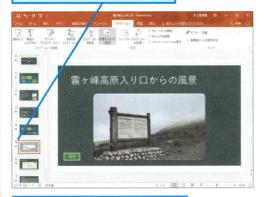

ワザ454を参考に、［印刷］の画面を表示しておく

❶ ここをクリック
❷ ［非表示スライドを印刷する］をクリックしてチェックマークをはずす

関連 ≫454	印刷前に印刷イメージを確認するには ………… P.240
関連 ≫464	スライドに挿入したコメントが印刷されてしまった ………………………………… P.245

464 スライドに挿入したコメントが印刷されてしまった

お役立ち度 ★★★
2016 / 2013 / 2010 / 2007

［校閲］タブの［新しいコメント］を使ってスライドに挿入した内容は、スライドショーには表示されませんが、印刷はされます。印刷する必要がない場合は、ワザ463と同様に［コメントおよびインク注釈を印刷する］のチェックマークをはずして、印刷されないようにしましょう。

スライドに挿入したコメントが印刷されないように設定する

ワザ454を参考に、［印刷］の画面を表示しておく

❶ ここをクリック
❷ ［コメントおよびインク注釈を印刷する］をクリックしてチェックマークをはずす

関連 ≫463	非表示にしたスライドを印刷したくない ………… P.245
関連 ≫512	コメントを追加するには ………………………… P.270

スライドの印刷　●　できる　245

465 スライドショーに書き込んだペンの内容を印刷したい

お役立ち度 ★★☆
2016 / 2013 / 2010 / 2007

ワザ444の操作でスライドショーの実行中に書き込んだペンの内容はそのまま印刷できます。スライドショーの最後に表示される［インク注釈を保持しますか？］というダイアログボックスで［保持］ボタンをクリックすると、印刷イメージにもペンの内容が表示されます。
➡ペン……P.328

スライドショーの終了時に、スライドにペンで書き込んだ内容を保存するかどうか確認するダイアログボックスが表示された

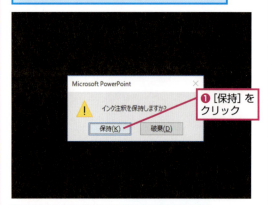

❶［保持］をクリック

❷ワザ454を参考にスライドを印刷　ペンで書き込んだ内容も印刷される

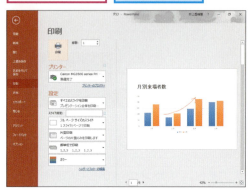

関連 ≫444 スライドショーの実行中に手書きで線を引くには……P.236
関連 ≫453 ［インク注釈を保持しますか？］を非表示にしたい……P.239

466 印刷を中断したい！

お役立ち度 ★★☆
2016 / 2013 / 2010 / 2007

印刷を実行した直後にプリンターの電源を切っても、印刷情報はパソコンに残ります。途中で印刷を取り消すには、画面右下のプリンターのアイコンをダブルクリックし、印刷を中止します。ただし、スライドの枚数が少ないときには、印刷を中止する前に印刷が終了してしまう場合もあります。
➡アイコン……P.319

❶プリンターのアイコンをダブルクリック

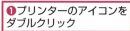

印刷状況に関するダイアログボックスが表示された

❷中止する印刷内容を右クリック　❸［キャンセル］をクリック

印刷を中止するかどうか確認する画面が表示された

❹［はい］をクリック

印刷が中止される

467 [クイック印刷]って何？

お役立ち度 ★★☆
2016 / 2013 / 2010 / 2007

すでに印刷の設定が済んでいる場合は、[印刷]の画面を表示せずに印刷できる[クイック印刷]を活用しましょう。クイックアクセスツールバーに[クイック印刷]ボタンを追加してクリックすると、すぐにスライドの印刷が始まります。ただし、印刷の設定が間違っていると、かえって何度も印刷する手間がかかってしまいます。同じ設定でファイルを追加印刷するときなどに使うといいでしょう。

❶[クイックアクセスツールバーのユーザー設定]をクリック
❷[クイック印刷]をクリックしてチェックマークを付ける

[クイック印刷]のアイコンがクイックアクセスツールバーに追加された

❸[クイック印刷]をクリック

すぐにスライドの印刷が始まる

関連 ≫456 ファイルを開かずに印刷できるの？ ……… P.241

468 背景が白いスライドに枠を付けて印刷したい

お役立ち度 ★★☆
2016 / 2013 / 2010 / 2007

[グレースケール]や[白黒]で印刷したり、背景が白いデザインのスライドを印刷したりすると、スライドと用紙の境目が分かりにくくなることがあります。このような場合は、[印刷]の画面で[スライドに枠を付けて印刷する]にチェックマークを付けて印刷しましょう。

ワザ454を参考に、[印刷]の画面を表示しておく

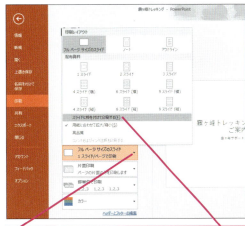

❶ここをクリック
❷[スライドに枠を付けて印刷する]をクリックしてチェックマークを付ける

印刷プレビューのスライドに枠が付いた

関連 ≫459 グレースケールにしたら文字が見づらくなった！ ……… P.243

配布資料の用意

配布資料があると手元で内容を確認できるので、聞き手の理解が深まります。後から発表内容を確認できるのもメリットの1つです。ここでは、資料配布に役立つワザを紹介します。

469 1枚の用紙に複数のスライドを印刷するには

お役立ち度 ★★★
2016 / 2013 / 2010 / 2007

PowerPointの初期設定では、横置きの用紙に1枚のスライドが大きく印刷されます。1枚の用紙に複数のスライドを印刷したいときは、[フルページサイズのスライド]をクリックして、[配布資料]のグループから選択しましょう。1枚の用紙に印刷するスライドの枚数はいくつかのパターンから選択できます。

➡配布資料……P.327

> ここでは1枚の用紙に2枚のスライドを印刷する

> ワザ454を参考に、[印刷]の画面を表示しておく

❶ここをクリック　❷[2スライド]をクリック

> 1枚の用紙に2枚のスライドを配置できた

470 印刷するスライドの順序を変更したい

お役立ち度 ★★★
2016 / 2013 / 2010 / 2007

印刷時にスライドの順番は変更できません。ただし、[配布資料]グループの[4スライド(縦)][6スライド(縦)][9スライド(縦)]を設定すれば、スライドを縦方向にレイアウトできます。

➡配布資料……P.327

> ワザ454を参考に、[印刷]の画面を表示しておく

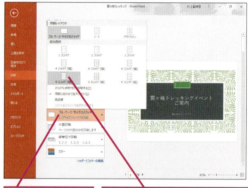

❶ここをクリック　❷[4スライド(縦)]をクリック

> スライドを縦にならべることができた

471 10枚以上のスライドを1枚の用紙に印刷するには

お役立ち度 ★★★
2016 / 2013 / 2010 / 2007

PowerPointでは、1枚の用紙に9枚以上のスライドを印刷することはできませんが、プリンターに［割り付け印刷］の機能が搭載されていれば、1枚の用紙に複数のページを印刷できます。例えば、［配布資料］の［6スライド（横）］を1枚の用紙に2ページずつ割り付け印刷すると、合計で12枚のスライドを1枚の用紙に印刷できます。ただし、あまり詰め込みすぎると、スライドが小さくなって、肝心の内容が読めなくなってしまうので注意してください。

1枚の用紙に12枚のスライドを印刷できるように設定する

ここでは、キヤノンのMG3530の例で解説する

ワザ454を参考に［印刷］の画面を表示しておく

❶ ここをクリックして［6スライド（横）］を選択
❷ ［プリンターのプロパティ］をクリック
❸ ［ページ設定］タブをクリック
❹ ［割り付け］をクリック

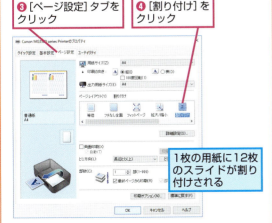

1枚の用紙に12枚のスライドが割り付けられる

472 メモ欄を付けて配布資料を印刷するには

お役立ち度 ★★★
2016 / 2013 / 2010 / 2007

［配布資料］の［3スライド］を設定すると、スライドの右側に罫線だけのメモ欄が追加で印刷されます。プレゼンテーションの前に配布しておくと聞き手に喜ばれます。
➡配布資料……P.327

ワザ454を参考に［印刷］の画面を表示しておく

ここをクリックして［3スライド］を選択

スライドの横にメモ欄が表示された

関連 ≫454	印刷前に印刷イメージを確認するには	P.240
関連 ≫476	もっとコンパクトに印刷したい！	P.251

473 ビジネスでよく使う配布資料の形式は何？

お役立ち度 ★★★
2016 / 2013 / 2010 / 2007

プレゼンテーション会場で配布される資料は、［配布資料］の［2スライド］か［3スライド］が一般的です。1枚の用紙に1スライドだけ印刷すると用紙が大量に必要になります。だからといって1枚の用紙に4スライド以上を印刷すると、スライドの文字が読みにくくなりがちです。資料を会社や自宅に持ち帰ってじっくり内容が読めるように、1枚の用紙に2つか3つスライドを印刷するといいでしょう。

関連 ≫476	もっとコンパクトに印刷したい！	P.251

配布資料の用意　できる　249

474 [アウトライン] タブの内容だけを印刷するには

お役立ち度 ★★★
2016 / 2013 / 2010 / 2007

[フルページサイズのスライド] をクリックして [アウトライン] に変更すると、[アウトライン] タブの内容だけを印刷できます。印刷物を見ながらプレゼンテーションの構成をじっくり練りたいときに便利です。ただし、[アウトライン] タブで折り畳んでいる部分は印刷されません。ワザ088を参考に [アウトライン] タブの何もないところを右クリックしてから、[展開] - [すべて展開] をクリックしておきましょう。

ワザ454を参考に、[印刷] の画面を表示しておく
ここをクリックして [アウトライン] を選択

| 関連 ≫088 | アウトライン画面でスライドのタイトルだけを表示するには ……P.70 |

---

475 アウトラインに書式を設定して印刷するには

お役立ち度 ★★★
2016 / 2013 / 2010 / 2007

スライドの内容をメモ程度にまとめるには、[アウトライン] 画面の内容をコピーするといいでしょう。フォントサイズや文字飾りなどの基本的な書式は [アウトライン] 画面でも設定できますが、利用できない機能もあります。以下の手順でWordに送信してから書式を変更して、Wordで印刷しましょう。

➡アウトライン……P.319

❶ [ファイル] タブをクリック

❷ [エクスポート] をクリック
❸ [配布資料の作成] をクリック
❹ [配布資料の作成] をクリック

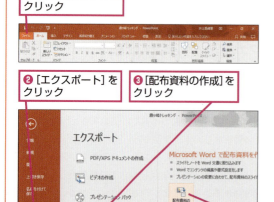

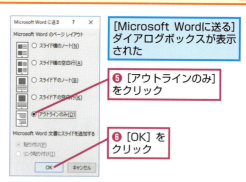

[Microsoft Wordに送る] ダイアログボックスが表示された
❺ [アウトラインのみ] をクリック
❻ [OK] をクリック

Wordが自動的に起動し、[アウトライン] タブの内容が表示された

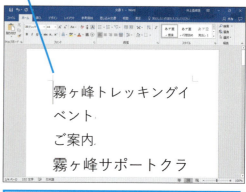

Word上で色や飾りなど、自由に書式を設定できる

476 もっとコンパクトに印刷したい！

お役立ち度 ★★☆
2016 / 2013 / 2010 / 2007

PowerPointでノートを印刷すると、1枚の用紙に1枚のノートしか印刷できません。スライドの枚数が多いと、大量の印刷物をプレゼンテーションの会場に持ち込むことになります。発表者用のメモをもっとコンパクトにしたいときは、Wordに送信して［スライド横のノート］のページレイアウトで印刷しましょう。こうすると、1枚の用紙に複数のスライドとノートを印刷できます。

ワザ475を参考に、[Microsoft Wordに送る]ダイアログボックスを表示しておく

❶［スライド横のノート］をクリック

❷［OK］をクリック

Wordが自動的に起動し、スライドとノートが表示される

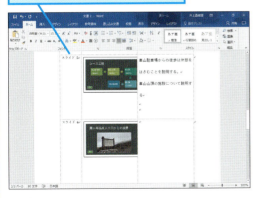

関連 10枚以上のスライドを
≫ 471　1枚の用紙に印刷するには ……………… P.249

477 発表の要点をまとめたメモを印刷するには

お役立ち度 ★★☆
2016 / 2013 / 2010 / 2007

［印刷］の画面で［フルページサイズのスライド］をクリックして［ノート］に変更すると、1枚の用紙の上半分にスライド、下半分にノートペインに入力した内容を印刷できます。このままプレゼンテーション会場に持ち込めば、発表者用のメモとして利用できます。

➡ノートペイン……P.326

ワザ454を参考に、［印刷］の画面を表示しておく

ここをクリックして［ノート］を選択

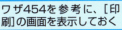

ノートペインに入力した内容が印刷されるよう設定できた

478 配布資料やノートを横向きの用紙に印刷するには

お役立ち度 ★★☆
2016 / 2013 / 2010 / 2007

配布資料やノート、アウトラインを印刷すると、標準では縦向きの用紙に印刷されます。横向きの用紙に印刷したいときは、［印刷］の画面で［縦方向］をクリックして［横方向］に変更します。［フルページサイズのスライド］の場合は、最初から横向きで印刷されるので縦向きには変更できません。

➡アウトライン……P.319

ワザ454を参考に、［印刷］の画面を表示しておく

❶ここをクリックして［ノート］を選択

❷ここをクリックして［横方向］を選択

ヘッダーやフッターの活用

発表者の名前や所属、発表日などは聞き手が後から資料を確認するのに必須の情報です。ヘッダーやフッターを使って、スライドに共通する情報を印刷する方法を覚えましょう。

479 すべての用紙にページ数や日付を印刷するには

お役立ち度 ★★★
2016 / 2013 / 2010 / 2007

ヘッダーとはスライドの上部の領域、フッターとはスライドの下部の領域のことで、ヘッダーやフッターに設定した内容はすべてのスライドに表示されます。第3章で紹介した手順でスライド番号や日付を設定すると、そのまま用紙にも印刷されます。また、スライドを印刷する際にフッターを追加したくなった場合は、下記のように[印刷]の画面から、[ヘッダーとフッター]ダイアログボックスを表示して設定しましょう。

➡ スライド番号……P.324

ワザ454を参考に、[印刷]の画面を表示しておく

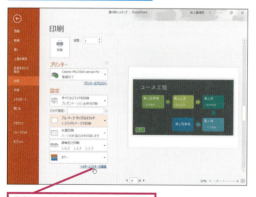

❶ [ヘッダーとフッターの編集]をクリック

[ヘッダーとフッター]ダイアログボックスが表示された

❷ [日付と時刻]をクリックしてチェックマークを付ける

❸ [スライド番号]にチェックマークが付いていることを確認

❹ [すべてに適用]をクリック

スライドに日付やスライド番号が表示された

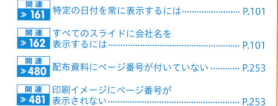

関連 155	スライドに番号を付けるには……P.99
関連 158	ページ番号が表示されないときは……P.100
関連 160	スライドに今日の日付を自動的に表示するには……P.101
関連 161	特定の日付を常に表示するには……P.101
関連 162	すべてのスライドに会社名を表示するには……P.101
関連 480	配布資料にページ番号が付いていない……P.253
関連 481	印刷イメージにページ番号が表示されない……P.253

480 配布資料にページ番号が付いていない

お役立ち度 ★★★
2016 / 2013 / 2010 / 2007

［ヘッダーとフッター］ダイアログボックスでは［スライド］タブと［ノートと配布資料］タブのそれぞれで設定を行います。設定したはずのヘッダーやフッターが反映されない場合は、［ヘッダーとフッター］ダイアログボックスで、［スライド］タブと［ノートと配布資料］タブの内容を確認してみましょう。

➡ フッター……P.328

ワザ479を参考に、［ヘッダーとフッター］ダイアログボックスを表示しておく

❶ ［ノートと配布資料］タブをクリック
❷ ［ページ番号］をクリックしてチェックマークを付ける
❸ ［すべてに適用］をクリック

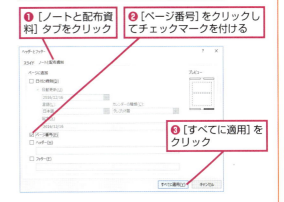

関連 ≫158 ページ番号が表示されないときは……P.100

---

481 印刷イメージにページ番号が表示されない

お役立ち度 ★★★
2016 / 2013 / 2010 / 2007

スライドにスライド番号を設定しても、印刷イメージにスライド番号が見えない場合があります。実際は表示されているのですが、スライド番号に設定されているフォントサイズが小さいために、見えづらくなるのが原因です。このようなときは、ズームスライダーで表示倍率を大きくし、設定したスライド番号を確認してください。

➡ ズームスライダー……P.323
➡ スライド番号……P.324

設定したのに印刷イメージにページ番号が表示されない

ズームスライダーを右にドラッグ

ページ番号が表示された

関連 ≫159 スライド番号が小さすぎて見えない！……P.100

ヘッダーやフッターの活用 ● できる 253

482 配布資料の全ページに会社のロゴを印刷したい

お役立ち度 ★★★
2016 / 2013 / 2010 / 2007

配布資料の書式はまとめて設定できます。［表示］タブの［配布資料マスター］を使って、ヘッダーやフッターを設定したり、印刷用のロゴを挿入したりすることができます。配布資料マスターとは、配布資料の設計図といえます。なお、配布資料マスターには、スライドマスターのようにレイアウトごとの区別はありません。配布資料マスターに変更を加えれば、印刷されるすべてのページに反映されます。

➡フッター……P.328

❶［表示］タブをクリック　❷［配布資料マスター］をクリック

配布資料マスターが表示された　❸ワザ148を参考に会社のロゴを挿入

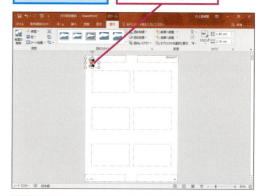

❹ワザ302とワザ303を参考にロゴの位置と大きさを調整　ワザ454を参考に［印刷］の画面を表示して確認しておく

関連 ≫146　スライドマスターって何？……P.95

483 ページ番号を左右中央に印刷したい

お役立ち度 ★★★
2016 / 2013 / 2010 / 2007

［ヘッダーとフッター］ダイアログボックスで配布資料にスライド番号を印刷するように設定すると、用紙の右下に印刷されます。スライド番号の位置を変更するには、［配布資料マスター］画面に切り替えて、<#>が表示されている数字領域をクリックして選択し、文字を［中央揃え］に、プレースホルダーを［左右中央揃え］に設定しましょう。

ワザ482を参考に配布資料マスターを表示しておく　❶［数字領域］の枠をクリック

❷［ホーム］タブをクリック　❸［中央揃え］をクリック

プレースホルダーの位置を変更する
❹［配置］をクリック　❺［配置］にマウスポインターを合わせる

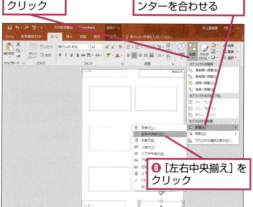

❻［左右中央揃え］をクリック

関連 ≫480　配布資料にページ番号が付いていない……P.253
関連 ≫481　印刷イメージにページ番号が表示されない……P.253

484

コメントやノートをまとめて削除するには

お役立ち度 ★★★
2016 / 2013 / 2010 / 2007

プレゼンテーションで使用したファイルをメールに添付したりインターネットで公開するときは、ノートペインに入力した内容やコメントをすべて削除しておきましょう。以下の手順で［ドキュメント検査］の機能を実行すると、ノートペインの内容とコメントをまとめて削除できます。　　➡ノートペイン……P.326

❶［ファイル］タブをクリック
❷［情報］をクリック

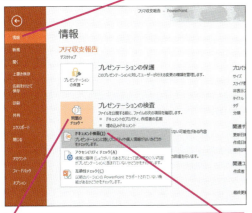

❸［問題のチェック］をクリック
❹［ドキュメント検査］をクリック

ファイル保存に関するダイアログボックスが表示されたときは、［はい］をクリックして保存を実行する

［ドキュメントの検査］ダイアログボックスが表示された

❺［コメントと注釈］にチェックマークが付いていることを確認

❻ここを下にドラッグしてスクロール

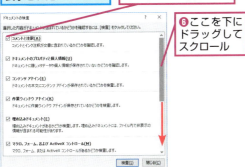

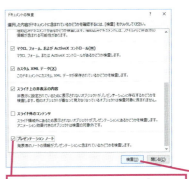

❼［プレゼンテーションノート］にチェックマークが付いていることを確認
❽［検査］をクリック

コメントや注釈が残っているので、［次のアイテムが見つかりました］と表示された

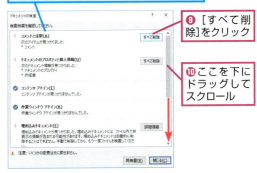

❾［すべて削除］をクリック

❿ここを下にドラッグしてスクロール

ノートが残っているので、［プレゼンテーションノートが見つかりました］と表示された

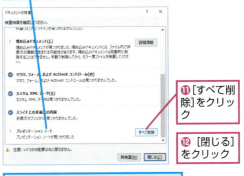

⓫［すべて削除］をクリック

⓬［閉じる］をクリック

コメントとノートがすべて削除される

ヘッダーやフッターの活用 ● できる 255

第11章 クラウドを利用したファイルの編集と共有

OneDriveの利用

マイクロソフトのクラウドサービス「OneDrive」を使うと、さまざまな機器からPowerPointのファイルにアクセスできます。ここでは、OneDriveを利用するときの疑問を解決します。

---

485 クラウドって何？
お役立ち度 ★★☆
2016 / 2013 / 2010 / 2007

ファイルをパソコンに保存するのではなく、インターネット上に保存し、必要なときに取り出して利用する使い方やその形態を「クラウド」と呼びます。マイクロソフトのクラウドサービスの1つが「OneDrive」です。OneDriveはWeb上の保存場所の名前で、OneDriveに保存したファイルは、インターネットに接続できる環境があれば、パソコンやスマートフォン、タブレット端末などを使って会社や自宅、外出先などから自由にアクセスできます。
➡OneDrive……P.318
➡クラウド……P.321

OneDriveにファイルを保存すれば、Webブラウザー上でファイルの閲覧や編集ができる

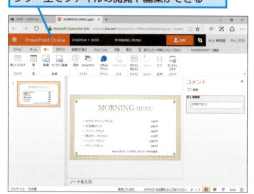

共有を実行すれば、ほかの人にファイルを見てもらえる

関連 ≫490 PowerPointからファイルをOneDriveに保存するには……P.258

---

486 Microsoftアカウントとは
お役立ち度 ★★☆
2016 / 2013 / 2010 / 2007

ワザ485でOneDriveの概要を解説しましたが、「マイクロソフトが提供するクラウドサービスを利用するための専用のID」がMicrosoftアカウントです。Microsoftアカウントを取得すると、OneDriveをはじめ、Outlook.comというWebメールやOffice Online、Windowsストアなどのサービスを利用できるようになります。また、Windows 10やWindows 8.1では、パソコンを利用するユーザーIDにMicrosoftアカウントを設定でき、パソコンや対応ソフトウェアを起動するとすぐにOneDriveやMicrosoftのクラウドサービスを利用できます。Windows 7の場合は、OneDriveのWebページを表示してサインインを実行するか、専用のOneDriveアプリを利用しましょう。また、スマートフォンやタブレット端末用のOneDriveアプリも用意されています。　➡Microsoftアカウント……P.318

MicrosoftアカウントがあればOneDriveを利用できる

Microsoftアカウントを取得すると、5GBの保存容量が無料で利用できるようになる

487 エクスプローラーからOneDriveを開くには

お役立ち度 ★★☆
2016 / 2013 / 2010 / 2007

OneDriveにサインインすると、フォルダーウィンドウからOneDriveに保存したファイルを開けます。ナビゲーションウィンドウにある［OneDrive］をクリックするだけで、インターネット上にあるOneDriveのフォルダーやファイルが表示されます。

→エクスプローラー……P.320
→サインイン……P.322

❶［エクスプローラー］をクリック

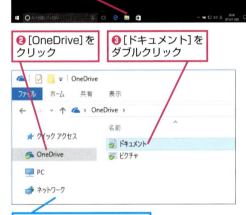

❷［OneDrive］をクリック
❸［ドキュメント］をダブルクリック

◆ナビゲーションウィンドウ

［ドキュメント］フォルダーの内容が表示された

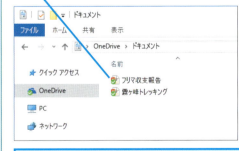

ローカルドライブの操作と同じように、ファイルやフォルダーを開くことができる

関連 ≫492 PowerPointからOneDriveのファイルを開くには……P.259

488 WebブラウザーでOneDriveにサインインするには

お役立ち度 ★★☆
2016 / 2013 / 2010 / 2007

Microsoft EdgeやInternet ExplorerなどのWebブラウザーからもOneDriveにアクセスできます。サインインを実行したときに［サインイン］の画面が表示されたときは、Microsoftアカウントのメールアドレスとパスワードを入力しましょう。

→サインイン……P.322

Webブラウザーを起動しておく
❶以下のURLをアドレスバーに入力
❷Enterキーを押す

▼OneDriveのWebページ
https://onedrive.live.com/about/ja-jp/

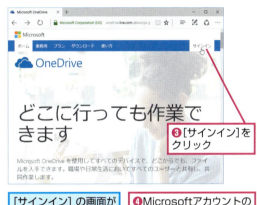

❸［サインイン］をクリック

［サインイン］の画面が表示された
❹Microsoftアカウントのメールアドレスを入力

❺［次へ］をクリック

❻Microsoftアカウントのパスワードを入力
❼［サインイン］をクリック

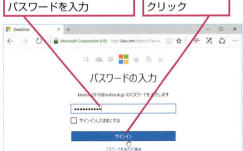

OneDriveの利用 257

489 Windows 7でOneDriveアプリを使いたい

お役立ち度 ★★☆
2016 / 2013 / 2010 / 2007

Windows 7でOneDriveアプリを利用するには、以下のURLからダウンロードしてインストールを実行しましょう。Windows 10やWindows 8.1ではインストールの必要はありません。
➡OneDrive……P.318

▼OneDriveのデスクトップアプリのWebページ
https://onedrive.live.com/about/ja-jp/download/

490 PowerPointからファイルをOneDriveに保存するには

お役立ち度 ★★☆
2016 / 2013 / 2010 / 2007

PowerPointで作成したファイルをOneDriveに保存するには、［ファイル］タブから［名前を付けて保存］を選択し、［OneDrive］をクリックしましょう。パソコンにファイルを保存するのと同様に、OneDrive内のフォルダーに保存できます。
➡名前を付けて保存……P.326

OneDriveに保存するファイルを開いておく
❶［ファイル］タブをクリック

❷［名前を付けて保存］をクリック
❸［OneDrive］をクリック

❹保存場所を選択　❺［保存］をクリック

491 ファイルをOneDriveにアップロードするには

お役立ち度 ★★☆
2016 / 2013 / 2010 / 2007

ワザ488の操作でOneDriveにサインインしていれば、以下の手順でPowerPointのファイルをOneDriveに保存できます。Web上にファイルを保存することを「アップロード」と呼びます。
➡アップロード……P.320

ワザ488を参考に、OneDriveのWebページを表示しておく

❶［アップロード］をクリック　❷［ファイル］をクリック

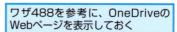
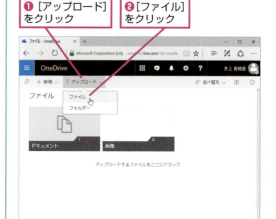

［開く］ダイアログボックスが表示された　❸ファイルをクリック

❹［開く］をクリック

ファイルがOneDriveにアップロードされる

関連	
≫490	PowerPointからファイルをOneDriveに保存するには……P.258

OneDriveの利用

492

PowerPointからOneDriveのファイルを開くには

お役立ち度 ★★★

[ファイル］タブから［開く］を選択し、右側の［OneDrive］をクリックすると、通常のPowerPointのファイルを開くときと同じ操作で、OneDriveに保存したファイルを開けます。

➡OneDrive……P.318
➡アップロード……P.320

PowerPointを起動しておく
❶[ファイル]タブをクリック

❷[開く]をクリック
❸[OneDrive]をクリック

OneDriveの内容が表示された
❹[ドキュメント]をクリック

[ドキュメント]フォルダーの内容が表示された
❺[フリマ収支報告.pptx]をクリック

OneDriveに保存されたファイルを開くことができた

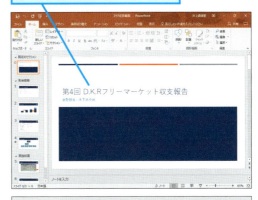

ファイルを変更した後に上書き保存すると、変更後のファイルがOneDriveにアップロードされる

関連 ≫487	エクスプローラーから OneDrive を開くには ……………… P.257
関連 ≫490	PowerPoint からファイルを OneDrive に保存するには ……………… P.258
関連 ≫516	スマートフォンで PowerPoint を 利用するには ……………… P.273

OneDriveの利用 ● できる 259

493

OneDriveにあるスライドをPowerPointで開くには

お役立ち度 ★★★
2016 / 2013 / 2010 / 2007

ワザ488の操作で、Webブラウザーからコ OneDriveにサインインすると、OneDriveの内容が表示されます。OneDriveにあるフォルダーをクリックして開き、目的のファイルを探しましょう。[PowerPointで開く]をクリックすると、パソコンのPowerPointが起動してスライドが表示されます。このとき、ファイルを直接クリックすると、PowerPoint OnlineというWeb上のアプリが起動してスライドが表示されます。どちらの方法でもファイルを開けますが、利用できる機能が異なります。PowerPoint Onlineの詳細はワザ503を参照してください。　➡PowerPoint Online……P.319

ワザ488を参考に、OneDriveのWebページを表示しておく

❶[ドキュメント]をクリック

[ドキュメント]フォルダーの内容が表示された

❷開きたいファイルを右クリック

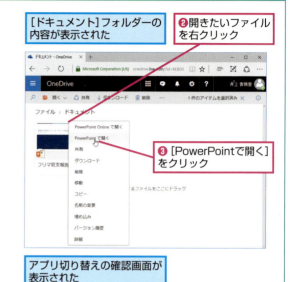

❸[PowerPointで開く]をクリック

アプリ切り替えの確認画面が表示された

❹[はい]をクリック

494

[スタート]メニューやスタート画面でOneDriveを開くには

お役立ち度 ★★★
2016 / 2013 / 2010 / 2007

Windows 10は[スタート]メニュー、Windows 8.1はスタート画面にある[OneDrive]をクリックしてもOneDriveの内容を表示できます。OneDriveを開く操作は「PowerPointから開く」「エクスプローラーから開く」「Webブラウザーから開く」「アプリの一覧から開く」の4通りありますが、すべてを覚える必要はありません。一番使いやすい方法でOneDriveを開きましょう。　➡スタート画面……P.323

❶[スタート]をクリック

❷[OneDrive]をクリック

[OneDrive]フォルダーが表示される

関連　エクスプローラーから
≫487　OneDrive を開くには ……………………… P.257

495

ファイルをOneDriveで共有するには

お役立ち度 ★★★
2016 / 2013 / 2010 / 2007

OneDriveの［共有］の機能を使うと、指定したメンバーにPowerPointのスライドを見てもらったり編集してもらうことができます。共有したい相手のメールアドレスを指定すると、相手にメールが送信され、メールに記載されたURLをクリックすると共有ファイルが開きます。なお、共有相手はOneDriveやPowerPointをインストールしていなくても大丈夫です。

→共有……P.321

❶共有するファイルの右上をクリックしてチェックマークを付ける

❷［共有］をクリック

共有方法の設定画面が表示された

❸［メール］をクリック

ファイルのリンクを送る場合は［リンクの取得］をクリックする

❹共有する相手のメールアドレスを入力

❺本文を入力

❻［共有］をクリック

共有相手にOneDriveのリンクが記載されたメールが送信される

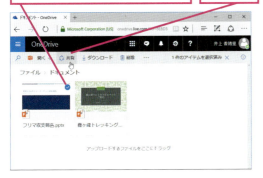
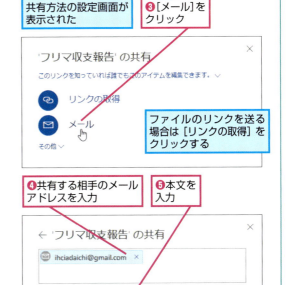

関連 »496 複数のファイルを OneDrive で共有するには …… P.261

496

複数のファイルをOneDriveで共有するには

お役立ち度 ★★★
2016 / 2013 / 2010 / 2007

OneDriveに保存した複数のファイルを共有するには、ファイルの右上をクリックしてチェックマークを付けます。同じように、ほかのファイルにもチェックマークを付けてから共有の設定を行います。

→OneDrive……P.318

共有するファイルの右上を次々にクリックしてチェックマークを付ける

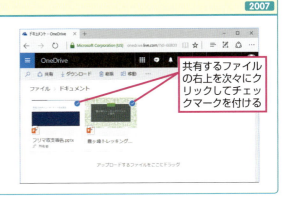

関連 OneDrive 上にフォルダーを作成するには ….. P.263

497 ファイルの共有を解除するには

お役立ち度 ★★★
2016 / 2013 / 2010 / 2007

OneDriveでのファイルの共有を解除するには、共有を解除したいファイルを選択して［共有］をクリックします。そうすると、共有の相手が表示されるので、共有を解除したい相手を選択してから［共有を停止］をクリックします。　→OneDrive……P.318

Webブラウザーで共有したファイルが保存されているフォルダーを表示しておく

❶ファイルの右上をクリックしてチェックマークを付ける　❷ここをクリック

❸ここをクリック　❹［共有を停止］をクリック

ファイルの共有が解除される

関連 ≫498 共有ファイルを変更されないようにしたい……P.262

---

498 共有ファイルを変更されないようにしたい

お役立ち度 ★★★
2016 / 2013 / 2010 / 2007

ワザ495の手順でファイルを共有すると、共有相手はファイルを表示するだけでなく、内容の変更もできます。相手にファイルを編集して欲しくないときは、右の手順で共有相手を選んでから［表示のみ可能に変更］をクリックします。　→共有……P.321

ワザ495を参考に、共有したファイルを選択しておく

❶ここをクリック

❷ここをクリック　❸［表示のみ可能に変更］をクリック

関連 ≫495 ファイルをOneDriveで共有するには………P.261
関連 ≫496 複数のファイルをOneDriveで共有するには………………P.261
関連 ≫500 共有しているファイルを一覧から開くには……P.263

499 OneDrive上にフォルダーを作成するには

お役立ち度 ★★☆
2016 / 2013 / 2010 / 2007

OneDrive上に新しいフォルダーを作成して、フォルダーごとに共有の設定を行えます。ワザ501を参考にOneDriveに保存済みのファイルを新しいフォルダーに移動しましょう。共有先ごとにフォルダーを作ってファイルをまとめると管理しやすくなります。

→共有……P.321

ワザ488を参考に、OneDriveのWebページを表示しておく

❶[新規]をクリック　❷[フォルダー]をクリック

❸フォルダーの名前を入力　❹[作成]をクリック

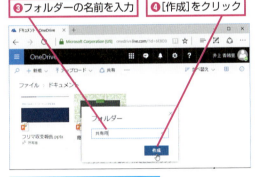

フォルダーが新規に作成された

フォルダーもファイルと同じように共有できる

500 共有しているファイルを一覧から開くには

お役立ち度 ★★☆
2016 / 2013 / 2010 / 2007

OneDriveの画面左側の[共有]をクリックすると、共有しているメンバーやファイル、フォルダーが一覧表示されます。この中から、開きたいファイルやフォルダーをクリックして開きます。

→共有……P.321

ワザ488を参考に、OneDriveのWebページを表示しておく

❶ここをクリック　❷[共有]をクリック

共有しているファイルやフォルダーが表示された

ほかのユーザーが共有したファイルには、相手の名前がここに表示される

関連 ≫498　共有ファイルを変更されないようにしたい……P.262

OneDriveの利用　できる　263

501 OneDrive上のファイルを別のフォルダーに移動するには

お役立ち度 ★★☆
2016 / 2013 / 2010 / 2007

OneDriveに保存したファイルは、以下の手順で別のフォルダーに移動できます。ファイルを選択して移動先のフォルダーまでドラッグしても移動できます。
➡OneDrive……P.318

ここでは［ドキュメント］フォルダーの中に作成した［作業中］フォルダーにファイルを移動する

❶移動するファイルの右上をクリックしてチェックマークを付ける
❷ここをクリック
❸［移動］をクリック

❹移動先のフォルダー名をクリックして選択

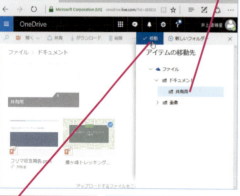

❺［移動］をクリック
ファイルが移動する

関連 ≫499 OneDrive上にフォルダーを作成するには……P.263

502 OneDriveからファイルをダウンロードするには

お役立ち度 ★★☆
2016 / 2013 / 2010 / 2007

OneDriveに保存されているファイルはパソコンにダウンロードして保存できます。ファイルを選択してから［ダウンロード］をクリックすると［名前を付けて保存］ダイアログボックスが表示されるので、保存場所やファイル名などを指定しましょう。なお、ダウンロードしたファイルは、OneDrive上のファイルとは切り離されて関連性がなくなります。

❶ダウンロードするファイルの右上をクリックしてチェックマークを付ける
❷［ダウンロード］をクリック

［保存］をクリックすると［ダウンロード］フォルダーに保存される
❸［名前を付けて保存］をクリック

［名前を付けて保存］ダイアログボックスが表示された
❹保存場所を選択

PowerPoint Onlineの活用

「PowerPoint Online」を使うと、Webブラウザー上でPowerPointのスライドを表示したり、編集したりすることができます。ここでは、PowerPoint Onlineのさまざまな疑問を解決します。

503　PowerPoint Onlineでスライドを編集するには

お役立ち度 ★★★
2016 / 2013 / 2010 / 2007

PowerPoint Onlineとは、Webブラウザーを使ってPowerPointの操作を行うマイクロソフトの無料アプリです。OneDriveに保存したファイルはダブルクリックまたは下の手順でPowerPoint Onlineで開くことができ、ファイルを編集した内容は自動的にOneDriveのファイルに上書き保存されます。ただし、PowerPoint OnlineではPowerPointのすべての機能が使えるわけではありません。PowerPointがインストールされているパソコンであれば、操作2で［PowerPointで開く］をクリックするといいでしょう。デスクトップ版のPowerPointで編集した内容もOneDriveに保存されます。

➡PowerPoint Online……P.319

OneDriveで開きたいファイルを表示しておく

❶ファイルを右クリック　❷［PowerPoint Onlineで開く］をクリック

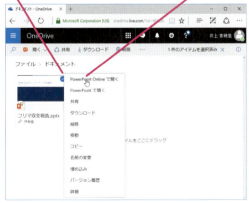

ファイルがWebブラウザー上で開いた

❸［プレゼンテーションの編集］をクリック　❹［ブラウザーで編集］をクリック

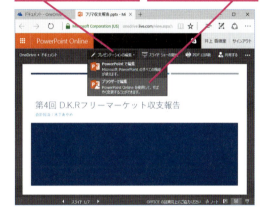

PowerPoint Onlineでファイルが開かれた

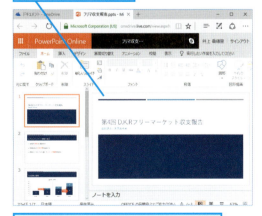

一部の機能は使えないが、デスクトップ版のPowerPointと同じように操作できる

| 関連 ≫490 | PowerPointからファイルをOneDriveに保存するには……P.258 |
| 関連 ≫493 | OneDrive内にあるスライドをPowerPointで開くには……P.260 |

PowerPoint Onlineの活用　できる　265

504 共有されたファイルにコメントを書き込むには

お役立ち度 ★★★
2016 / 2013 / 2010 / 2007

複数のメンバーでファイルを共有し、編集しているときは、気付いた点を［コメント］としてスライドに書き込むといいでしょう。コメントには作成者の名前が表示されるので、誰からのコメントなのかが一目瞭然です。

➡作業ウィンドウ……P.322
➡プレースホルダー……P.328

ワザ503を参考に、PowerPoint Onlineでファイルを開いておく

❶コメントを付けたいプレースホルダーをクリックして選択

❷［挿入］タブをクリック

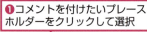
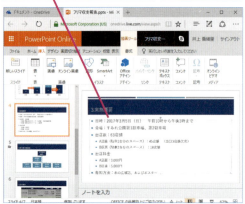

❸［コメント］をクリック

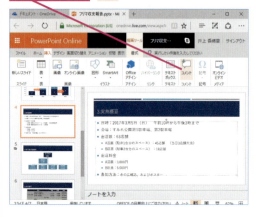

［コメント］作業ウィンドウが表示された

❹コメントを入力

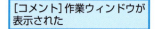
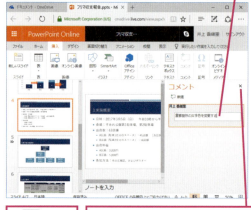

❺ Enter キーを押す

❻ここをクリックして［コメント］作業ウィンドウを閉じる

コメントが付いていることを表すアイコンが付いた

スライド全体を選択してコメントを付けた場合は、スライドの左上にアイコンが表示される

関連 ≫495　ファイルを OneDrive で共有するには……… P.261

505 PowerPoint Onlineでスライドショーを実行したい

お役立ち度 ★★☆
2016 / 2013 / 2010 / 2007

PowerPoint Onlineでもスライドショーを実行できます。外出先や移動中などにPowerPoint Onlineを使ってスライドを編集したり、結果をスライドショーで確認すると、時間を効率よく使えます。

➡スライドショー……P.324

ワザ503を参考に、PowerPoint Onlineでファイルを開いておく

[スライドショーの開始]をクリック

下部にメッセージが表示された場合は[OK]をクリックしておく

スライドショーが始まった

関連	PowerPoint Online で
≫503	スライドを編集するには……P.265
関連	共有されたファイルに
≫504	コメントを書き込むには……P.266

506 PowerPoint Onlineでファイルを作成するには

お役立ち度 ★★☆
2016 / 2013 / 2010 / 2007

PowerPoint Onlineは既存のファイルの表示・編集だけでなく、新しいプレゼンテーションファイルの作成もできます。PowerPointに比べて機能は限定されていますが、[ファイル]タブの[新規]でテーマを選ぶことも可能です。 ➡PowerPoint Online……P.319

ワザ488を参考に、OneDriveのWebページを表示しておく

❶[新規]をクリック　❷[PowerPointプレゼンテーション]をクリック

OneDrive上にプレゼンテーションファイルが作成される

| 関連 | Web ブラウザーで OneDrive に |
| ≫488 | サインインするには……P.257 |

507 PowerPoint Onlineを終了するには

お役立ち度 ★★☆
2016 / 2013 / 2010 / 2007

PowerPoint Onlineを終了したいときは、Webブラウザーのタブを閉じるとそのまま終了します。変更内容はOneDrive上のファイルに自動的に上書きされるので、終了する前に内容を確認しておきましょう。

➡PowerPoint Online……P.319

| 関連 | Web ブラウザーで OneDrive に |
| ≫488 | サインインするには……P.257 |

スライドの確認と校閲

ほかの人が作成したスライドをチェックするときは、PowerPointに用意されている校閲機能を使うと便利です。インクやコメントなど、校閲に役立つ機能の疑問を解決します。

508

お役立ち度 ★★★
2016 / 2013 / 2010 / 2007

手書きで指示を書き込みたい！

[校閲] タブにある [インクの開始] ボタンをクリックすると、マウスをドラッグしてスライド上に円や線などの書き込みができます。気になる個所に印を付けたり、簡単なメモを残したりするときに使うといいでしょう。描き込みが終わったら [インクの中止] ボタンをクリックすると、通常のマウスポインターに戻ります。

➡ インクツール……P.320
➡ ペン……P.328

[インクツール] の [ペン] タブが表示された

❸ [ペン] をクリック
❹ ペンの種類をクリック

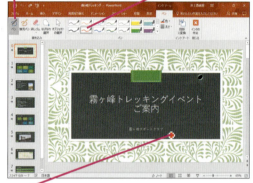

[インク] で指示を書き込む

❶ [校閲] タブをクリック

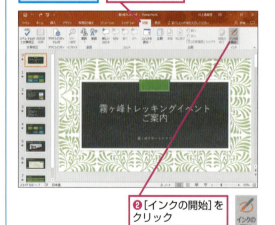

❷ [インクの開始] をクリック

❺ マウスでドラッグ

ペンで印を付けることができた

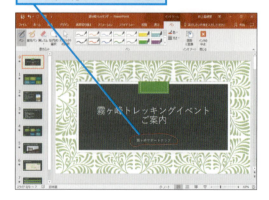

関連 ≫444 スライドショーの実行中に手書きで線を引くには……P.236

509 ペンの種類や太さを変更するには

お役立ち度 ★★☆
2016 / 2013 / 2010 / 2007

ワザ508の手順でインクを選ぶと、[インクツール]の[ペン]タブが表示され、ペンの色や種類、太さなどを変更できます。　→ペン……P.328

ワザ508を参考に、[インクツール]の[ペン]タブを表示しておく

ここでは[ペン]から[蛍光ペン]に変更する

❶[蛍光ペン]をクリック

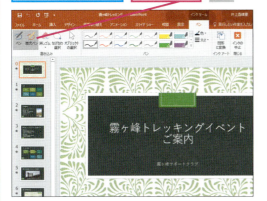

[蛍光ペン]の太さを変更する

❷[太さ]をクリック

❸太さをクリックして選択

関連 ≫508 手書きで指示を書き込みたい！……P.268

510 手書きから図形を作成するには

お役立ち度 ★★☆
2016 / 2013 / 2010 / 2007

[インクツール]の[ペン]タブの[図形に変換]ボタンがオンになった状態で[ペン]で描画すると、描画した線が自動的に図形に変換されます。作成した図形は[描画ツール]の[書式]タブを使って、自由に編集できます。なお、[蛍光ペン]ではこの機能は使えないので注意しましょう。　→図形……P.323

ワザ444を参考に、[インクツール]の[ペン]タブを表示しておく

❶[図形に変換]をクリック

手書きの線が自動的に図形に変換される

❷ここを四角く囲むようにドラッグ

手書きの線が自動で図形に変換された

関連 ≫444 スライドショーの実行中に手書きで線を引くには……P.236

511 ペンで入力した内容を削除するには

お役立ち度 ★★
2016 / 2013 / 2010 / 2007

インク機能を使って描画した線や文字は、[消しゴム]機能を使って消去できます。[消しゴム]ボタンをクリックして、マウスポインターが消しゴムの形に変わったら、そのまま消したい線や文字をクリックしましょう。

➡ペン……P.328
➡マウスポインター……P.328

ペンでの入力に失敗してしまった

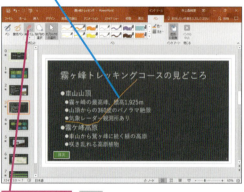

❶[消しゴム]をクリック

マウスポインターの形が変わった

❷消したい部分をクリック

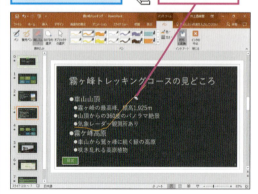

入力した内容が削除される

関連 ≫447 手書きの線がはみ出てしまった！ …… P.237

512 コメントを追加するには

お役立ち度 ★★
2016 / 2013 / 2010 / 2007

完成したスライドを上司や同僚にチェックしてもらうのは、精度を高める上で重要です。その際は、直接スライドの内容を変更せずに、[校閲]タブの[新しいコメント]ボタンをクリックして、気付いた点や修正点を[コメント]として残してもらうといいでしょう。文章でやりとりする場合は、インクよりコメントの方が適しています。

➡プレースホルダー……P.328

コメントを付けるスライドを表示しておく

❶コメントを付けたいプレースホルダーをクリックして選択

❷[校閲]タブをクリック

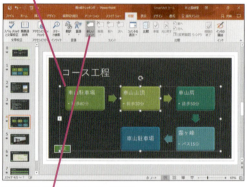

❸[新しいコメント]をクリック

[コメント]作業ウィンドウが表示された

❹[コメント]を入力

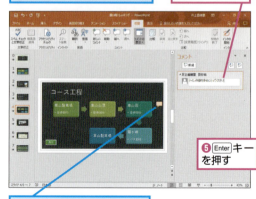

❺Enterキーを押す

コメントが付いていることを表すアイコンが付いた

スマートフォンアプリの利用

PowerPointはスマートフォンやタブレット端末でも利用できます。ここでは、スマートフォン用アプリを使うときの疑問を解決します。

513 スマートフォンにPowerPointをインストールするには

お役立ち度 ★★☆
2016 / 2013 / 2010 / 2007

スマートフォンやタブレット端末でPowerPointを利用するには、マイクロソフトが無料で提供している専用のアプリを使用すると便利です。iPhoneの場合は「App Store」、Androidの場合は「Google Play」で「PowerPoint」のキーワードを入力して検索するといいでしょう。

➡アプリ……P.320

▼iPhoneのPowerPoint
https://itunes.apple.com/jp/app/microsoft-powerpoint/id586449534

▼Android端末のPowerPoint
https://play.google.com/store/apps/details?id=com.microsoft.office.powerpoint

◆iPhone用の[PowerPoint]アプリ

| 関連 ≫515 | スマートフォンでOneDriveを利用するには …………… P.272 |
| 関連 ≫516 | スマートフォンでPowerPointを利用するには …………… P.273 |

514 スマートフォンにOneDriveをインストールするには

お役立ち度 ★★☆
2016 / 2013 / 2010 / 2007

スマートフォンやタブレット端末でOneDriveのファイルを開いたり、OneDriveにファイルを保存するには専用アプリが使用できます。もしアプリがダウンロードできないときはワザ488を参考にスマートフォンのWebブラウザーから使用するといいでしょう。

➡OneDrive……P.318
➡アプリ……P.320
➡ダウンロード……P.325

▼iPhoneのOneDrive
https://itunes.apple.com/jp/app/microsoft-onedrive-fairuto/id477537958

▼Android端末のOneDrive
https://play.google.com/store/apps/details?id=com.microsoft.skydrive

◆iPhone用の[OneDrive]アプリ

| 関連 ≫515 | スマートフォンでOneDriveを利用するには …………… P.272 |
| 関連 ≫516 | スマートフォンでPowerPointを利用するには …………… P.273 |

515 スマートフォンでOneDriveを利用するには

お役立ち度 ★★★
2016 / 2013 / 2010 / 2007

ワザ514の手順でダウンロードしたOneDriveアプリをタップすると、OneDriveの内容を表示できます。初めて利用するときは、Microsoftアカウント取得時のメールアドレスとパスワードを入力するサインインの手続きが必要です。なお、OneDriveの使い方はパソコンから操作するときと同じです。

➡Microsoftアカウント……P.318
➡サインイン……P.322

ここではiPhoneの画面で手順を解説する

[OneDrive]アプリをタップして起動しておく

❶Microsoftアカウントのメールアドレスを入力

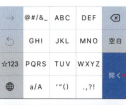

❷[開く]をタップ

❸Microsoftアカウントのパスワードを入力

❹[サインイン]をタップ

OneDriveの内容が表示された

❺[ドキュメント]をタップ

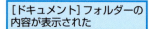

[ドキュメント]フォルダーの内容が表示された

関連 ≫488 Webブラウザーで OneDrive にサインインするには……P.257

関連 ≫514 スマートフォンに OneDrive をインストールするには……P.271

516 スマートフォンでPowerPointを利用するには

お役立ち度 ★★★
2016 / 2013 / 2010 / 2007

スマートフォンで利用できるPowerPointアプリは無料ですが、PowerPointの一部の機能しか使えません。いちからスライドを作成するというよりは、外出先で既存のスライドを表示して内容を確認したり、部分的に編集したりするといった使い方に向いています。

PowerPointアプリで利用できる主な機能は、以下の表を確認してください。

➡ アプリ……P.320
➡ スライド……P.324
➡ 表……P.328
➡ レイアウト……P.329

ここではiPhoneの画面で手順を解説する

ワザ515を参考に、[OneDrive]アプリを起動してMicrosoftアカウントでサインインしておく

開きたいファイルを表示しておく

ファイル名をタップ

[PowerPoint]アプリが起動した

● [PowerPoint]アプリの主な機能

アイコン	機能名	機能
	レイアウトの変更	既存のスライドでレイアウトの変更や新しいスライドの追加ができる
	表の挿入	タップすると3列3行の表が挿入される。後から行や列の追加や削除、スタイルの設定ができる
	画像の挿入	カメラロールから画像を選択できる。トリミング、スタイル、配置などの編集機能も用意されている
	図形の挿入	四角形や円などの図形を描画し、編集できる
	テキストボックスの挿入	横書きテキストボックスまたは縦書きテキストボックスを挿入できる
	カメラの起動	スマートフォンのカメラが起動し、撮影した画像をそのままスライドに挿入できる

関連 ≫503 PowerPoint Online でスライドを編集するには……P.265

第12章 ファイル操作の疑問

ファイル操作のテクニック

時間をかけて作ったスライドがどこかに行ってしまった、あるいは破損して開かない、といったことはありませんか？ここでは、ファイルを開くときのさまざまな疑問を解決します。

517 さっきまで使っていたファイルを簡単に開きたい

お役立ち度 ★★★
2016 / 2013 / 2010 / 2007

PowerPointを起動すると、スタート画面の左側にある［最近使ったファイル］に直近で使ったファイルの履歴が表示されます。目的のファイルをクリックすると、［ファイルを開く］ダイアログボックスを使わずにファイルを開けます。なお、ほかのファイルを開いている場合は［ファイル］タブから［開く］をクリックすると、［最近使ったアイテム］が表示されます。どちらも履歴に表示されるファイルは同じです。

➡ スタート画面……P.323
➡ ダイアログボックス……P.325

●PowerPointの起動直後に開く

［最近使ったファイル］に最近使ったファイルの一覧が表示される

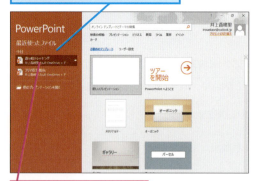

開きたいファイルをクリック

| 関連 ≫518 | パソコン内のファイルをPowerPointから開くには……P.275 |
| 関連 ≫519 | ［最近使ったファイル］からファイルが開けなくなった……276 |

●ほかのファイルを開いた状態から開く

すでにPowerPointでほかのファイルを開いている　❶［ファイル］タブをクリック

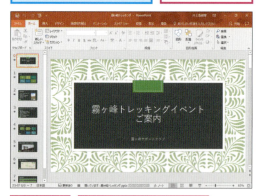

❷［開く］をクリック　❸［最近使ったアイテム］をクリック

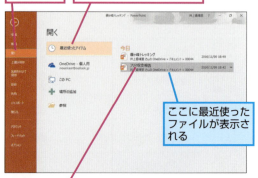

ここに最近使ったファイルが表示される

❹開きたいファイルをクリック　ファイルを開くことができる

518 パソコン内のファイルをPowerPointから開くには

お役立ち度 ★★★
2016 / 2013 / 2010 / 2007

保存場所やファイル名を選択してPowerPointのファイルを開くには、以下の手順で［ファイルを開く］ダイアログボックスを表示します。PowerPointの起動直後とほかのファイルを開いている場合では、［ファイルを開く］ダイアログボックスを開くまでの手順が異なります。なお、ワザ487の方法でエクスプローラーを起動して保存先のフォルダーを開き、ファイルのアイコンをダブルクリックしても構いません。

➡エクスプローラー……P.320
➡起動……P.321
➡ダイアログボックス……P.325

●PowerPointを起動した直後に開く

PowerPointを起動しておく
❶［他のプレゼンテーションファイルを開く］をクリック

❷［開く］をクリック　❸［参照］をクリック

［ファイルを開く］ダイアログボックスが表示される
❹保存場所を選択

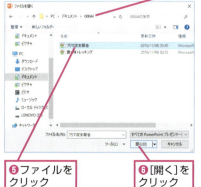

❺ファイルをクリック　❻［開く］をクリック

関連 ≫487 エクスプローラーから OneDrive を開くには ……P.257

●ほかのファイルを開いた状態から開く

すでにPowerPointでほかのファイルを開いている
❶［ファイル］タブをクリック

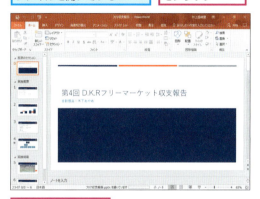

❷［開く］をクリック

❸［参照］をクリック

［ファイルを開く］ダイアログボックスが表示されるので、ファイルを選択して［開く］をクリックする

関連 ≫517 さっきまで使っていたファイルを簡単に開きたい ……P.274

519 [最近使ったファイル]からファイルが開けなくなった

お役立ち度 ★★☆
2016 / 2013 / 2010 / 2007

[最近使ったファイル]や[最近使ったアイテム]に表示されるのは、最近使ったファイルの履歴です。履歴には、ファイルの保存場所やファイル名などの情報しか記録されていないため、ファイルを削除したりファイル名を変更したりすると、履歴をクリックしてもファイルを開けません。

ファイルが見つからないときは以下の画面が表示される

[OK]をクリック

≫517 さっきまで使っていたファイルを簡単に開きたい ……………… P.274

520 最近使ったファイルを履歴に表示したくない

お役立ち度 ★★☆
2016 / 2013 / 2010 / 2007

[最近使ったファイル]や[最近使ったアイテム]の履歴を表示したくないときは、[PowerPointのオプション]ダイアログボックスの[詳細設定]にある[最近使ったプレゼンテーションの一覧に表示するプレゼンテーションの数]を「0」に変更しましょう。

→ダイアログボックス……P.325

ワザ018を参考に[PowerPointのオプション]ダイアログボックスを表示しておく

❶[詳細設定]をクリック

❷[最近使ったプレゼンテーションの一覧に表示するプレゼンテーションの数]に「0」と入力

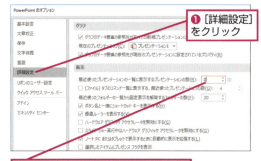

≫018 PowerPointの設定を変更したい ……………… P.38

521 特定のファイルが履歴から消えないようにするには

お役立ち度 ★★☆
2016 / 2013 / 2010 / 2007

初期設定では、[最近使ったファイル]や[最近使ったアイテム]には、直近で使ったファイルが25個表示され、26個目のファイルが開かれると、古いものから順番に削除されます。以下の手順で、ファイル名の右側にある虫ピンのアイコンをクリックすると、そのファイルが[最近使ったファイル]や[最近使ったアイテム]から消えないようになります。

ワザ518を参考に、[開く]の画面を表示しておく

[このアイテムが一覧に常に表示されるように設定します]をクリック

マークの表示が変わった

選択したファイルが常に履歴に表示されるよう設定できた

≫520 最近使ったファイルを履歴に表示したくない ……………… P.276

522 大事なファイルをうっかり上書き保存しそうで心配

お役立ち度 ★★☆
2016 / 2013 / 2010 / 2007

既存のファイルを元に新しいファイルを作成する際に、元になるファイルを直接編集していると、うっかり上書き保存してしまう可能性があります。これを防ぐには、あらかじめ元のファイルをコピーとして開いておきましょう。以下の手順で［コピーとして開く］を選択すると、元のファイルをコピーしたファイルが開かれるため、上書き保存しても元のファイルが変更されることはありません。
➡上書き保存……P.320
➡タイトルバー……P.325

ワザ518を参考に［ファイルを開く］ダイアログボックスを表示し、ファイルを選択しておく

❶ ［開く］のここをクリック　❷ ［コピーとして開く］をクリック

ファイルのコピーが開いた　タイトルバーに［コピー (1) (ファイル名)］と表示される

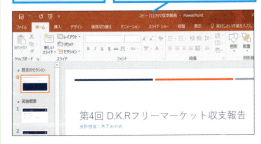

関連	パソコン内のファイルを
≫ 518	PowerPointから開くには……P.275

523 ファイルをどこに保存したか忘れてしまった

お役立ち度 ★★☆
2016 / 2013 / 2010 / 2007

保存したファイルの名前や場所を忘れてしまったときは、［ファイルを開く］ダイアログボックスの［ドキュメントの検索］ボックスに、部分的に覚えているファイル名の一部を入力して検索しましょう。なお、ファイルを検索する場所の範囲が狭いほど、より早く検索できます。
➡ダイアログボックス……P.325

ワザ518を参考に［ファイルを開く］ダイアログボックスを表示しておく

❶ 検索対象の場所をクリック　❷ 検索するキーワードを入力

キーワードに合致するファイルがここに表示される

ファイルが検索された　❸ 目的のファイルをダブルクリック

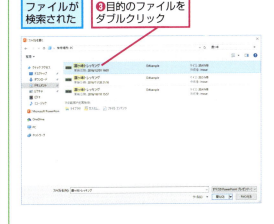

関連	特定のファイルが履歴から
≫ 521	消えないようにするには……P.276

524 パスワードでロックされていてファイルが開けない

お役立ち度 ★★★
2016 / 2013 / 2010 / 2007

保存時にパスワードが設定されているファイルは、設定したパスワードを知らなければファイルを開けません。ファイルの作成者にパスワードを教えてもらいましょう。

ファイルを開く操作を実行したら、パスワードの入力画面が表示された

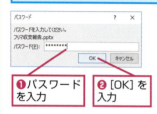

❶パスワードを入力
❷[OK]を入力

関連	ほかの人がファイルを
≫538	開けないようにしたい……………………P.285

525 正しいパスワードを入力したのに正しくないと表示された

お役立ち度 ★★☆
2016 / 2013 / 2010 / 2007

パスワードは大文字と小文字の区別があります。入力したパスワードの大文字と小文字が間違っていると異なるパスワードと認識されてしまうので注意しましょう。また、[Caps Lock]キーがオンになっていないかも確認しましょう。[Shift]+[Caps Lock]キーで大文字と小文字を交互に切り替えられます。

➡ダイアログボックス……P.325

間違ったパスワードを入力すると以下のようなダイアログボックスが表示される

[OK]をクリック

再度[パスワード]ダイアログボックスが表示されるので、パスワードを入力し直す

関連	ほかの人がファイルを
≫538	開けないようにしたい……………………P.285

526 ファイルを開く前に作成者や作成日を確認したい

お役立ち度 ★★★
2016 / 2013 / 2010 / 2007

ファイルを開く前に、プレゼンテーションファイルの作成日や作成者を確認するには、[プロパティ]ダイアログボックスを表示してみましょう。プロパティとは、ファイルを保存するときに一緒に保存される作成者や会社名、保存した日付などの情報のことです。
なお、ファイルを開いているときにファイルのプロパティを確認するには、[ファイル]タブから[情報]をクリックすると、画面右側に表示されます。

➡ダイアログボックス……P.325

ワザ487を参考に、エクスプローラーを起動しておく

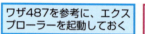

❶ファイルを右クリック

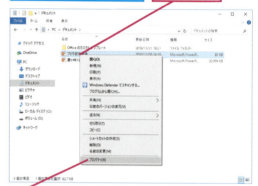

❷[プロパティ]をクリック

[(ファイル名)のプロパティ]ダイアログボックスが表示された

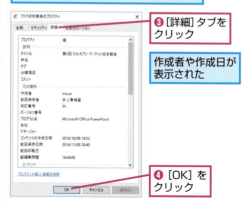

❸[詳細]タブをクリック

作成者や作成日が表示された

❹[OK]をクリック

関連	ファイルを開く前に
≫527	スライドの内容を確認したい……………P.279

527 ファイルを開く前にスライドの内容を確認したい

お役立ち度 ★★☆
2016 / 2013 / 2010 / 2007

ファイル名を見ただけでは内容まで思い出せないことがあります。そのようなときは、以下の手順でフォルダーウィンドウにプレビューウィンドウを表示します。ファイル名をクリックするたびに、スライドの内容が表示され、目的のファイルを見つけやすくなります。
→スライド……P.324

ワザ487を参考に、エクスプローラーを起動しておく

❶[表示]タブをクリック
❷[プレビューウィンドウ]をクリック

プレビューウィンドウが表示された
余白の部分は黒で表示される

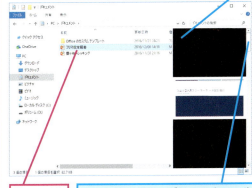

❸ファイルをクリック
ここを下にドラッグしてスクロールすると、スライドの内容を確認できる

関連 ≫487 エクスプローラーから OneDrive を開くには …… P.257

528 スライドの内容が表示されないときは

お役立ち度 ★★☆
2016 / 2013 / 2010 / 2007

ワザ527の操作をしてもプレビューが表示されない場合は、[プロパティ]ダイアログボックスの[プレビューの図を保存する]のチェックマークを確認しましょう。はずれていたら、チェックマークを付けて保存し直しましょう。
→ダイアログボックス……P.325

プレビューが表示されないファイルを開いておく
❶[ファイル]タブをクリック

❷[情報]をクリック
❸[プロパティ]をクリック

❹[詳細プロパティ]をクリック

[(ファイル名)のプロパティ]ダイアログボックスが表示された

❺[ファイルの概要]タブをクリック

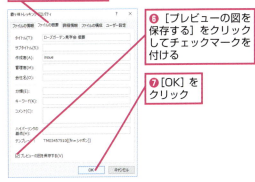

❻[プレビューの図を保存する]をクリックしてチェックマークを付ける
❼[OK]をクリック

関連 ≫527 ファイルを開く前にスライドの内容を確認したい …… P.279

ファイル操作のテクニック 279

529

スライドショー形式で保存したファイルを編集するには

お役立ち度 ★★★
2016 / 2013 / 2010 / 2007

「スライドショー形式」とは、ファイルを開くと同時にスライドショーが実行される形式のことです。通常はデスクトップにスライドショー形式のファイルを保存して、アイコンをダブルクリックしてスライドショーを開始するという使い方をします。スライドショー形式で保存したファイルを修正したいときは、ダブルクリックせずに［ファイル］タブの［開く］ボタンからファイルを開きます。
→スライドショー……P.324

スライドショー形式で保存されたファイルは、ダブルクリックするとスライドショーが始まってしまう

ワザ518を参考に［ファイルを開く］ダイアログボックスを表示しておく

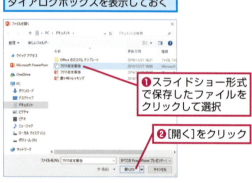

❶スライドショー形式で保存したファイルをクリックして選択

❷［開く］をクリック

スライドショー形式で保存したファイルが通常の画面で表示された

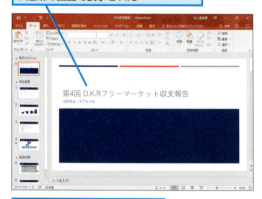

スライドショー形式で保存したファイルを編集できる

関連 パソコン内のファイルを
≫ 518 PowerPointから開くには……P.275

530

ファイルが壊れていて開けない

お役立ち度 ★★★
2016 / 2013 / 2010 / 2007

エラーが発生してファイルを開けないときは、作成したファイルが破損している可能性があります。［ファイルを開く］ダイアログボックスの［開く］ボタンから［アプリケーションの自動修復］をクリックして開いてみましょう。
→ダイアログボックス……P.325

ワザ518を参考に［ファイルを開く］ダイアログボックスを表示しておく

❶［開く］のここをクリック

❷［アプリケーションの自動修復］をクリック

ファイルの保存やトラブル対策

作成したスライドを編集するときや、万一のトラブルでファイルを失わないようにするには、保存の操作が重要です。ここでは、ファイルの保存に関する疑問を解決します。

531 ファイルはどうやって保存するの？

お役立ち度 ★★★
2016 / 2013 / 2010 / 2007

作成中のファイルや完成したファイルに名前を付けて保存しておくと、いつでも必要なときに呼び出して再利用できます。ファイルを保存するには、［ファイル］タブをクリックして表示されるメニューから［名前を付けて保存］をクリックします。［名前を付けて保存］ダイアログボックスが表示されたら、保存したい場所やファイル名を指定します。

→ダイアログボックス……P.325
→名前を付けて保存……P.326

ここでは新規ファイルを保存する

❶［ファイル］タブをクリック

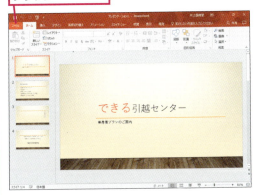

❷［名前を付けて保存］をクリック

❸［参照］をクリック

［名前を付けて保存］ダイアログボックスが表示された

❹ここをクリックしてファイルの保存場所を選択

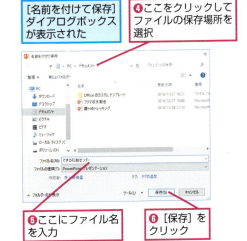

❺ここにファイル名を入力

❻［保存］をクリック

関連 ≫532　［上書き保存］と［名前を付けて保存］ってどう違うの？……P.282

532 ［上書き保存］と［名前を付けて保存］ってどう違うの？

お役立ち度 ★★
2016 / 2013 / 2010 / 2007

［上書き保存］と［名前を付けて保存］はどちらもファイルを保存するための操作ですが、元になるファイルをどう扱うかによって使い分けます。元のファイルも作成中のファイルも両方残しておきたいときは［名前を付けて保存］を選び、元のファイルを破棄して最新のものだけを残しておきたいときは［上書き保存］を選びます。

➡上書き保存……P.320
➡クイックアクセスツールバー……P.321
➡名前を付けて保存……P.326

ここでは、ファイル名は同じままで編集後の内容でファイルを置き換える

❶［ファイル］タブをクリック

❷［上書き保存］をクリック

編集後の内容が上書き保存された

● クイックアクセスツールバーから実行

クイックアクセスツールバーの［上書き保存］からも上書き保存ができる

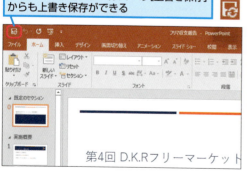

関連 ≫522 大事なファイルをうっかり上書き保存しそうで心配……P.277

533 ファイルの保存時にフォルダーを作成するには

お役立ち度 ★★
2016 / 2013 / 2010 / 2007

探しやすくてその場ですぐ開けるなどの理由から、ついデスクトップにファイルを保存していませんか？しかし、ファイルの数が増えてくるとデスクトップがアイコンだらけになって探しにくくなります。ファイルを保存するときに、［名前を付けて保存］ダイアログボックスの［新しいフォルダー］をクリックし、目的別のフォルダーを作成して分類しておくと便利です。なお、ファイルの保存以外の際にフォルダーを作成するときは、デスクトップなどを右クリックして表示されるショートカットメニューの［新規作成］で［フォルダー］をクリックします。
➡デスクトップ……P.326
➡名前を付けて保存……P.326

ワザ531を参考に、［名前を付けて保存］ダイアログボックスを表示しておく

❶［新しいフォルダー］をクリック

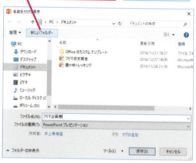

新しいフォルダーが作成された

❷フォルダー名を入力

❸ Enter キーを押す

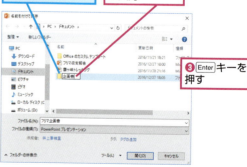

ワザ531を参考に、ファイルを保存する

関連 ≫532 ［上書き保存］と［名前を付けて保存］ってどう違うの？……P.282

534

スライドを古い形式で保存するには

お役立ち度 ★★★
2016 / 2013 / 2010 / 2007

プレゼンテーションで使うパソコンに古いバージョンのPowerPointしかインストールされていない、あるいは、ファイルを渡す相手が古いPowerPointを使っている場合もあります。そのようなときは、［名前を付けて保存］ダイアログボックスで［ファイルの種類］を［PowerPoint 97-2003プレゼンテーション］に変更してから保存します。ただし、PowerPoint 2007以降に搭載された機能は使えなくなります。

→互換性……P.322
→ダイアログボックス……P.325
→名前を付けて保存……P.326

❶［ファイル］タブをクリック

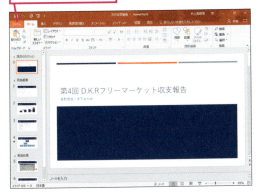

❷［名前を付けて保存］をクリック

❸［参照］をクリック

［名前を付けて保存］ダイアログボックスが表示された

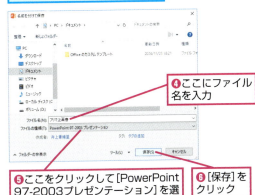

❹ここにファイル名を入力

❺ここをクリックして［PowerPoint 97-2003プレゼンテーション］を選択

❻［保存］をクリック

［Microsoft Office PowerPoint互換性チェック］ダイアログボックスが表示された

❼表示内容を確認

❽［続行］をクリック

PowerPoint 2003以前のバージョンで使えない機能や書式、スタイルが削除される

関連 ≫531 ファイルはどうやって保存するの？……P.281

ファイルの保存やトラブル対策　できる　283

535 ファイル名に使えない文字は何？

お役立ち度 ★★
2016 / 2013 / 2010 / 2007

ファイル名には、半角255文字までの名前を付けて保存できますが、以下の半角文字はファイル名に使用できません。使用できない文字を使うと、ファイル名が正しくないことを示す画面が表示されます。

●ファイル名として使えない文字
¥ / : ; * ? " < > |

使えない文字が使われているとこのような画面が表示される

[OK]をクリック

名前を付け直して保存する

関連 ≫531 ファイルはどうやって保存するの？……P.281

536 PDFとXPSって何が違うの？

お役立ち度 ★★
2016 / 2013 / 2010 / 2007

「PDF」とはPortable Document Formatの略で、アドビシステムズによって開発されました。一方「XPS」はXML Paper Specificationの略で、マイクロソフトが開発したものです。どちらもほぼ同じ機能を持っており、ファイルをPDF形式やXPS形式で保存すると、パソコンの機種や環境に関係なくファイルを読めるため、データを作成したソフトウェアがインストールされていないパソコンでも同じ形で表示されるのが特徴です。また、文書の改ざんや二次利用を防げます。

➡PDF……P.319
➡XPS……P.319
➡インストール……P.320

関連 ≫537 スライドをPDF形式で保存するには……P.284

537 スライドをPDF形式で保存するには

お役立ち度 ★★
2016 / 2013 / 2010 / 2007

スライドをPDF形式で保存すると、PowerPointがインストールされていなくても内容を閲覧できます。Windows 10で、ファイルを初めて開くと、どのアプリでファイルを開くかを選択する画面が表示されます。[Microsoft Edge]を選択して[OK]ボタンをクリックすると、ブラウザーが起動してスライドが表示されます。

➡MicrosoftEdge……P.318
➡PDF……P.319

ワザ531を参考に、[名前を付けて保存]ダイアログボックスを表示しておく

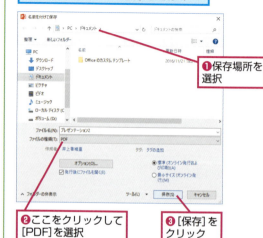

❶保存場所を選択
❷ここをクリックして[PDF]を選択
❸[保存]をクリック

プレゼンテーションファイルがPDF形式で保存される

PDF閲覧ソフトが決まっていないときは、アプリ選択の画面が表示される

❹[Microsoft Edge]をクリック
❺[OK]をクリック

Microsoft Edgeが起動してPDFファイルが開く

538

ほかの人がファイルを開けないようにしたい

ファイルを第三者が開けないようにするには、[読み取りパスワード]を設定します。[読み取りパスワード]を設定したファイルを開くと、[パスワード]ダイアログボックスが表示され、パスワードを知らない人はファイルを開けません。設定したパスワードを忘れてしまうと、自分でもファイルを開けなくなるので注意しましょう。　→ダイアログボックス……P.325

ワザ531を参考に、[名前を付けて保存]ダイアログボックスを表示しておく

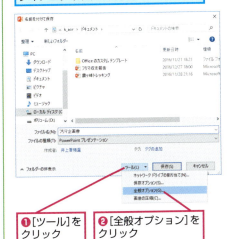

❶[ツール]をクリック
❷[全般オプション]をクリック

[全般オプション]ダイアログボックスが表示された

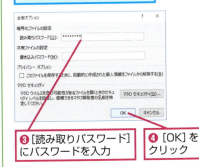

❸[読み取りパスワード]にパスワードを入力
❹[OK]をクリック

再度、同じパスワードを入力する

❺先ほど入力したパスワードを入力
❻[OK]をクリック

パスワードが設定された
❼保存場所を選択

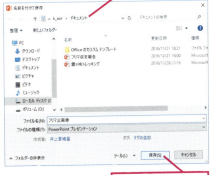

❽[保存]をクリック

パスワードが設定されたファイルが保存される

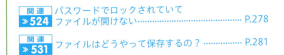
関連 ≫524 パスワードでロックされていてファイルが開けない……P.278
関連 ≫531 ファイルはどうやって保存するの？……P.281

関連 ≫539 ほかの人に内容を変更されたくないときは……P.286
関連 ≫540 パスワードを解除するには……P.287

539 ほかの人に内容を変更されたくないときは

お役立ち度 ★★★
2016 / 2013 / 2010 / 2007

ファイルを開くことはできるけれど、スライドを変更できないようにするには、「書き込みパスワード」を設定します。「書き込みパスワード」を設定したファイルを開くと［パスワード］ダイアログボックスが表示され、パスワードを知っている人はファイルが変更できる状態でファイルを開けます。パスワードを知らない人は［読み取り専用］ボタンをクリックします。読み取り専用で開いたファイルは、編集や保存ができないので安心です。　→ダイアログボックス……P.325
→名前を付けて保存……P.326

ほかの人がファイルの編集を行えないように書き込みパスワードを設定する

ワザ531を参考に、［名前を付けて保存］ダイアログボックスを表示しておく

❶［ツール］をクリック

❷［全般オプション］をクリック

［全般オプション］ダイアログボックスが表示された

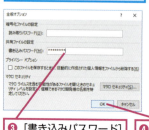

❸［書き込みパスワード］にパスワードを入力

❹［OK］をクリック

［パスワードの確認］ダイアログボックスが表示された

❺入力したパスワードを入力

❻［OK］をクリック

［名前を付けて保存］ダイアログボックスが表示された

ワザ531を参考に、名前を付けて保存しておく

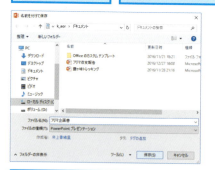

ファイルに書き込みパスワードが設定された

●書き込みパスワードを設定したファイルを開く

書き込みパスワードが設定されたファイルを開くと、以下の画面が表示される

設定したパスワードを入力

関連 ≫538　ほかの人がファイルを開けないようにしたい ……………………… P.285

関連 ≫540　パスワードを解除するには ……………………… P.287

540 パスワードを解除するには

お役立ち度 ★★★
2016 / 2013 / 2010 / 2007

ワザ538の操作で設定した読み取りパスワードやワザ539の操作で設定した書き込みパスワードを解除するには、[全般オプション]ダイアログボックスを表示して、[読み取りパスワード]欄と[書き込みパスワード]欄に表示されている「*」の記号をすべて削除します。この状態で[OK]ボタンをクリックして、ファイルを保存し直しましょう。

→ダイアログボックス……P.325

関連 ≫538 ほかの人がファイルを開けないようにしたい……P.285
関連 ≫539 ほかの人に内容を変更されたくないときは……P.286

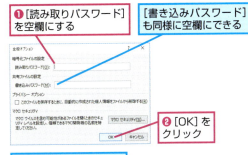

ワザ539を参考に、[全般オプション]ダイアログボックスを表示しておく

❶[読み取りパスワード]を空欄にする
[書き込みパスワード]も同様に空欄にできる
❷[OK]をクリック
[読み取りパスワード]が解除される

541 プレゼンテーションを動画ファイルに変更するには

お役立ち度 ★★★
2016 / 2013 / 2010 / 2007

プレゼンテーションで使用したスライドを関係者に配布する場合があります。文字中心のスライドは、ワザ537の操作でPDF形式に保存して配布できますが、サウンドやビデオ、アニメーション入りのスライドはPDFファイルでは再生できません。以下の手順でスライドをビデオ（動画）に変換すると、初期設定では「MPEG-4ビデオファイル（.mp4）ファイル」として保存されます。

→エクスポート……P.320

❶[ファイル]タブをクリック

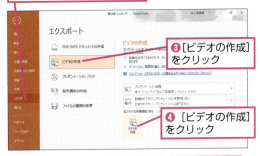

❷[エクスポート]をクリック
❸[ビデオの作成]をクリック
❹[ビデオの作成]をクリック

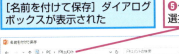

[名前を付けて保存]ダイアログボックスが表示された
❺保存場所を選択

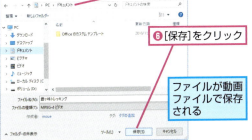

❻[保存]をクリック
ファイルが動画ファイルで保存される

542 自動保存の間隔を変更するには

★★★
2016 / 2013 / 2010 / 2007

自動バックアップとは、パソコンのトラブルに備えて、作成中のファイルを定期的に自動保存する機能です。スライドの編集中にパソコンやPowerPointが強制終了してしまったとき、次にPowerPointを動かしたときに編集中のスライドが表示される場合があります。自動保存の間隔は初期状態で10分の設定になっていますが、この間隔は1から120までの範囲で変更できます。ただし、トラブルが起きた際に必ずしも最新のファイルが保存されているとは限りません。自動保存に頼らずに、こまめに上書き保存して最新の状態を保存しておく習慣を心がけましょう。

➡上書き保存……P.320
➡ダイアログボックス……P.325

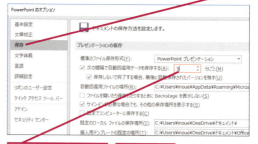

ワザ018を参考に、[PowerPointのオプション]ダイアログボックスを表示しておく

❶[保存]をクリック
❷自動的に保存する間隔を入力
❸[OK]をクリック

指定した間隔でファイルが自動的に保存されるように設定される

【関連】≫018 PowerPointの設定を変更したい……P.38

---

543 ほかのパソコンで見るとフォントがおかしい

★★★
2016 / 2013 / 2010 / 2007

文字に設定できるフォントの種類はパソコンによって異なります。特に年賀状ソフトなどをインストールすると、たくさんのフォントがパソコンにインストールされる場合があります。ほかのパソコンにインストールされていない特殊なフォントを使ったときは、ほかのパソコンでも同じフォントを再現できるように、フォントファイルを埋め込んで保存するといいでしょう。ただし、フォントを埋め込みした分、ファイルサイズは増えます。

➡インストール……P.320
➡埋め込み……P.320
➡フォント……P.328

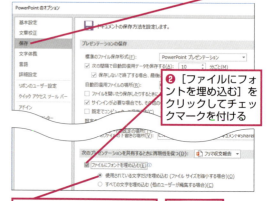

ワザ018を参考に[PowerPointのオプション]ダイアログボックスを表示しておく

❶[保存]をクリック
❷[ファイルにフォントを埋め込む]をクリックしてチェックマークを付ける
❸[使用されている文字だけを埋め込む]をクリック
❹[OK]をクリック

フォントファイルが埋め込まれて保存されるよう設定できた

【関連】≫018 PowerPointの設定を変更したい……P.38
【関連】≫546 ファイルサイズを少しでも節約するには……P.289

544 ［名前を付けて保存］でCD-Rに保存できない

お役立ち度 ★★☆
2016 / 2013 / 2010 / 2007

ファイルをほかの人に渡すときやプレゼンテーションの会場に持ち込むときは、持ち運びのできるメディアに保存しましょう。USBメモリーなどには直接保存ができますが、CDドライブにセットしたCD-Rなどには直接保存ができません。ファイルをいったんパソコン内に保存してからCDやDVDにコピーするか、ワザ413のように［プレゼンテーションパック］機能を使って専用のCDを作成するといいでしょう。　→プレゼンテーションパック……P.328

関連 ≫413　スライドショーに必要なファイルをメディアに保存するには……P.222

545 ［情報］はどんなときに使うの？

お役立ち度 ★★☆
2016 / 2013 / 2010 / 2007

［ファイル］タブをクリックしたときに表示される［情報］には、ファイルのプロパティ情報の編集や個人情報の削除、以前のバージョンとの互換性のチェックなど、最終段階でファイルを第三者に配布できるようにするための機能が用意されています。

→互換性……P.322

546 ファイルサイズを少しでも節約するには

お役立ち度 ★★☆
2016 / 2013 / 2010 / 2007

少しでもファイルサイズを小さくして保存したいときは、［ファイルにフォントを埋め込む］のチェックマークをはずします。また、スライドに画像が挿入されているときは、画像を圧縮して保存したり、［プレビューの図を保存する］のチェックマークをはずしたりするとファイルサイズが小さくなります。

→ダイアログボックス……P.325

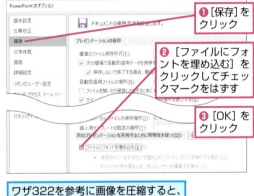

ワザ018を参考に、［PowerPointのオプション］ダイアログボックスを表示しておく

❶［保存］をクリック
❷［ファイルにフォントを埋め込む］をクリックしてチェックマークをはずす
❸［OK］をクリック

ワザ322を参考に画像を圧縮すると、さらにファイルサイズが節約される

関連 ≫322　画像を圧縮するには……P.177

547 個人情報がファイルに含まれているってホント？

お役立ち度 ★★★
2016 / 2013 / 2010 / 2007

ファイルを保存すると、作成者や会社名、作成日などの「プロパティ」と呼ばれる詳細情報も一緒に保存されます。これらの個人情報をファイルに保持したくないときは、［全般オプション］ダイアログボックスを開き、［このファイルを保存するときに、自動的に作成された個人情報をファイルから削除する］をクリックしてチェックマークを付けます。

→ダイアログボックス……P.325

ワザ539を参考に、［全般オプション］ダイアログボックスを表示しておく

❶ ここをクリックしてチェックマークを付ける
❷ ［OK］をクリック

ファイルの保存時に個人情報が削除されるよう設定できた

関連 ≫539　ほかの人に内容を変更されたくないときは……P.286

548 作業中のファイルの個人情報を削除したい

お役立ち度 ★★☆
2016 / 2013 / 2010 / 2007

ほかの人が作成したファイルを修正して使っていると、作成者や会社名などのプロパティは前の人の情報が残ってしまいます。そのまま第三者にファイルを渡すと、不都合が生じる場合があります。以下の手順で、[ドキュメント検査]を実行すると、個人情報が残っているかどうかを確認してから、まとめて情報を削除できます。
➡ダイアログボックス……P.325

ワザ484を参考に、[ドキュメントの検査]ダイアログボックスを表示しておく

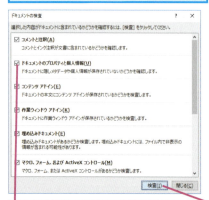

❶[ドキュメントのプロパティと個人情報]にチェックマークを付ける
❷[検査]をクリック

検査結果が表示された
個人情報が含まれているとここに表示される

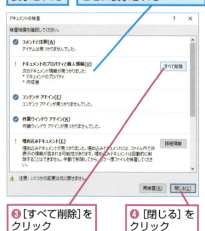

❸[すべて削除]をクリック
❹[閉じる]をクリック

関連	コメントやノートを
≫484	まとめて削除するには……P.255

549 最終版として保存するには

お役立ち度 ★★☆
2016 / 2013 / 2010 / 2007

PowerPointの[最終版]で保存すると、変更ができないファイルとなります。[ファイル]タブから[情報]をクリックして[プレゼンテーションの保護]の[最終版にする]をクリックすると、自動的に読み取り専用のファイルとして保存されます。なお、ファイルの作成者のみ下の手順で再編集が可能です。

●最終版として保存する

ワザ484を参考に、[情報]の画面を表示しておく

❶[プレゼンテーションの保護]をクリック
❷[最終版にする]をクリック

❸[OK]をクリック

❹[OK]をクリック
最終版として設定された

●最終版のファイルを再編集する

作成者はこのボタンをクリックするとファイルを変更できる

関連	コメントやノートを
≫484	まとめて削除するには……P.255

そのほかのファイル操作

うっかりファイルを削除してしまったり、保持したファイルの名前も場所も忘れてしまったことはありませんか？ここでは、ファイルを操作・管理するときの疑問を解決します。

550 別のファイルで作ったスライドを挿入したい

お役立ち度 ★★★
2016 / 2013 / 2010 / 2007

過去に作成したスライドを作成中のプレゼンテーションに挿入したいときは、[スライドの再利用]の機能を使うと簡単にコピーできます。以下の手順で元になるファイルを指定すれば、挿入したいスライドをクリックするだけで作業中のファイルに追加されます。追加したスライドは、作成中のスライドのデザインに自動的に変更されます。　→スライド……P.324

❶ [ホーム] タブをクリック
❷ [新しいスライド]のここをクリック

❸ [スライドの再利用] をクリック

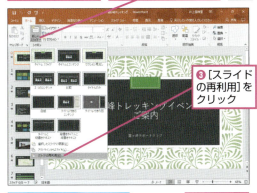

[スライドの再利用] 作業ウィンドウが表示された

❹ [参照] をクリック

❺ 挿入するスライドが含まれるファイルの保存場所を選択

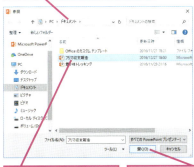

❻ [ファイルをクリック]
❼ [開く] をクリック

選択したファイルのスライドの一覧が表示された

❽ 挿入するスライドをクリック

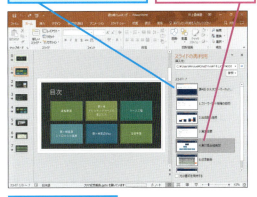

スライドが挿入される

関連 »141 特定のスライドだけ別のテーマを適用するには ………… P.93

551

元のスライドのデザインのままコピーして使いたい

お役立ち度 ★★★
2016 / 2013 / 2010 / 2007

ワザ550の手順で、作成中のファイルに別のファイルのスライドをコピーすると、自動的に作成中のデザインが適用されます。元のファイルのデザインをそのまま使いたいときは、［スライドの再利用］作業ウィンドウで［元の書式を保持する］のチェックマークを付けてから、スライドを挿入します。　→書式……P.323

ワザ550を参考に［スライドの再利用］作業ウィンドウに挿入したいファイルのスライド一覧を表示しておく

❶［元の書式を保持する］をクリックしてチェックマークを付ける

❷挿入したいスライドをクリック

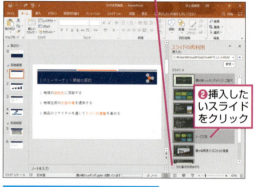

元のスライドのデザインのまま、スライドを挿入できた

関連 ≫141 特定のスライドだけ別のテーマを適用するには……P.93
関連 ≫550 別のファイルで作ったスライドを挿入したい……P.291

552

必要なファイルを間違えて削除してしまった！

お役立ち度 ★★★
2016 / 2013 / 2010 / 2007

必要なファイルを削除してしまったときは、慌てずに［ごみ箱］を探してみましょう。通常の操作で削除したファイルはいったんごみ箱に移動します。ごみ箱に目的のファイルが残っていた場合は、ファイルを右クリックして表示されるメニューから［元に戻す］をクリックすると、元の保存場所に戻ります。
→デスクトップ……P.326

ここではデスクトップから削除したファイルを元の保存先に戻す

❶デスクトップの［ごみ箱］をダブルクリック

ごみ箱の中身が表示された　　目的のファイルが見つかった

❷ファイルを右クリック　❸［元に戻す］をクリック

ファイルがごみ箱から元の保存先（ここではデスクトップ）に戻った

553 ファイル名を保存後に変更したい

お役立ち度 ★★☆
2016 / 2013 / 2010 / 2007

保存後にファイル名を変更するときは、ファイルのアイコンをクリックして選択してから[F2]キーを押します。あるいは右クリックして表示されるメニューから[名前の変更]をクリックしても、ファイル名を変更できます。ファイル名にはスライドの内容が分かるような名前を付けるといいでしょう。

➡アイコン……P.319

● [F2]キーからファイル名を変更する方法

ワザ487を参考に、エクスプローラーを起動しておく

❶ファイルをクリック

❷[F2]キーを押す

ファイル名が反転し、編集できる状態になった

| 関連 ≫487 | エクスプローラーからOneDriveを開くには……P.257 |

---

554 ファイル名を変更できない

お役立ち度 ★★☆
2016 / 2013 / 2010 / 2007

ファイル名を変更しようとしたときに以下のエラーメッセージが表示されたときは、そのファイルを開いている可能性があります。ファイルを閉じてからファイル名を変更しましょう。

➡ダイアログボックス……P.325

[使用中のファイル]ダイアログボックスが表示された

[キャンセル]をクリック

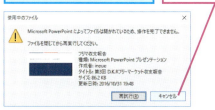

ファイルを閉じてからワザ553を参考にファイル名を変更する

---

555 パソコンの中にあるPowerPointのファイルを検索したい

お役立ち度 ★★☆
2016 / 2013 / 2010 / 2007

PowerPointでファイルを保存すると、ファイル名の後に「.pptx」の拡張子が自動的に付きます。この拡張子をキーワードにすると、パソコンに保存したPowerPointのファイルを検索できます。タスクバーの検索ボックスに「*.pptx」と入力しましょう。「*」はワイルドカードと呼ばれる記号で、拡張子が一致すればファイル名は何でも構わないという意味です。

➡タスクバー……P.325

ここではパソコンに保存されているすべてのPowerPoint形式のファイルを検索する

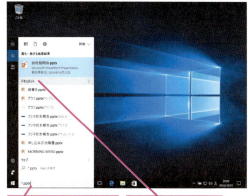

❶ここをクリックして「*.pptx」と入力

❷[ドキュメント]をクリック

パソコンにあるPowerPoint形式のファイルがすべて検索された

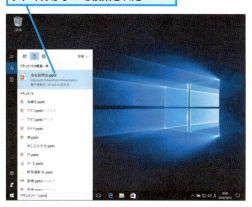

| 関連 ≫523 | ファイルをどこに保存したか忘れてしまった……P.277 |

第13章 そのほかの疑問

Excelとのデータ連携

Excelで作成済みの表やグラフは、そのままスライドに貼り付けて利用できます。ここでは、Excelとデータ連携して使うときの疑問を解決します。

556

お役立ち度 ★★★
2016 / 2013 / 2010 / 2007

Excelで作成した表をスライドに貼り付けるには

プレゼンテーションで使う表をExcelで作成している場合、PowerPointで同じ表を作り直す必要はありません。Excelの表をコピーして、PowerPointのスライドに貼り付けましょう。スライドに貼り付けた表のハンドルをドラッグすると、表のサイズを自由に調整できます。また、表の外枠にマウスポインターを合わせてドラッグすると、表を移動できます。同様の操作で、Excelで作成したグラフもスライドに貼り付けられます。

➡ハンドル……P.327

Excelの表をPowerPointのスライドに貼り付ける　　Excelを起動しておく

❶Excelのセルをドラッグして選択　❷[ホーム] タブをクリック

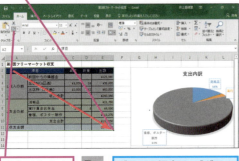

❸ [コピー] をクリック

グラフの場合は、[グラフエリア] をクリックしてコピーを実行する

PowerPointを起動して、貼り付け先のスライドを表示しておく

❹PowerPointに切り替え　❺[ホーム] タブをクリック

❻ [貼り付け] をクリック

スライドにExcelの表が貼り付けられた

ワザ239とワザ240の方法で、表の大きさや位置を変更できる

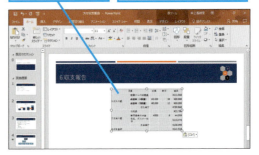

関連 ≫236　スライド上に表を作成するには……P.136

294　できる　● Excelとのデータ連携

557

Excelで作成した表の書式を修正するには

お役立ち度 ★★★
2016 / 2013 / 2010 / 2007

Excelの表を［コピー］ボタンと［貼り付け］ボタンを使ってスライドに貼り付けると、PowerPointの表として扱えるようになります。表の書式を変更したいときは、PowerPointの［表ツール］の［デザイン］タブや［レイアウト］タブを使って自由に変更できます。

➡コピー……P.322
➡書式……P.323
➡貼り付け……P.327

ワザ556を参考に、Excelの表をスライドに貼り付けておく

❶［表ツール］の［デザイン］タブをクリック
❷［表のスタイル］の［その他］をクリック

表のデザインを選択できる

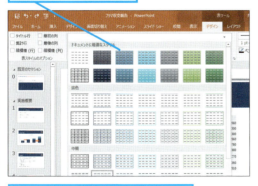

PowerPoint上で作成した表と同様に、文字やセルの書式の変更などもできる

関連 »247 表の［スタイル］って何？ …… P.141

558

元のデザインのままで表やグラフを貼り付けたい

お役立ち度 ★★★
2016 / 2013 / 2010 / 2007

Excelの表やグラフを貼り付けると、Excelで設定した表やグラフの色は、PowerPointのスライドの［テーマ］に合わせて自動的に更新されます。ExcelとPowerPointでファイルに設定したテーマが異なり、Excelファイルに設定したテーマを有効にするには、貼り付け直後に表示される［貼り付けのオプション］ボタンをクリックし、［元の書式を保持］を選択します。

➡グラフ……P.322
➡テーマ……P.326
➡貼り付けのオプション……P.327

ワザ556を参考に、Excelの表をスライドに貼り付けておく

❶［貼り付けのオプション］をクリック

❷［元の書式を保持］をクリック

表の書式やデータの再編集をしないときは、［図］を選んでもいい

Excelの表に適用していた書式が有効になった

Excelとのデータ連携　295

559 Excelの機能を使えるように表を貼り付けるには

お役立ち度 ★★★
2016 / 2013 / 2010 / 2007

コピーしたExcelの表をPowerPointのスライドに貼り付けるときに、[Microsoft Excelワークシートオブジェクト]として貼り付けると、後からExcelの機能を使って表を編集できるようになります。

➡スライド……P.324
➡貼り付け……P.327
➡表……P.328

ワザ554を参考に、Excelの表をコピーしておく

表を貼り付けたいスライドを表示しておく

❶[ホーム]タブをクリック
❷[貼り付け]のここをクリック

❸[形式を選択して貼り付け]をクリック

[形式を選択して貼り付け]ダイアログボックスが表示された

❹[貼り付け]をクリック
❺[Microsoft Excelワークシートオブジェクト]をクリック

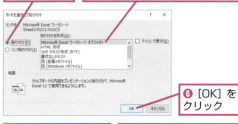

❻[OK]をクリック

Excelの表がそのまま貼り付けられた

ワザ560を参考に、Excelの機能を使って編集できる

560 Excelの機能を使って表を修正するには

お役立ち度 ★★☆
2016 / 2013 / 2010 / 2007

ワザ559の手順で貼り付けた表を修正するときは、表をダブルクリックします。そうすると、スライドの中にExcelのウィンドウが表示され、メニューバーやツールバーがExcelの内容に自動的に切り替わり、Excelの機能を使って修正できます。

➡表……P.328
➡プレースホルダー……P.328

ワザ556を参考に、Excelの表を[Microsoft Excelワークシートオブジェクト]として貼り付けておく

❶表のプレースホルダーにマウスポインターを合わせる

マウスポインターの形が変わった

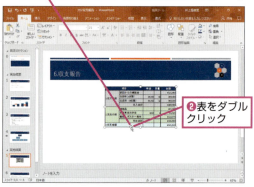

❷表をダブルクリック

Excelのリボンに変わった

Excelの機能を使って表を編集できる

表の外をクリックすると、PowerPointの画面が表示される

関連 ≫275 グラフの元データはどうやって編集するの？……P.152

561 ExcelのグラフとPowerPointのグラフを連動させるには

お役立ち度 ★★★
2016 / 2013 / 2010 / 2007

Excelのグラフを修正して、PowerPointに貼り付けたグラフに修正結果が反映されるようにするには、［リンク貼り付け］を実行します。以下の手順で［リンク貼り付け］を行うと、スライドに貼り付けたグラフをダブルクリックしたときに、自動的にExcelが起動します。Excel側でグラフを修正してからPowerPointに戻ると、修正結果が反映されていることが確認できます。同じ操作で、Excelの表もリンク貼り付けできます。Excel側の修正内容が反映されないときは、スライドの表やグラフを右クリックしてから［リンクの更新］をクリックしましょう。　➡グラフ……P.322

［形式を選択して貼り付け］ダイアログボックスが表示された

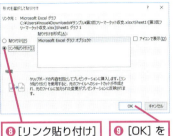

❽［リンク貼り付け］をクリック　　❾［OK］をクリック

Excelにリンクした状態でスライドにグラフが貼り付けられた

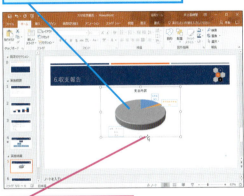

❿グラフをダブルクリック

Excelに画面が切り替わった

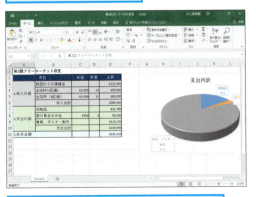

ExcelでグラフをExcelを修正すると、PowerPointのグラフにも自動的に反映される

PowerPointとExcelを起動しておく　　❶グラフエリアをクリック

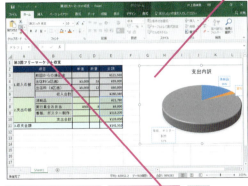

❷［ホーム］タブをクリック　　❸［コピー］をクリック

❹PowerPointに切り替え、グラフを貼り付けたいスライドを表示　　❺［ホーム］タブをクリック

❻［貼り付け］のここをクリック　　❼［形式を選択して貼り付け］をクリック

Excelとのデータ連携　297

562

リンク貼り付けしたグラフの背景の色を透明にしたい

ワザ561の手順でExcelのグラフを［リンク貼り付け］で貼り付けると、［グラフエリア］に設定されている色がそのまま適用されます。スライドの背景が透けて見えるようにするには、グラフをダブルクリックしてExcelを起動し、［グラフエリア］の［図形の塗りつぶし］を［塗りつぶしなし］に変更します。

→グラフ……P.322
→書式……P.323

❶ Excelが起動した
❷ グラフの背景をクリック
❸ ［グラフツール］の［書式］タブをクリック
❹ ［図形の塗りつぶし］のここをクリック
❺ ［塗りつぶしなし］をクリック

ワザ561を参考に、Excelのグラフをスライドにリンク貼り付けしておく

Excelでグラフエリアの書式を変更する

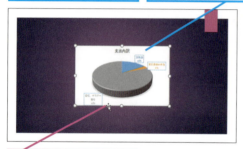

❶ グラフをダブルクリック

上書き保存を実行して、Excelのファイルを閉じておく

グラフの背景色が透明になり、スライドの背景が表示された

次回以降ファイルを開く時に、リンクを更新するか確認する画面が表示されるので［リンクを更新］をクリックしておく

563

［図］の形式はどれを選べばいいの？

Excelの表やグラフを画像として貼り付けると、後からデータを編集できなくなり、第三者によるデータの改ざんを防げます。［形式を選択して貼り付け］ダイアログボックスには、いくつかの図の形式が用意されていますが、一般的には［図（Windows拡張メタファイル）］や［図（拡張メタファイル）］を使います。［ビットマップ］は拡大するとにじむ可能性があるので注意しましょう。

→ダイアログボックス……P.325

関連 ▶559 Excelの機能を使えるように表を貼り付けるには……P.296

ワザ559の［形式を選択して貼り付け］ダイアログボックスで［ビットマップ］を選択して貼り付けると、拡大したときに文字がにじんでしまう

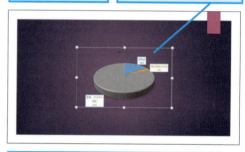

グラフの場合は［ビットマップ］を選択できない

564 ファイルを開いたら、リンクの更新を確認する画面が出た！

お役立ち度 ★★☆
2016 / 2013 / 2010 / 2007

ワザ561の手順でリンク貼り付けを実行すると、スライドに貼り付けた表やグラフは常にExcelファイルのデータを参照します。PowerPointのファイルを開くたびにリンクの更新を促すメッセージが表示されるので、[リンクを更新]ボタンをクリックしましょう。このとき、元のExcelのファイルを削除したり、保存先を移動したりすると、更新できない旨のメッセージが表示されます。その場合は、もう一度、Excelの表やグラフを貼り付け直しましょう。　➡グラフ……P.322
➡ダイアログボックス……P.325
➡表……P.328

ファイルを開いたとき、リンクの更新に関する画面が表示された

❶ [リンクを更新] をクリック

元のExcelのファイルを削除したり、保存先を変更したりしていると、以下のダイアログボックスが表示される

❷ [OK] をクリック　　ワザ561を参考にExcelのファイルから表やグラフを貼り付け直す

| 関連 ≫559 | Excelの機能を使えるように表を貼り付けるには……P.296 |
| 関連 ≫561 | ExcelのグラフとPowerPointのグラフを連動させるには……P.297 |

565 Excelの表やグラフを目立つようにするには

お役立ち度 ★★☆
2016 / 2013 / 2010 / 2007

Excelの表やグラフを貼り付けただけで満足してはいけません。Excelで作成した表やグラフがスライドにマッチするとは限らないからです。PowerPointに貼り付けてから、スライドのデザインに合うような色に変更したり、吹き出しの図形を使ってポイントが目立つように手を加えて使いましょう。
➡グラフ……P.322
➡スライド……P.324
➡表……P.328

ワザ556を参考にスライドに表を貼り付けておく

表のポイントが分かりにくい

ワザ171を参考に吹き出しを描画してポイントを入力

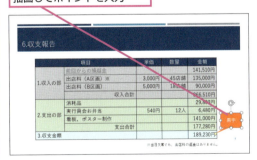

表のポイントが目立つようになった

| 関連 ≫171 | 真ん丸な円を描くには……P.106 |
| 関連 ≫265 | 表のポイントを強調したい！……P.148 |

Excelとのデータ連携 ● できる 299

Wordとのデータ連携

PowerPointはWordとも強い連携機能があり、Wordの文書をスライドに読み込んだり、スライドの内容をWordに送信したりすることができます。Wordとの連携テクニックを紹介しましょう。

566

お役立ち度 ★★★
2016 / 2013 / 2010 / 2007

Wordの文書からスライドを作成するには

プレゼンテーションで使う企画書や提案書がWordで作成済みという場合は、作業時間を短縮できます。[アウトラインからスライド]の機能を使って、Word文書の文字をPowerPointのスライドに読み込みましょう。ただし、文書内に挿入してある表やグラフ、画像、図形はスライドに読み込めません。表や画像を使いたいときは、Word文書からコピーして使いましょう。

➡ アウトライン……P.319

PowerPointで読み込む前に、ワザ567を参考にWordの文書に見出しを設定しておく

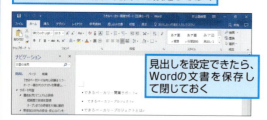

見出しを設定できたら、Wordの文書を保存して閉じておく

PowerPointを起動しておく

❶[ホーム]タブをクリック
❷[新しいスライド]のここをクリック

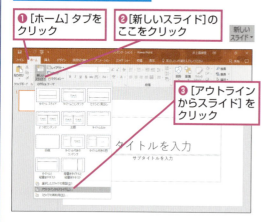

❸[アウトラインからスライド]をクリック

[アウトラインの挿入]ダイアログボックスが表示された

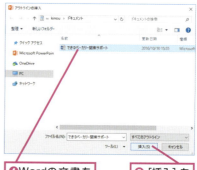

❹ Wordの文書をクリック
❺[挿入]をクリック

Wordの文書からスライドが作成された

[見出し1]のスタイルに設定した文字がタイトルとして表示される

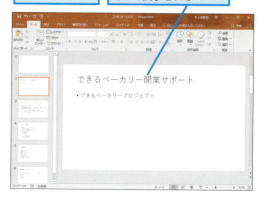

関連	Wordの文書をうまく
≫567	スライドに分けるには……P.301

関連	Wordの文書にあった
≫568	表やグラフが読み込めない……P.301

567 Wordの文書をうまくスライドに分けるには

お役立ち度 ★★★
2016 / 2013 / 2010 / 2007

Wordの文書をPowerPointに読み込むと、Wordの［見出し1］のスタイルがスライドのタイトルとして読み込まれます。同様に［見出し2］が箇条書き、［見出し3］がレベルの下がった箇条書きとして読み込まれます。Wordで［見出しスタイル］をあらかじめ設定しておくと、PowerPointでスライドを修正する手間が省けます。　　　　　　　　→スタイル……P.323

Wordの文書で見出しを設定する

❶スライドのタイトルにしたい文字をドラッグして選択
❷［ホーム］タブをクリック
❸［その他］をクリック
❹［見出し1］をクリック

選択した文字に見出しが設定された
ほかの個所にも見出しを設定しておく
❺ワザ566を参考にWordの文書を元にしてスライドを作成
Wordで設定した見出しのスタイルを元に、文書がスライドに読み込まれる

関連 ≫566 Wordの文書からスライドを作成するには………P.300

568 Wordの文書にあった表やグラフが読み込めない

お役立ち度 ★★★
2016 / 2013 / 2010 / 2007

［アウトラインからスライド］でPowerPointに読み込まれるのは、Word文書の文字だけです。Word文書にある表やグラフは、［コピー］ボタンでコピーしてから［貼り付け］ボタンでスライドに貼り付けましょう。
→アウトライン……P.319

569 スライドの修正に合わせてWordの資料を更新するには

お役立ち度 ★★★
2016 / 2013 / 2010 / 2007

ワザ475の手順でスライドをWordに送信するときに、［リンク貼り付け］を選択すると、スライドの修正に合わせてWord文書も自動的に更新されるように設定できます。ただし、更新されるのはWord文書に貼り付けられたスライドの画像だけで、ノートに入力した文字の内容は含まれません。　→貼り付け……P.327

ワザ475を参考に［Microsoft Wordに送る］ダイアログボックスを表示しておく

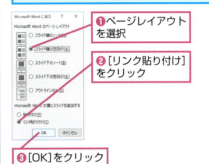

❶ページレイアウトを選択
❷［リンク貼り付け］をクリック
❸［OK］をクリック

Wordが起動し、スライドの内容が表示された
❹文書を保存

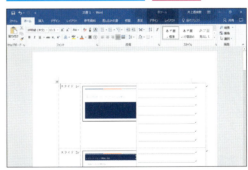

スライドの内容にリンクしたWordの文書が作成できた
作成したWordの文書を開くと、以下の画面が表示される

［はい］をクリックすると、Wordの文書がスライドの内容に合わせて更新される

関連 ≫475 アウトラインに書式を設定して印刷するには………P.250

そのほかのデータ連携

Webページのデータやπ PDFなどのデータもPowerPointで利用できます。ここでは、Webページのデータを利用する操作をはじめ、マナーやトラブルの対処方法を解説します。

570 テキストファイルからスライドを作成するには

お役立ち度 ★★★
2016 / 2013 / 2010 / 2007

[ホーム]タブの[新しいスライド]ボタンの一覧から[アウトラインからスライド]をクリックすると、メモ帳などで作成したテキストファイルの文字をPowerPointのスライドに読み込めます。このとき、Enterキーで改行した位置でスライドが分かれるため、後からPowerPointで修正する必要があります。

➡アウトライン……P.319

ワザ566を参考に、[アウトラインの挿入]ダイアログボックスを表示しておく

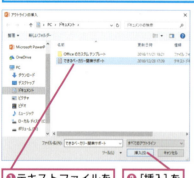

❶ テキストファイルをクリック
❷ [挿入]をクリック

テキストファイルの内容がスライドに表示された
段落ごとにスライドが作成される

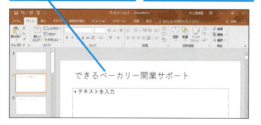

関連 ≫566 Wordの文書からスライドを作成するには……P.300

571 読み込んだテキストが文字化けしてしまった！

お役立ち度 ★★★
2016 / 2013 / 2010 / 2007

ワザ570の手順でテキストファイルをスライドに読み込んだときに、文字化けして読めない場合があります。そのときは、以下の手順で[文字コード]を[Unicode]に変更してファイルを保存し直しましょう。Unicodeとは、世界中の文字に対応している文字コードのことです。

➡名前を付けて保存……P.326

文字化けしてしまったテキストファイルを開いておく

❶ [ファイル]をクリック
❷ [名前を付けて保存]をクリック

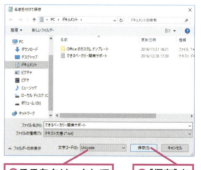

❸ ここをクリックして[Unicode]を選択
❹ [保存]をクリック

ワザ570を参考に、あらためてテキストファイルを読み込む

572　PDFファイルの文章をスライドに使うには

お役立ち度 ★★★
2016 / 2013 / 2010 / 2007

PDFとは、パソコンの機種や環境に関係なくファイルを読める形式で、文書の閲覧に広く利用されています。PDFファイルの文章をスライドで利用するときは、元になる文字列をコピーしてから、PowerPointの［貼り付け］ボタンを使ってスライドに貼り付けます。ただし、文字のコピーを禁止したPDFファイルからはコピーを実行できません。

➡PDF……P.319
➡コピー……P.322

利用したいPDFファイルをAdobe Acrobat Reader DCで表示しておく

Adobe Acrobat Reader DCは無料でアドビシステムズのWebページからダウンロードできる

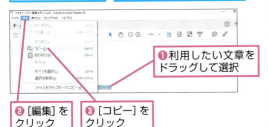

❶利用したい文章をドラッグして選択
❷［編集］をクリック
❸［コピー］をクリック

PDFの文章を貼り付けたいスライドを表示しておく

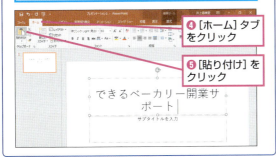

❹［ホーム］タブをクリック
❺［貼り付け］をクリック

573　Webページ上の画像を勝手に利用しても大丈夫？

お役立ち度 ★★★
2016 / 2013 / 2010 / 2007

原則として、Webページ上の文章や画像などには著作権があり、無断での使用は違法行為です。ただし、個人的に使用する目的で利用可能なものや、著作権がフリーのものもあります。Webページの「利用規約」などのルールを確認してから使いましょう。

574　Webページ上の画像をスライドに貼り付けるには

お役立ち度 ★★★
2016 / 2013 / 2010 / 2007

Webページ上の写真やイラストなどをPowerPointのスライドで利用するには、写真やイラストを右クリックでコピーしてスライドに貼り付けます。よく使う画像は、Webページの画像を右クリックして表示されるメニューから［名前を付けて画像を保存］をクリックして、パソコンに保存しておくといいでしょう。ただし、ワザ573でも述べているように、画像の著作権には注意しましょう。

➡貼り付け……P.327

ここでは、Webブラウザーで表示した画像をスライドに挿入する

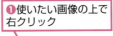

❶使いたい画像の上で右クリック
❷［コピー］をクリック

❸［ホーム］タブをクリック
❹［貼り付け］をクリック

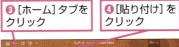

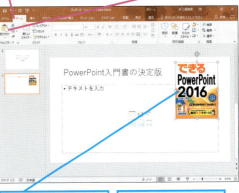

スライドに画像が挿入された
画像の位置や大きさを調整しておく

関連 ≫298 コピーライトとは …… P.164

そのほかのデータ連携 ● できる 303

575 Webページの文字をスライドに貼り付けるには

お役立ち度 ★★☆
2016 / 2013 / 2010 / 2007

Webページの文字をPowerPointのスライドに貼り付けたいときは、目的のWebページで必要な部分をドラッグしてコピーしてから貼り付けます。画像と同様に、文章にも著作権があるので、使う前に規約などを確認しましょう。
→コピー……P.322

ここでは、Webブラウザーで表示されている文字をスライドに挿入する

❶文字をドラッグして選択
❷選択した文字の上で右クリック

❸[コピー]をクリック

文字を貼り付けたいスライドを表示しておく

❹[ホーム]タブをクリック
❺[貼り付け]をクリック

ホームページの文字がスライドに貼り付けられた

関連 ≫574 Webページ上の画像をスライドに貼り付けるには …… P.303

576 キー操作でパソコンの画面を貼り付けるには

お役立ち度 ★★★
2016 / 2013 / 2010 / 2007

パソコンの新しいアプリやシステムを提案するプレゼンテーションでは、画面イメージなどを伝えるときに、パソコンの画面そのものをスライドに貼り付けると効果的です。[Print Screen]キーを押すと表示中の画面がクリップボードにコピーされ、[貼り付け]ボタンでスライドに貼り付けられます。また、複数のウィンドウが開いているときは、[Alt]+[Print Screen]キーを押すと、一番手前にあるウィンドウだけをコピーできます。
→コピー……P.322

パソコンに表示されている画面をそのままスライドに挿入する

❶[Print Screen]キーを押す

❷[ホーム]タブをクリック
❸[貼り付け]をクリック

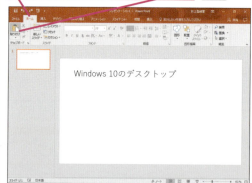

パソコンの画面がスライドに貼り付けられた
位置や大きさを調整しておく

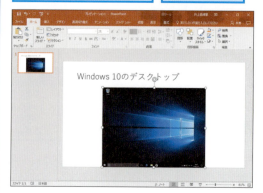

関連 ≫294 パソコンの画面をスライドに挿入するには …… P.162

マクロを使った操作

マクロって何？ マクロを使うにはどうするの？ など、ここでは、マクロを使う上での基本的な疑問やトラブルを解決します。

577　マクロって何？

お役立ち度 ★★★
2016 / 2013 / 2010 / 2007

マクロとは、記録した操作を自動で行うプログラムです。毎回同じ操作を繰り返している場合は、操作の手順をマクロに登録すると、ワンクリックで一連の操作が行えるようになります。PowerPointでマクロを作成するには、VBA（Visual Basic for Applications）というプログラミング言語を使って、プログラムを記述する必要があります。

●マクロを使わない場合

何度も繰り返す操作を1つ1つ操作しなければならない

●マクロを使った場合

マクロを利用すると記録した操作を自動的に実行できる

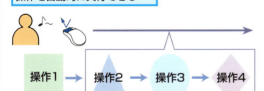

関連 ≫578　マクロのボタンを増やすには……P.305

578　マクロのボタンを増やすには

お役立ち度 ★★★
2016 / 2013 / 2010 / 2007

マクロの機能は、最初は［表示］タブの［マクロ］ボタンから実行できる機能しか使えませんが、以下の手順で［開発］タブを表示すると、さらに複雑な処理を実行できるタブやボタンを表示できます。

→タブ……P.325

初期設定ではマクロに関する機能のボタンは1つしか用意されていない

より多くの機能を簡単に行えるよう、［開発］タブを表示する

ワザ018を参考に［PowerPointのオプション］ダイアログボックスを表示しておく

❶［リボンのユーザー設定］をクリック
❷［開発］をクリックしてチェックマークを付ける

❸［OK］をクリック

［開発］タブがリボンに追加された
ここからマクロに関するさまざまな機能を使える

関連 ≫018　PowerPoint の設定を変更したい……P.38

579 マクロを有効にするには

お役立ち度 ★★★
2016 / 2013 / 2010 / 2007

マクロウイルスによる感染を防ぐため、マクロが登録されたファイルを開くと、[セキュリティの警告]が表示されます。マクロが安全だと分かっているときには、[コンテンツの有効化]ボタンをクリックすると、マクロが使えるようになります。なお、マクロ入りのファイルを保存するときには、ワザ581の手順でマクロが有効になるファイル形式にする必要があります。

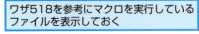
ワザ518を参考にマクロを実行しているファイルを表示しておく

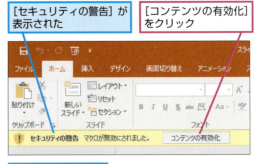
[セキュリティの警告]が表示された
[コンテンツの有効化]をクリック
マクロが有効になる

関連 ≫580 マクロを記述するには …… P.306

580 マクロを記述するには

お役立ち度 ★★★
2016 / 2013 / 2010 / 2007

マクロを記述するときは、VBAコードを記述するVisual Basic Editorというツールを起動し、画面に直接VBAのコードを入力します。VBAのコードは、決められた命令を正しく記述しないとエラーが発生します。VBAを使ってプログラミングするには、ある程度VBAの知識が必要です。完成したマクロは[開発]タブの[マクロ]から実行できます。

→タブ……P.325

ワザ578を参考に[開発]タブをリボンに追加しておく

❶[開発]タブをクリック

❷[マクロ]をクリック

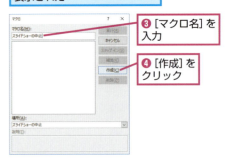
[マクロ]ダイアログボックスが表示された
❸[マクロ名]を入力
❹[作成]をクリック

Visual Basic Editorが起動した
❺ここにVBAのコードを入力

関連 ≫578 マクロのボタンを増やすには …… P.305

581 マクロを有効にして保存するには

お役立ち度 ★★★
2016 / 2013 / 2010 / 2007

マクロ入りのファイルを［PowerPointプレゼンテーション］形式で保存すると、作成したマクロは動きません。マクロ入りのファイルを保存するときは、［ファイルの種類］を［PowerPointマクロ有効プレゼンテーション］に変更します。
　➡上書き保存……P.320
　➡名前を付けて保存……P.326

VBAのコードを入力できた

❶［(ファイル名)の上書き保存］をクリック

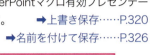

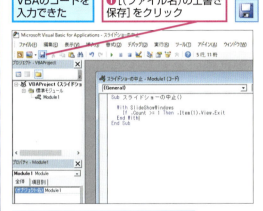

このままではマクロ入りのファイルで保存できない

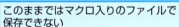

❷［いいえ］をクリック

［名前を付けて保存］ダイアログボックスが表示された

❸ファイル名を入力

❹ここをクリックして［PowerPointマクロ有効プレゼンテーション］を選択

❺［保存］をクリック

❻［ファイル］をクリック

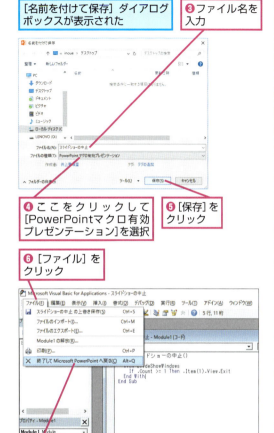

❼［終了してMicrosoft PowerPointに戻る］をクリック

 マクロを有効にするには ……………………… P.306

マクロを使った操作　●できる　307

582 マクロを実行するには

お役立ち度 ★★★
2016 / 2013 / 2010 / 2007

作成したマクロを実行するには、[開発]タブにある[マクロ]ボタンをクリックし、[マクロ]ダイアログボックスで実行したいマクロの名前をクリックします。そうすると、VBAのコードで記述した通りに自動的に機能が実行されます。
➡ダイアログボックス……P.325
➡タブ……P.325

❶[開発]タブをクリック ❷[マクロ]をクリック

[マクロ]ダイアログボックスが表示された

❸実行するマクロをクリック ❹[実行]をクリック

マクロに記録した操作が自動的にスライドに対して実行される

| 関連 ≫578 | マクロのボタンを増やすには ………………… P.305 |
| 関連 ≫583 | マクロをワンタッチで動かすには ………… P.308 |

583 マクロをワンタッチで動かすには

お役立ち度 ★★★
2016 / 2013 / 2010 / 2007

作成済みのマクロを以下の手順でクイックアクセスツールバーに登録すると、ボタンをクリックするだけでマクロを実行できます。あるいは、スライド上にマクロを実行するための動作設定ボタンを描画しても、マクロを登録できます。
➡クイックアクセスツールバー……P.321

ワザ018を参考に、[PowerPointのオプション]ダイアログボックスを表示しておく

❶[クイックアクセスツールバー]をクリック ❷ここをクリックして[マクロ]を選択 ❸クイックアクセスツールバーに登録したいマクロを選択

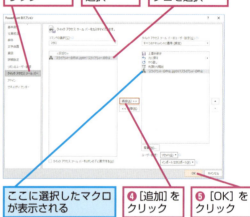

ここに選択したマクロが表示される ❹[追加]をクリック ❺[OK]をクリック

マクロのボタンがクイックアクセスツールバーに登録された

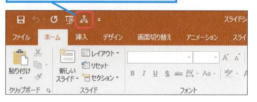

| 関連 ≫018 | PowerPointの設定を変更したい ………… P.38 |

PowerPointに関する情報や関連機能

PowerPointの学習方法や分からない機能の調べ方、PowerPointのアンインストール方法など、ここでは、PowerPointのそのほかの分野に関する疑問を解決します。

584 PowerPointの使い方を無料で学習するには

お役立ち度 ★★★
2016 / 2013 / 2010 / 2007

マイクロソフトの［Officeトレーニングセンター］のWebページに用意されている［Officeトレーニングビデオ］を使うと、PowerPointのさまざまな機能を無料で学習できます。学習したい内容は、動画で確認できるようになっています。

▼Officeトレーニングセンター
http://office.microsoft.com/ja-jp/training/

Officeの使い方を無料で学習できる

関連 ≫585 PowerPointの機能について調べるには ……… P.309

585 PowerPointの機能について調べるには

お役立ち度 ★★★
2016 / 2013 / 2010 / 2007

PowerPointの機能や使い方は多岐にわたります。本書を読んでも解決しないトラブルがあったときは、マイクロソフトが開設している「サポートオンライン」のWebページを参照するといいでしょう。また、ワザ584の［Office トレーニングセンター］のWebページにも、PowerPointの活用ヒントなどが紹介されています。

▼マイクロソフト サポートオンラインのWebページ
http://support.microsoft.com/

関連 ≫586 ［ヘルプ］作業ウィンドウで機能を調べるには ……………………………… P.310

586 [ヘルプ] 作業ウィンドウで機能を調べるには

お役立ち度 ★★☆
2016 / 2013 / 2010 / 2007

ワザ003でも紹介した操作アシストの機能を利用すれば、調べたい機能のヘルプ画面を表示できます。ボックス内に「印刷」や「スライドマスター」などのキーワードを入力し、検索結果の一覧から[(キーワード)のヘルプを参照]をクリックします。

➡作業ウィンドウ……P.322
➡スライドマスター……P.325

❶ ここに使い方の分からない機能名を入力

❷ [(機能名)]のヘルプを参照]にマウスポインターを合わせる

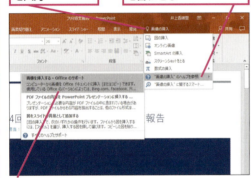

❸ 検索結果をクリック

[ヘルプ]作業ウィンドウが表示された

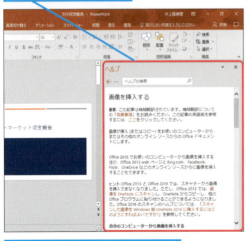

F1キーを押せば、いつでも[ヘルプ]作業ウィンドウを表示できる

587 PowerPointのバージョンを確認するには

お役立ち度 ★★☆
2016 / 2013 / 2010 / 2007

PowerPointは、バージョンアップごとに新しい機能が追加され、使いやすいように改良されています。使用しているPowerPointのバージョンを確認するには、[ファイル]タブをクリックして表示されるメニューから[アカウント]をクリックし、[PowerPointのバージョン情報]をクリックしましょう。

➡起動……P.321
➡タブ……P.325

PowerPointを起動しておく

❶ [ファイル]タブをクリック

❷ [アカウント]をクリック

❸ [PowerPointのバージョン情報]をクリック

バージョン情報が表示された

588 PowerPointをアンインストールするには

PowerPointをパソコンから削除するには「アンインストール」という操作を行います。以下の手順で［アンインストール］を選択し、一覧からPowerPointを選択して［アンインストール］ボタンをクリックします。

なお、Office 365では、PowerPointだけをアンインストールできません。WordやExcelも含めたOffice 365全体が削除されます。

➡アンインストール……P.320

❶ ［スタート］をクリック

❷ ［PowerPoint 2016］を右クリック

❸ ［アンインストール］をクリック

コントロールパネルの［プログラムと機能］の画面が表示された

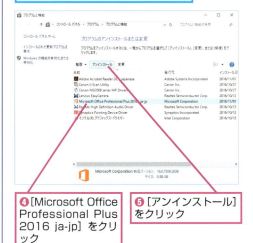

❹ ［Microsoft Office Professional Plus 2016 ja-jp］をクリック

❺ ［アンインストール］をクリック

❻ ［アンインストール］をクリック

❼ アンインストールが完了するまでしばらく待つ

アンインストールが完了した

❽ ［閉じる］をクリック

自動保存と画面のカスタマイズ

オリジナルのタブやオリジナルテンプレートを作成すると、作業の効率がアップします。ここでは、知っていると便利なPowerPointの機能を解説します。

589

お役立ち度 ★★★
2016 / 2013 / 2010 / 2007

スライドの内容を前の状態に戻すには

PowerPointには自動保存の機能が備わっており、手動で保存を実行しなくても、一定の間隔（初期設定では10分）ごとに自動で保存されます。作業中のファイルを少し前の状態に戻すには、［プレゼンテーションの管理］に表示されるファイルから、何回か前に自動保存されたものをクリックして選びましょう。時刻が新しいファイルほど、直近に保存されたファイルであることを示しています。

→上書き保存……P.320
→タブ……P.325

❶［ファイル］タブをクリック

❷［情報］をクリック

自動保存されたファイルが表示されている

❸時刻をクリック

自動保存されたファイルが表示された

❹［復元］をクリック

❺［OK］をクリック

自動保存された時刻のファイルに上書き保存される

関連 ≫590 ファイルを保存せずに閉じてしまった！ ……… P.313

590 ファイルを保存せずに閉じてしまった！

お役立ち度 ★★
2016 / 2013 / 2010 / 2007

新しいプレゼンテーションファイルのスライドをうっかり保存しないで閉じてしまっても、パソコンの電源を切る前であれば復元できます。それには、[ファイル]タブから[情報]の[プレゼンテーションの管理]をクリックし、さらに[保存されていないプレゼンテーションの回復]をクリックして[ファイルを開く]ダイアログボックスに表示されたプレゼンテーションファイルを選択します。複数のファイルが表示された場合は、更新日時などを手がかりにするといいでしょう。なお、保存済のスライドを編集中に閉じてしまったときは、ワザ589の自動保存の一覧に表示されます。

➡ダイアログボックス……P.325

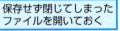

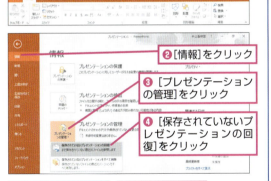

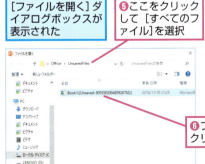

591 クイックアクセスツールバーをリボンの下に移動するには

お役立ち度 ★★
2016 / 2013 / 2010 / 2007

クイックアクセスツールバーはリボン上部の画面左上に常に表示されますが、リボンの下部にも移動できます。元に戻したいときは同様の操作で[リボンの上に表示]をクリックすると元に戻ります。使いやすい位置を選びましょう。

➡起動……P.321
➡クイックアクセスツールバー……P.321
➡リボン……P.329

PowerPointを起動しておく

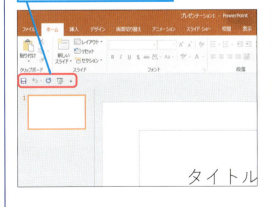

関連 ≫023 よく使う機能のボタンを登録するには……P.39

592 スタート画面を表示せずに起動するには

お役立ち度 ★★☆
2016 / 2013 / 2010 / 2007

PowerPointを起動すると、[スタート]画面と呼ばれる画面が表示され、PowerPointの作業の始め方を選択できます。この画面を表示しないで白紙の1枚目のスライドを表示したい場合は、[PowerPointのオプション]ダイアログボックスで[このアプリケーションの起動時にスタート画面を表示する]のチェックマークをはずします。　　　➡スタート画面……P.323

PowerPointの起動時に、以下のスタート画面が表示されないように設定する

ワザ018を参考に、[PowerPointのオプション]ダイアログボックスを表示しておく

❶[基本設定]をクリック

❷このアプリケーションの起動時にスタート画面を表示する]をクリックしてチェックマークを外す

❸[OK]をクリック

PowerPointの起動時に、スタート画面が表示されなくなる

---

593 リボンの背景は変更できるの？

お役立ち度 ★★☆
2016 / 2013 / 2010 / 2007

初期設定では、リボン上部のオレンジ色の部分に「回路」の模様が設定されています。以下の手順で背景の模様を変更したり消去したりすることができます。なお、PowerPointで背景の模様を変更すると、ExcelやWordなどのほかのOfficeアプリにも自動的に反映されます。　　　➡リボン……P.329

リボンの模様を変更する

ワザ018を参考に、[PowerPointのオプション]ダイアログボックスを表示しておく

❶[基本設定]をクリック

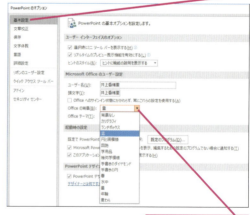

❷[Officeの背景]のここをクリック

背景の一覧が表示されるのでクリックして選択する

選択したら[OK]をクリックして[PowerPointのオプション]ダイアログボックスを閉じておく

関連 ≫018 PowerPointの設定を変更したい……P.38

テンプレートの保存と活用

テンプレートとはスライドのひな形のことです。プロジェクトや会社で共通のデザインが決まっている場合は、オリジナルのテンプレートを作成して保存するといいでしょう。

594 オリジナルのテンプレートを作成するには

お役立ち度 ★★★
2016 / 2013 / 2010 / 2007

PowerPointに用意されている[テーマ]を編集したり、白紙のスライドに図形や画像を入れてデザインしたものは、オリジナルのテンプレートとして保存できます。スライドのデザインを変更するときは、スライドマスター画面を表示して、レイアウトごとにデザインを設定しましょう。スライドの色や模様だけでなく、文字のサイズやフォントなどの書式やプレースホルダーのレイアウトなどもまとめて設定できます。

➡テーマ……P.326

新しくプレゼンテーションファイルを作成しておく

❶[表示]タブをクリック　❷[スライドマスター]をクリック

テンプレートのひな型が表示された

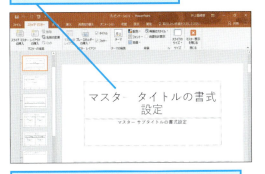

背景の色を変更したり、図形を描画するなどしてオリジナルのテンプレートを作成できる

595 オリジナルのレイアウトを作成するには

お役立ち度 ★★
2016 / 2013 / 2010 / 2007

[ホーム]タブの[レイアウト]ボタンに用意されているスライドのレイアウトは11種類です。これら以外のレイアウトを作成するには、スライドマスターの画面でプレースホルダーの種類を選び、スライド上をドラッグして変更します。プレースホルダーには「コンテンツ」や「グラフ」「表」など、いくつもの種類があり、自由に組み合わせられます。

➡スライドマスター……P.325

ひな型にないレイアウトを作成する

❶ワザ594を参考に[スライドマスター]タブを表示　❷[レイアウトの挿入]をクリック

新しいスライドが挿入された

ここからプレースホルダーを挿入できる

596 オリジナルのテンプレートを保存するには

お役立ち度 ★★★
2016 / 2013 / 2010 / 2007

オリジナルのテンプレートが完成したら、[ファイルの種類]を[PowerPointテンプレート]に変更して保存します。ファイルの種類を変更すると、自動的に保存場所が[ドキュメント]に変わるので、必要に応じて変更しましょう。
➡ダイアログボックス……P.325
➡テンプレート……P.326
➡名前を付けて保存……P.326

関連 ≫531 ファイルはどうやって保存するの？……P.281

ワザ531を参考に、[名前を付けて保存]ダイアログボックスを表示しておく

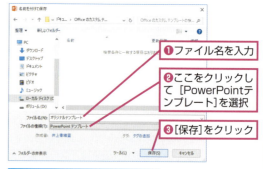

❶ファイル名を入力
❷ここをクリックして[PowerPointテンプレート]を選択
❸[保存]をクリック

保存場所が自動的に指定される

597 オリジナルのテンプレートを開くには

お役立ち度 ★★★
2016 / 2013 / 2010 / 2007

ワザ596の操作で保存したテンプレートを利用するには、保存先のフォルダーを開いて、テンプレートのファイルのアイコンをダブルクリックします。そうすると、テンプレートそのものが開くのではなく、テンプレートを元にした新しいプレゼンテーションファイルが開きます。内容の入力が終わったら新規のプレゼンテーションファイルとして保存しましょう。
➡アイコン……P.319
➡テンプレート……P.326

テンプレートが保存されているフォルダーを開いておく

テンプレートをダブルクリック

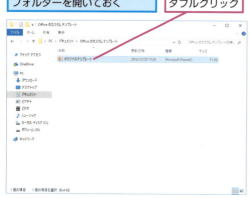

テンプレートそのものではなく、テンプレートを元にした新規のプレゼンテーションファイルが表示された

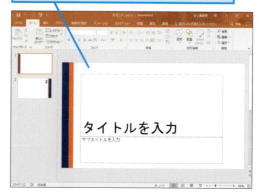

598 インターネット上にあるテーマを入手するには

お役立ち度 ★★★
2016 / 2013 / 2010 / 2007

マイクロソフトのWebページには、PowerPoint用の新しいテーマが次々と追加されています。プレゼンテーション用のデザインを使うときには、[ファイル]タブの[新規]をクリックし、検索ボックスの下にある「プレゼンテーション」のリンクをクリックします。気に入ったデザインが見つかったら、[作成]ボタンをクリックしてダウンロードしましょう。テーマによっては、最初から複数枚のスライドが用意されている場合もあります。

➡テーマ……P.326

❶[ファイル]タブをクリック
❷[新規]をクリック
❸[プレゼンテーション]をクリック

Webから入手できるテーマの一覧が表示された
❹適用するテーマをクリック

❺[作成]をクリック

選択したテーマで新しいプレゼンテーションファイルが作成される

関連 ≫128 統一感のあるデザインをすべてのスライドに設定するには……P.87

599 インターネット上にあるテーマを使っても大丈夫?

お役立ち度 ★★
2016 / 2013 / 2010 / 2007

マイクロソフト以外にもWebにはPowerPoint用のテンプレートが公開されており、パソコンにダウンロードして使えます。これらは無料で使えるものや有料のもの、会員登録が必要なものなどさまざまですので、Webページに掲載されている規約をよく読んでから利用しましょう。また、使用しているPowerPointのバージョンに対応しているかどうかもしっかりチェックするといいでしょう。

➡テンプレート……P.326

用語集

本書を読む上で、知っておくと役に立つキーワードを用語集にまとめました。なお、この用語集の中で関連するほかの用語がある項目には➡が付いています。併せて読むことで、初めて目にする専門用語でもすぐに理解できます。ぜひご活用ください。

数字・アルファベット

Bing（ビング）
マイクロソフトが提供しているWeb検索サービス。Windows 10ではタスクバーの検索ボックスからBingでの検索を実行できる。PowerPointでは、［挿入］タブにある［オンライン画像］ボタンをクリックして［Bingイメージ検索］を実行でき、入力したキーワードに関連する画像をインターネットから検索できる。ただし、インターネット上にある画像は必ず著作権を確認してから利用する必要がある。
➡タスクバー、タブ

PowerPointでインターネットにある画像を探せる

Microsoft Edge（マイクロソフトエッジ）
マイクロソフトが開発したブラウザーの名称。Windows 10では、Internet Explorerに代わってMicrosoft Edgeが標準のブラウザーになった。

Microsoftアカウント（マイクロソフトアカウント）
マイクロソフトが提供しているさまざまなクラウドサービスを利用できるID。メールアドレスとパスワードの組み合わせで無料で取得できる。Microsoftアカウントがあれば、OneDriveやOutlook.comを利用できる。
➡OneDrive、クラウド

Office 365（オフィス サンロクゴ）
マイクロソフトが提供するサブスクリプション制Officeの総称。毎月一定の料金を支払う月額制のサービスで、常に最新のOfficeをダウンロードして利用できる。2台のWindowsパソコンかMac、2台のスマートフォンかタブレットで利用でき、OneDriveの保存容量も増やせる。
➡OneDrive、ダウンロード

Office.com（オフィスドットコム）
Officeのテンプレートや更新プログラム、サポート情報などを提供がされているWebページ。PowerPointのテンプレートやテーマをダウンロードして利用できる。
➡テーマ、テンプレート、ダウンロード

Officeテーマ（オフィステーマ）
タイトルバーやリボン、ウィンドウなどの色合いのこと。初期設定では［カラフル］が設定されているが、［ファイル］タブの［アカウント］にある［Officeテーマ］から［濃い灰色］や［黒］［白］に変更できる。
➡タイトルバー、タブ、リボン

◆Officeテーマ[濃い灰色]

OneDrive（ワンドライブ）
マイクロソフトが提供しているクラウドサービスの1つ。Microsoftアカウントを取得すると、インターネット上にある5GBの保存場所を無料で利用できる。
➡Microsoftアカウント、クラウド、スライド

インターネット上にスライドを保存したり、共有したりできる

OS（オーエス）
Operating System（オペレーティング システム）の略。ファイルの保存や印刷、周辺機器のコントロールといったパソコンやスマートフォンの土台となる機能を提供するソフトウェアのこと。
　　　　　　　　　　　　　　➡印刷、ソフトウェア

PDF（ピーディーエフ）
アドビシステムズが開発した電子文書をやりとりするためのファイル形式の1つ。パソコンの環境に依存せずにファイルを表示できるのが特徴。

PowerPoint Online（パワーポイント オンライン）
Webブラウザーで利用できる無料のPowerPointのこと。Microsoftアカウントでサインインすれば、Webブラウザー上でスライドの表示や編集が行える。ただし、利用できる機能はPowerPointに比べて制限される。
　　　　　　　　　　　➡Microsoftアカウント、サインイン、スライド

SmartArt（スマートアート）
図解で項目や概念図などの情報を表すときによく使われる、複数の図表を簡単に作成できる機能。　　➡図表

XPS（エックスピーエス）
XML Paper Specificationの略。マイクロソフトが開発した、閲覧用の電子ファイルの形式。スライドをXPS形式で保存すると、PowerPointを持っていない人でもスライドの内容を表示できる。　　　　　　　➡スライド

アート効果
画像の編集機能の1つ。画像を水彩画風やガラス風にワンタッチで加工できる。

アイコン
ファイルやフォルダーなどを表した絵文字のこと。作成したソフトウェアや保存したファイルの種類によって、アイコンの絵柄が異なる。　　　　　　　　　➡ソフトウェア

アウトライン
スライドの文字だけを表示する画面表示モード。ワープロ感覚でキーワードを羅列したり順序を入れ替えたりしながら、プレゼンテーションの構成を練るのに使う。
　　　　　　　　　　　　　➡スライド、プレゼンテーション

［アウトライン表示］モード
［表示］タブの［アウトライン表示］ボタンをクリックしたときに表示されるモード。スライドペインの左側に表示されている領域にスライドの文字だけが表示される。［アウトライン表示］モードを使うと、文字だけに集中してスライドの骨格をじっくり練ることができる。
　　　　　　　　　　➡スライド、スライドペイン、タブ

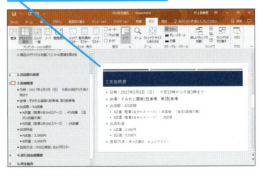

アップグレード
パソコンにインストール済みのソフトウェアを新しいバージョンに入れ替えること。

アップデート
既存のソフトウェアに追加プログラムをインストールして最新の状態にすること。また、更新ファイルをインストールしてOfficeやWindowsを最新の状態にすること。
➡インストール、ソフトウェア

アップロード
Webブラウザーやソフトウェアを介して、パソコンにあるデータをインターネット上に保存すること。
➡ソフトウェア

アニメーション
スライドショーを実行したときに、オブジェクトが動く特殊効果のこと。文字や図表、グラフなどにそれぞれ動きや表示方法を設定できる。➡グラフ、図表、スライドショー

アプリ
「アプリケーション」を短縮した用語。パソコンやスマートフォンで利用できるソフトウェアやプログラムのことを「アプリ」と呼ぶ。PowerPointもアプリの1つ。
➡OneDrive、ソフトウェア

◆Windowsアプリの[天気]

アンインストール
パソコンにインストールしたソフトウェアを、パソコンから削除すること。　　➡インストール、ソフトウェア

インクツール
[校閲]タブの[インクの開始]をクリックしたときに表示されるタブのこと。ペンの種類や色、太さを選んでスライド上をドラッグすると、線や文字を描ける。校閲中に気付いた点を書き込むときに利用する。
➡スライド、タブ、ペン

編集中のスライドに修正指示などをペンで書き込める

印刷
配布資料などを作るためにスライドを紙に出力すること。PowerPointでは、[印刷]の画面で用紙やレイアウトなどの設定を変更すると、右側の印刷イメージに反映される。また、スライドからPDFファイルの作成もできる。
➡PDF、スライド、配布資料

印刷イメージを画面で確認できる

インストール
ソフトウェアをパソコンに組み込むこと。CD-ROMやDVD-ROMのほか、インターネットからダウンロードしたインストールプログラムを実行して組み込みを行う。「セットアップ」とも呼ばれる。　➡ソフトウェア、ダウンロード

埋め込み
コピー元のデータを変更したとき、変更内容を貼り付け先のデータに反映させない方法。[貼り付けのオプション]ボタンで設定ができる。
➡貼り付け、貼り付けのオプション

上書き保存
前回ファイルを保存した場所に、同じ名前でファイルを保存すること。上書き保存を実行すると、前回のファイルが破棄されて最新の内容に更新される。

エクスプローラー
パソコン内のフォルダーやファイルを管理するツール。[エクスプローラー]をクリックすると、フォルダーウィンドウが表示される。パソコンに接続されている機器やフォルダー、ファイルの一覧が表示され、フォルダーやファイルの新規作成や削除・コピー・移動などを簡単に行える。
➡コピー

◆エクスプローラー

エクスポート
PowerPointで作成したスライドをほかのソフトウェアで利用できるファイル形式で保存すること。　➡ソフトウェア

［閲覧表示］モード
タスクバーやタイトルバー、ステータスバーを表示してスライドショーを実行できる表示モード。スライドショーの実行中に、タスクバーを使って別のソフトウェアに切り替えができる。
→ステータスバー、スライドショー、ソフトウェア、タイトルバー、タスクバー

◆［閲覧表示］モード
全画面にせずにスライドショーを実行できる

拡張子
ファイルの種類や作成元のソフトウェアを識別するための「.pptx」や「.xlsx」などの記号のこと。Windowsの標準設定では拡張子が表示されない。　→ソフトウェア

箇条書き
スライド上の「クリックしてテキストを入力」と書かれたプレースホルダーに入力する文字のこと。箇条書きの先頭には「行頭文字」と呼ばれる記号が自動的に付与される。
→行頭文字、スライド、プレースホルダー

行ごとに行頭文字を付けられる

- 日時：2017年3月5日（日）　午前10時から午後3時まで
- 会場：すみれ公園第1駐車場、第2駐車場
- 出店数：63店舗
  - A区画（駐車1台分のスペース）：45店舗　（当日3店舗欠席）
  - B区画（駐車2台分のスペース）：18店舗

画面切り替え効果
スライドショーを実行したときに、スライドが切り替わるタイミングで動く効果のこと。　→スライド、スライドショー

起動
WindowsやPowerPointなどのOSやソフトウェアを使えるように準備すること。　→OS、ソフトウェア

行間
行と行の間隔のこと。PowerPointには、「行間」と「段落前」「段落後」の3つの設定がある。

行頭文字
箇条書きの先頭に表示される記号や文字のこと。行頭文字には「箇条書き」と「段落番号」の2種類がある。
→箇条書き

共有
自分以外のユーザーがフォルダーやファイルを閲覧できるようにすること。OneDriveに保存したフォルダーやファイルは、相手を指定して共有できる。　→OneDrive

［共有］タブ
プレゼンテーションファイルをOneDriveに保存して、第三者とスライドを共有するときに利用する。PowerPoint 2016の画面右上に常時表示されており、クリックすると［共有］作業ウィンドウから共有相手を直接指定できる。
→OneDrive、作業ウィンドウ、スライド、タブ

編集中のスライドをほかのユーザーと共有したり、共有の状態を確認したりできる

クイックアクセスツールバー
画面の一番左上に表示されているバーのこと。よく使う機能を登録しておくと、ボタンをクリックするだけで目的の機能を素早く実行できる。

◆クイックアクセスツールバー
よく使う機能を素早く実行できる

クラウド
データをインターネット上に保存して利用する仕組みのこと。また、そのサービスや形態のこと。マイクロソフトは、OneDriveやOutlook.comなどのサービスを提供しており、Microsoftアカウントを取得すると無料で利用できる。
→Microsoftアカウント、OneDrive

グラフ
構成比や伸び率、推移などの数値の大きさや増減などの情報を棒や線などの図形を使って視覚的に見せるもの。細かな数値を羅列するよりも全体的な数値の傾向を把握しやすくなる。

棒グラフのほかに円グラフや折れ線グラフなどの種類がある

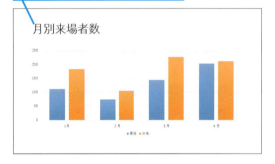

系列
グラフを構成する要素の中で、凡例に表示される関連データの集まりのこと。例えば棒グラフでは、1本1本の棒が系列を表す。　　　　　　　　　　➡グラフ

互換性
異なるソフトウェアや異なるバージョン間で、データを利用できることを「互換性がある」という。PowerPoint 2016で、PowerPoint 2003以前のバージョンで作成したスライドを開くと、タイトルバーに［互換モード］と表示される。　　　　　➡スライド、ソフトウェア、タイトルバー

コピー
選択した文字や図形などをクリップボードという特別な領域に保管する操作のこと。コピーを実行した後に貼り付けの操作を行うと、文字や図形を複製できる。
　　　　　　　　　　　　　　　➡図形、貼り付け

コンテキストタブ
画像や図形、グラフなどをクリックしたときに自動的に表示されるタブのこと。例えば、図形をクリックすると［描画ツール］の［書式］タブが表示される。
　　　　　　　　　　　　　➡グラフ、図形、タブ

スライド上で選択したものに対して専用のタブが表示される

サインアウト
パソコンや特定のサービスにサインインした状態を解除すること。サインアウトすると、サインインした状態で利用できるサービスが使えなくなる。「ログオフ」ともいう。
　　　　　　　　　　　　　　　　　　➡サインイン

サインイン
インターネット上のサービスを利用するために行う個人認証のこと。Microsoftアカウントでサインインすると、OneDriveなどのサービスを利用できる。
　　　　　　　　　　　➡Microsoftアカウント、OneDrive

Microsoftアカウントではメールのほかに、電話番号やSkype名でもサインインができる

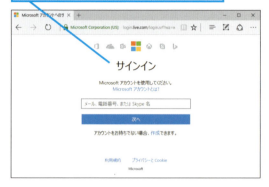

サウンド
スライドに挿入できる音楽ファイルのこと。自分で用意したサウンドや、インターネットなどから入手できる著作権フリーのサウンドをスライドに挿入できる。　➡スライド

作業ウィンドウ
スライドペインの右側に表示されるウィンドウのこと。PowerPointには、図の書式設定やアニメーションの動作を設定する作業ウィンドウが用意されている。
　　　　　　➡アニメーション、書式設定、スライドペイン

図の書式やアニメーションの動作などを専用のウィンドウで設定できる

終了
操作中のソフトウェアを正しく終わらせること。
　　　　　　　　　　　　　　　　　　➡ソフトウェア

ショートカットキー
特定の機能を実行するために用意されているキーの組み合わせのこと。例えば、PowerPointでは、[Ctrl]+[S]キーを押すとスライドの保存を実行できる。　➡スライド

書式
文字の「色」や「大きさ」、図の「色」や「位置」など見ためを変えるためのさまざまな設定のこと。

書式設定
文字のサイズやフォント、図形の色や配置などの見ためを設定すること。　　　　　　　　　　　　　➡図形、フォント

ズームスライダー
画面の表示倍率を調整するつまみのこと。左右にドラッグすることで、画面表示の拡大と縮小が実行できる。
　　　　　　　　　　　　　　　　　　　　➡スライド

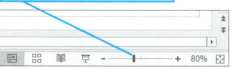

スクリーン
スライドショーの実行中に、画面を黒い色や白い色に一時的に切り替える機能。画面以外に注目してもらうときに使う。黒や白の画面にした後は、画面をクリックするか任意のキーを押せば、スライドが表示される。
　　　　　　　　　　　　　➡スライド、スライドショー

スクリーンショット
ほかのソフトウェアやWebページなど、パソコンに表示している画面を撮影してスライドに挿入できる機能。
　　　　　　　　　➡スライド、ソフトウェア、貼り付け

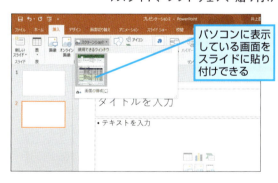

スクロールバー
画面を上下左右に移動するために使う画面の右端や下端に表示されるバーのこと。▲や▼をクリックすると1段階ずつ移動できる。スクロールバー内のバーをドラッグすると、ドラッグしただけ表示位置を移動できる。

図形
［挿入］タブの［図形］ボタンをクリックして描く四角形や吹き出しなどの図形のこと。図形の種類を選んでスライド上をドラッグすると、図形を描画できる。
　　　　　　　　　　　　　　　　　➡スライド、タブ

スタート画面
PowerPointを起動した直後に表示される画面のこと。［新しいプレゼンテーション］をクリックすればスライドを新規作成できる。テーマが設定されたスライドやテンプレートも開けるのが特徴。なお、Windows 10の［スタート］メニュー内にある、アプリのタイルが表示されている領域やWindows 8.1でタイルが表示されている画面も「スタート画面」と呼ぶ。
　　　　➡アプリ、起動、スライド、テーマ、テンプレート

◆PowerPointのスタート画面

スタイル
図形や表、画像などの書式を登録し、クリックするだけで複数の書式を設定できるようにした機能。例えば［表のスタイル］には、セルの色や罫線の組み合わせパターンが複数用意されている。　　　　　　　　　➡書式、図形、表

ステータスバー
PowerPointのウィンドウ最下部にある情報表示用の領域。スライド全体のページ数や現在表示しているページなど、現在の作業状態が表示される。　　　　　　　　➡スライド

図表
組織図やベン図など、物事の概念や順序などを図形と文字で表したもの。PowerPointでは「Smart Art」の機能を使って図表を作成できる。　　　　　　　➡SmartArt、図形

スポイト

図形などを塗りつぶすときに使う機能の1つ。スライドをクリックすると、クリックした位置の色で塗りつぶしができる。
→図形、スライド

◆スポイト
画像などから塗りつぶしの色を指定できる

スライド

PowerPointで作成する、プレゼンテーションのそれぞれのページのこと。
→プレゼンテーション

［スライド一覧表示］モード

スライドの表示モードの1つ。1つの画面に複数のスライドを縮小表示できる。全体の構成を見ながら、スライドの順番を入れ替えるときなどに利用する。
→スライド

◆［スライド一覧表示］モード
スライド全体を確認しながらスライドの順番や枚数を検討できる

スライドショー

スライドをパソコン画面やプロジェクターに大きく表示し、説明に合わせてスライドを切り替えることができる表示モード。プレゼンテーションの本番で使う。PowerPointでは、リハーサルの機能でスライドショーの経過時間や発表時間を確認できる。
→プレゼンテーション、リハーサル

［スライドショー］ツールバー

スライドショーの実行中に画面左下に表示されるバーのこと。スライドの切り替えやペンのメニューを表示できる。発表者ビューでも表示される。
→スライド、スライドショー、ペン

◆［スライドショー］ツールバー
スライドショーの実行中にマウスをドラッグすると表示される

［スライドショー］モード

スライドの表示モードの1つ。画面いっぱいにスライドを表示し、本番のプレゼンテーションのように次々にスライドを表示できる。アニメーションや画面切り替え効果を確認するときに利用する。
→アニメーション、画面切り替え効果、スライド、プレゼンテーション

スライド番号

スライドに表示されるスライドの順番を表す番号のこと。スライド番号は、スライドを追加したり削除したりしても自動で更新される。
→スライド

スライドペイン

［標準表示］モードで中央に表示される領域。スライドを大きく表示して編集ができる。
→スライド、［標準表示］モード

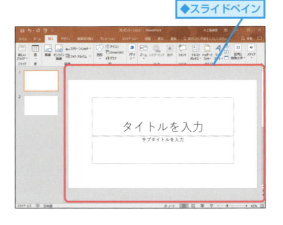

◆スライドペイン

スライドマスター
フォントの種類、サイズ、色などの文字書式や背景色、箇条書きのスタイルなど、スライドのすべての書式を管理している画面のこと。レイアウトごとにスライドマスターが用意されている。
　　➡箇条書き、書式、スライド、フォント、レイアウト

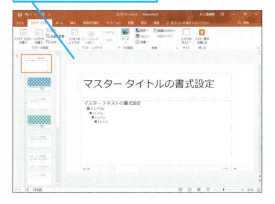

操作アシスト
PowerPoint 2016で利用できる操作補助機能。［実行したい作業を入力してください］（タブの状態によっては［操作アシスト］）と表示されている部分に操作に関するキーワードを入力すると、関連する機能が一覧表示され、クリックするだけで実行できる。使いたい機能がどのタブにあるか迷ったときに便利。　　　　　　　　　　　➡タブ

ソフトウェア
プレゼンテーションのスライドを作る、文書を作る、表やグラフを作るなど、何らかの目的を達成するために作られたプログラム（アプリケーションソフト／アプリ）のこと。
　　➡アプリ、グラフ、スライド、表、プレゼンテーション

ダイアログボックス
ファイルの保存や画像の挿入などの詳細設定を行う専用の画面のこと。選択している機能によって画面に表示される項目は異なる。

タイトルスライド
スライドの見出しとサブタイトルの文字が入力できるプレースホルダーが配置されたスライドのこと。プレゼンテーションで最初に表示するスライドとして利用する。
　　➡スライド、プレースホルダー、プレゼンテーション

タイトルバー
ウィンドウの最上部に表示される領域のこと。ファイル名やソフトウェアの名前が表示される。　　➡ソフトウェア

タイル
Windows 10やWindows 8.1のスタート画面にあるソフトウェア（アプリ）やファイルなどが登録された四角形のアイコン。タイルをクリックすると、ソフトウェアを起動できる。　➡アイコン、アプリ、スタート画面、ソフトウェア

ダウンロード
インターネット上のソフトウェアやデータをWebブラウザーなどを介してパソコンに保存すること。
　　　　　　　　　　　　　　　　　　　➡ソフトウェア

タスクバー
デスクトップの下部に表示されるバーのこと。［エクスプローラー］や起動中のソフトウェアがボタンとして表示され、ボタンをクリックしてウィンドウを切り替えできる。
　　➡エクスプローラー、起動、ソフトウェア、デスクトップ

タッチモード
PowerPointで利用できる、指先で操作するのに適した画面表示のこと。［タッチ/マウスモードの切り替え］ボタンをクリックして［タッチ］を選択すると、リボン内の項目やボタンの間が広がり、指でタップしやすくなる。
　　　　　　　　　　　　　　　　　　　　　　➡リボン

タブ
リボンの上部にある切り替え用のつまみのこと。［ファイル］タブや［ホーム］タブなど、よく利用する機能がタブごとに分類されている。特定の機能を選択すると、［スライドマスター］タブなどの通常は表示されないコンテキストタブが表示される。　　　　　➡コンテキストタブ、リボン

データラベル
グラフに表示できる値や割合などを示す数値のこと。例えば、円グラフでは、全体から見た各データの割合を表すパーセンテージの数値を表示できる。　➡グラフ

グラフの分類や値、パーセンテージなどを表示できる

テーマ
スライド全体のデザインや配色、書式がセットになって登録されているもの。　➡書式、スライド、配色

テキストボックス
スライド上の好きな位置に配置できる、文字を入力するための図形のこと。横書き用と縦書き用のテキストボックスがある。テキストボックスの回転ハンドルをドラッグすれば、テキストボックスを回転できる。
➡スライド、ハンドル

デスクトップ
Windows 10を起動したときに表示される画面のこと。PowerPointを終了すると、デスクトップに戻る。
➡起動、終了

テンプレート
スライドのデザインや配色、文字の書式がセットになっているデザインのひな形のこと。PowerPointのスタート画面や［新規］の画面からテンプレートを開ける。スライドをテンプレートとして保存することもできる。
➡書式、スタート画面、スライド、配色

複数の書式がセットになっているデザインをスライドに適用できる

ドキュメント検査
スライドに入力したコメントやノート、プレゼンテーションファイルの作成日や作成者などの個人情報の有無を調べる機能。また、それらを削除する機能。　➡スライド

トリミング
写真の不要な部分を切り取って非表示にする機能。ビデオやサウンドの前後を削除する機能もトリミングという。
➡サウンド、ビデオ

名前を付けて保存
作成したスライドの保存場所や名前を設定して保存する操作のこと。　➡スライド

［ノート表示］モード
ノートペインを大きく表示できる表示モード。［ノート表示］モードでは、文字に書式を設定したり図形を挿入したりすることができる。　➡書式、図形、ノートペイン

◆［ノート表示］モード
発表者用のメモとなる補足情報を入力・編集するときに利用する

ノートペイン
［標準表示］モードのとき、ステータスバーにある［ノート］ボタンをクリックするとスライドペインの下に表示される領域。各スライドに対応した発表者用のメモを入力しておくと、スライドと一緒に印刷できる。
➡印刷、ステータスバー、スライド、スライドペイン、［標準表示］モード

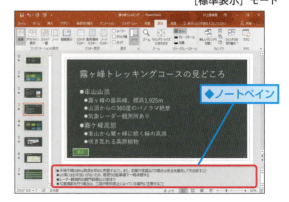

◆ノートペイン

配色
テーマを構成している色の組み合わせのこと。　　➡テーマ

配置ガイド
PowerPoint 2016/2013で図形や画像などの位置や大きさをそろえるときに表示される線。図形や画像などをドラッグすると自動的に表示され、位置や大きさの目安となる。
➡図形

ハイパーリンク
スライド上にある文字や図形などをクリックすると、別のスライドや別のソフトウェアに自動的に切り替わる仕組みのこと。　　➡図形、スライド、ソフトウェア

配布資料
スライドの内容を印刷して配布できるようにしたもの。印刷レイアウトを変更するだけで、1枚の用紙に複数のスライドやメモ書きができる罫線などを印刷できる。
➡印刷、スライド

配布資料の機能を使うと、Wordの新規ドキュメントに印刷用のレイアウトを作成できる

発表者ツール
スライドショーの実行時に発表者ビューで利用できる機能の総称。ノートペインに入力したメモの内容や次のスライドの内容、経過時間などを確認しながら説明できる。
➡スライド、スライドショー、ノートペイン、プレゼンテーション

次のスライドやノートの内容を確認しながらプレゼンテーションができる

バリエーション
[テーマ]ごとに用意されている背景の模様や配色のパターンのこと。配色だけを変更するときは、[バリエーション]の[その他]ボタンをクリックして配色を選ぶ。
➡テーマ、配色

貼り付け
クリップボードに保管されている内容を別の場所に複製する操作。コピーや切り取りと組み合わせて使う。
➡コピー

貼り付けのオプション
[ホーム]タブにある[貼り付け]ボタンの下側をクリックしたときや、文字や図形などの貼り付けを実行した後に表示されるボタン。コピーした情報をどの形式で貼り付けるかを指定する。設定項目にマウスポインターを合わせると、貼り付け後のイメージを確認できる。
➡図形、タブ、貼り付け、マウスポインター

◆貼り付けのオプション

マウスポインターを合わせると、一時的に設定結果を確認できる

ハンドル
オブジェクトを選択すると表示される、調整用のつまみのこと。ハンドルには[サイズ変更ハンドル]や[回転ハンドル]などがある。画像や表、プレースホルダー、テキストボックスのハンドルにマウスポインターを合わせるとマウスポインターの形が変わり、その状態で目的のハンドルをマウスでドラッグすると、サイズの変更や回転、変形などができる。
➡テキストボックス、表、プレースホルダー、マウスポインター

◆回転ハンドル
ここをドラッグするとオブジェクトを回転できる

◆サイズ変更ハンドル
サイズを自由に変更できる

ビデオ
ビデオカメラや携帯電話などで撮影した動画のこと。スライドに動画を挿入すると、スライドショーで動画を再生できる。　　➡スライド、スライドショー

非表示スライド
スライドショーの実行時に、特定のスライドを非表示にする機能。スライドそのものは削除されない。
➡スライド、スライドショー

表
縦と横の罫線でデータを区切って見せるもの。［挿入］タブの［表］ボタンから行数と列数を指定して表を作成できる。なお、PowerPointの表ではExcelのような計算はできない。
➡タブ

［標準表示］モード
スライドの表示モードの1つ。スライドが中央に表示され、スライドの左側にはスライドの縮小表示の一覧が表示される。ステータスバーにある［ノート］ボタンをクリックすると、スライドの下側にノートペインが表示される。
➡ステータスバー、スライド、ノートペイン

フォトアルバム
パソコンに保存済みの画像をスライドに配置してアルバムを作る機能。
➡スライド

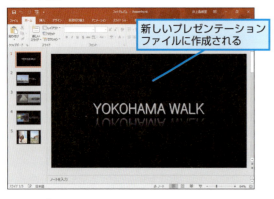

フォント
文字の形のこと。ゴシック体や明朝体などの文字の形から任意の形に変更できる。また、文字を総称して「フォント」と呼ぶこともある。

フッター
配布資料やスライドの下の方に表示される領域のこと。ページ番号や日付などの情報を入力すると、すべてのスライドの同じ位置に同じ情報が表示される。
➡スライド、配布資料

プレースホルダー
スライドにさまざまなデータを入力するための枠のこと。文字を入力するためのプレースホルダーや、表、グラフを入力するためのプレースホルダーがある。文字を入力するプレースホルダーの中にカーソルがあるときは、枠線が点線で表示される。
➡グラフ、スライド、表

プレゼンテーション
限られた時間内で、聞き手に何かを伝えたり、聞き手を説得したりするために行う行為。PowerPointを利用すれば、プレゼンテーション用の資料を簡単に作成できる。

プレゼンテーションパック
スライドショーを実行するのに必要なスライド、フォント、サウンド、リンクしたファイルなどを1つのファイルにまとめる機能。
➡サウンド、スライド、フォント

ヘッダー
配布資料やスライドの上の方に表示される領域のこと。ヘッダーを利用すれば、すべてのスライドの同じ位置に会社名や作成者の情報を表示できる。
➡スライド、配布資料

ペン
スライドショーの実行中に、マウスをドラッグしてスライドに書き込みをする機能のこと。［ペン］と［蛍光ペン］の2種類が用意されている。
➡スライド

マウスポインター
マウスを動かしたときに連動して画面に表示される目印のこと。ソフトウェアや合わせる位置によってマウスポインターの形が変化する。
➡ソフトウェア

元に戻す
最後に行った操作を取り消して、操作をする前の状態に戻すこと。

ライセンス認証
Office製品を使い始める前に、正規ユーザーであることを登録するために行う手続きのこと。インターネット経由で手続きができる。

リアルタイムプレビュー
テーマや文字、画像の書式が表示された一覧にマウスポインターを合わせるだけで選択結果のイメージを画面に反映する仕組みのこと。　　➡書式、テーマ、マウスポインター

一覧にマウスポインターを合わせるだけで設定後の状態を確認できる

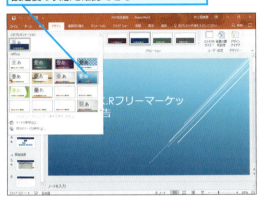

リハーサル
プレゼンテーションの練習に使う機能。リハーサルを実行すると、経過時間や所要時間を確認しながらスライドショーを実行できる。
　　➡スライドショー、プレゼンテーション

リボン
OfficeやWindows 10のフォルダーウィンドウに用意されているメニュー項目。利用できる一連の機能が目的別のタブに分類されて登録されている。　　➡タブ

◆タブ　◆リボン

ルーラー
スライドペインの上側と左側に表示される目盛りのこと。［表示］タブの［ルーラー］のチェックマークをクリックするたびに、ルーラーの表示と非表示が交互に切り替わる。
　　➡スライドペイン、タブ

レーザーポインター
スライドショーの実行中に、マウスポインターの形を変えて、スライドの内容を指し示せる機能のこと。ペンのような書き込みはできない。
　　➡スライド、スライドショー、ペン、マウスポインター

レイアウト
PowerPointでスライドに配置されているプレースホルダーの組み合わせのパターンのこと。11種類のレイアウトが用意されている。　　➡スライド、プレースホルダー

よく使うレイアウトを一覧から選択できる

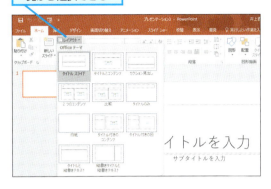

レベル
見出しや項目に設定できる上下関係のこと。最大9段階まで設定できる。

レベルごとに文字の大きさや位置が異なる

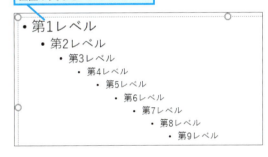

ワードアート
入力した文字にデザインを適用して、立体的なロゴのような装飾を設定できる機能のこと。また、この機能で作成した文字のことも「ワードアート」と呼ぶ。

◆ワードアート
影や縁取りの装飾、立体的な効果などを文字に設定できる

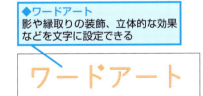

索引

アルファベット

Bing	163, 318
Internet Explorer	257
Microsoft Edge	257, 318
Microsoftアカウント	256, 318
Office	
サインイン	35
新機能	31
設定	41
ライセンス	31
Office 365	31, 318
Office Online	256
Office.com	318
Officeテーマ	318
Officeトレーニングセンター	309
OneDrive	256, 271, 272, 318
アップロード	258
共有	261, 263
サインイン	257
ダウンロード	264
OS	319
Outlook.com	256
PDF	284, 319
PowerPoint	
PowerPointのオプション	38
PowerPointのバージョン情報	310
アップグレード	31
アンインストール	311
起動	32
表示モード	41
PowerPoint Online	265, 319
PowerPointで開く	265
コメント	266
スライドショー	267
SmartArt	129, 319
色の変更	132
サイズ	135
デザイン	131
レベル	134
XPS	284, 319

ア

アート効果	171, 319
アイコン	188, 319
アウトライン	69, 319
アウトラインからスライド	300, 302
移動	71

改行	70
レベル	70
［アウトライン表示］モード	319
アップグレード	31, 319
アップデート	34, 320
アップロード	258, 320
アニメーション	197, 320
アニメーションウィンドウ	199
箇条書き	204
グラフ	216
継続時間	201
効果	198
効果のオプション	218
サウンド	209
順序	199
図表	209
タイミング	201
表	215, 216
アプリ	320
アンインストール	311, 320
インクツール	268, 320
蛍光ペン	269
消しゴム	270
ペン	268
印刷	240, 320
アウトライン	250
クイック印刷	247
グレースケール	243
コメント	245
スライドサイズ	241
ノート	251
配布資料	248
非表示スライド	245
フッター	252
ページ番号	253
インストール	320
埋め込み	320
上書き保存	38, 277, 282, 320
エクスプローラー	257, 320
エクスポート	222, 320
［閲覧表示］モード	321

カ

ガイド	126
拡張子	321
箇条書き	63, 321
開始位置	68

330 できる ● 索引

行頭文字	63
タブ	66
ルーラー	66, 68
レベル	63, 64
画像	
アート効果	171
色の変更	170
角度	168
サイズ	166, 167
修整	170
スクリーンショット	162
図のスタイル	174
図の変更	175
図のレイアウト	175
スポイト	176
透明度	172
トリミング	169
画面切り替え	192, 321
解除	194
期間	195
効果のオプション	196
サウンド	193
キーヒント	38
起動	32, 321
行間	67, 321
行頭文字	63, 321
サイズ	66
変更	65
連番	64
共有	262, 263, 321
［共有］タブ	321
クイックアクセスツールバー	38, 321
上書き保存	38, 282
その他のコマンド	39
リボンの下に表示	313
クラウド	256, 321
グラフ	149, 322
グラフスタイル	150
グラフタイトル	150
系列	150
軸の書式設定	156
データテーブル	158
データの編集	152
データラベル	155
表示単位	157
要素	150
クリエイティブコモンズライセンス	164
グリッド線	128
系列	150, 322
校閲	268
インク	268
コメント	270

互換性	283, 322
コピー	58, 322
コピーライト	164
コンテキストタブ	43, 322

サ

サインアウト	322
サインイン	35, 257, 322
サウンド	182, 209, 322
アイコン	188
再生	188
動作設定ボタン	191
ファイル形式	189
作業ウィンドウ	322
サポートオンライン	309
終了	35, 322
ショートカットアイコン	33
ショートカットキー	45, 322
書式	100, 323
書式設定	323
ズームスライダー	37, 253, 323
スクリーン	238, 323
スクリーンショット	162, 323
スクロールバー	323
図形	106, 323
色	108
画像	125
グラデーション	111, 112
グループ化	124
グループ解除	115
結合	118
スタイル	109
整列	117
透明度	112
非表示	120
変更	107
文字	109
スタート画面	32, 321, 323
［スタート］ボタン	32
スタイル	109, 323
ステータスバー	323
表示モード	41
図表	209, 323
スポイト	120, 324
スマートガイド	127
スマート検索	40
スライド	52, 324
移動	55
サイズ	84
タイトルスライド	52
縦方向	85
テーマ	87

索引 ● できる **331**

テクスチャ	90
並べて表示	37
レイアウト	54
［スライド一覧表示］モード	324
スライドショー	324
インク注釈	239
拡大	235
消しゴム	237
ショートカットキー	228, 235
スライドショー形式	224
［スライドショー］ツールバー	234
タスクバー	238
中断	232
動作設定ボタン	226
ノートペイン	224
ハイパーリンク	220, 225, 227
発表者ツール	231
非表示スライド	229
プレゼンテーションパック	222
リハーサル	221
［スライドショー］ツールバー	234, 324
［スライドショー］モード	324
スライド番号	99, 324
書式	100
スライド開始番号	100
非表示	99
スライドペイン	37, 324
スライドマスター	95, 325
削除	95, 98
テーマ	97
レイアウト	96
セクション	56
操作アシスト	31, 325
ヘルプ	310
ソフトウェア	325

タ

ダイアログボックス	325
ダイアログボックス起動ツール	43
タイトルスライド	52, 325
タイトルバー	277, 325
タイル	33, 325
ダウンロード	325
タスクバー	34, 325
タッチキーボード	49
タッチパネル	46
表示倍率	47
タッチモード	48, 325
タブ	325
段落	67
データラベル	155, 326

テーマ	87, 326
Officeテーマ	91
既定のテーマとして設定	94
削除	98
スライドマスター	89
配色	88, 92
バリエーション	88
テキストボックス	326
デスクトップ	33, 326
テンプレート	53, 315, 326
開く	316
保存	316
レイアウト	315
動画	
YouTube	184
画面録画	186
サウンド	182
全画面表示	180
動作設定ボタン	181
ビデオのトリミング	182
ファイル形式	179
ドキュメント検査	255, 326
トリミング	79, 224, 326

ナ

名前を付けて保存	326
ナレーション	190
［ノート表示］モード	326
ノートペイン	326

ハ

配色	88, 92, 327
配置ガイド	327
ハイパーリンク	220, 225, 227, 327
配布資料	248, 327
Microsoft Wordに送る	250
配布資料マスター	254
メモ欄	249
発表者ツール	231, 327
バリエーション	88, 327
貼り付け	58, 327
貼り付けのオプション	58, 327
ハンドル	113, 327
ビデオ	178, 327
非表示スライド	229, 327
表	136, 328
行	137, 138
グラフエリア	298
形式を選択して貼り付け	298
罫線	146
スタイル	141
セルの結合	143

332 できる ● 索引

セルの分割		144
選択		142
挿入		137
縦書き		146
テーマ		295
デザイン		295
幅を揃える		139
リンク貼り付け		297, 298
列		137, 138

[標準表示] モード————328

ファイル

PDF形式	284
アプリケーションの自動修復	280
書き込みパスワード	286
互換性	283
コピーとして開く	277
最終版	290
自動保存	288, 312
情報	289
スライドショー形式	280
スライドの再利用	291, 292
ドキュメント検査	290
パスワード	278
ファイルにフォントを埋め込む	288
ファイルの種類	115, 283
プレゼンテーションの管理	312
読み取りパスワード	285
履歴	276
リンクを更新	299

フォトアルバム————161, 328

写真のレイアウト	162

フォント————75, 328

フッター————99, 328

スライド番号	99
日付	101
ページ番号	100
ヘッダー	102

プレースホルダー————328

サイズ	82
再表示	86

プレゼンテーション————328

プレゼンテーションパック————222, 328

CD-R	223, 289
USBメモリー	223
エクスポート	222

ペイン————36

スライドペイン	37
非表示	36

ヘッダー————102, 328

ペン————328

ポップヒント————39

マ

マウスポインター————328

マクロ————305

Visual Basic Editor	306
[開発] タブ	305
クイックアクセスツールバー	308
コンテンツの有効化	306
実行	308
保存	307

ミニツールバー————39

文字

オートコレクト	58
サイズ	72
スペルチェック	61
スライドマスター	74
選択	73
縦書き	78
置換	77
特殊文字	59
ノートペイン	79
ハイパーリンク	80
貼り付けのオプション	58
フォントの色	79
フォントのカスタマイズ	76
フォントの置換	77
文字飾り	75
文字種の変換	59

元に戻す————38, 328

ラ

ライセンス認証————31, 329

リアルタイムプレビュー————40, 329

リハーサル————221, 329

リボン————42, 329

キーヒント	38
コンテキストタブ	43
操作アシスト	44
ダイアログボックス起動ツール	43
表示モード	41
リボンの表示オプション	42

ルーラー————37, 329

レーザーポインター————329

レイアウト————96, 315, 329

作成	83

レベル————134, 329

ワ

ワードアート————103, 329

色	104
変換	105
変形	103

索引 ● できる **333**

本書を読み終えた方へ
できるシリーズのご案内

できるPowerPoint 2016
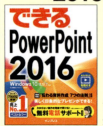

Windows 10/8.1/7対応

井上香緒里
&できるシリーズ編集部
定価：本体1,140円＋税

スライド作成の基本を完全マスター。発表時や資料配布時のテクニックもよく分かる。完璧なプレゼンテーションができる！

できるWindows 10 パーフェクトブック 困った！＆便利ワザ大全

広野忠敏
&できるシリーズ編集部
定価：本体1,480円＋税

Windows 10の基本操作や活用テクニック、トラブル解決の方法を大ボリュームで解説。手元におきたい安心の1冊！

できるWord&Excel パーフェクトブック 困った！＆便利ワザ大全

井上香緒里・
きたみあきこ
&できるシリーズ編集部
定価：本体1,850円＋税

文書作成アプリ「Word」、表計算アプリ「Excel」の2大ソフトを使いこなすワザが満載。必要なスキルがまとめて身に付く。

読者アンケートにご協力ください！

http://book.impress.co.jp/books/1116101084

ご意見・ご感想をお聞かせください！

「できるシリーズ」では皆さまのご意見、ご感想を今後の企画に生かしていきたいと考えています。
お手数ですが以下の方法で読者アンケートにご協力ください。
ご協力いただいた方には抽選で毎月プレゼントをお送りします！

※プレゼントの内容については「CLUB Impress」のWebサイト（http://book.impress.co.jp/）をご確認ください。

❶URLを入力して Enter キーを押す
❷[アンケートに答える]をクリック

※Webサイトのデザインやレイアウトは変更になる場合があります。

◆会員登録がお済みの方
会員IDと会員パスワードを入力して、[ログインする]をクリックする

◆会員登録をされていない方
[こちら]をクリックして会員規約に同意してからメールアドレスや希望のパスワードを入力し、登録確認メールのURLをクリックする

■著者
井上香緒里（いのうえ かおり）

東京都生まれ、神奈川県在住。テクニカルライター。
SOHOのテクニカルライターチーム「チーム・モーション」を立ち上げ、IT書籍や雑誌の執筆、Webコンテンツの執筆を中心に活動中。また、都内の短大で「情報処理」の非常勤講師を担当。「サンデー毎日」（毎日新聞出版）にて毎月1回「デジLIFE」を連載中。近著に『できるPowerPoint 2016 Windows 10/8.1/7対応』『できるゼロからはじめるワード超入門 Word 2016対応』『できるWord&Excel&PowerPoint 2016 Windows 10/8.1/7対応』（以上、インプレス）などがある。

●チーム・モーション　ホームページ
http://www.team-motion.com/

STAFF

シリーズロゴデザイン	山岡デザイン事務所<yamaoka@mail.yama.co.jp>
カバーデザイン	株式会社ドリームデザイン
本文イラスト	松原ふみこ
DTP制作	町田有美・田中麻衣子
編集協力	高木大地
	進藤　寛・岡田水希
デザイン制作室	今津幸弘<imazu@impress.co.jp>
	鈴木　薫<suzu-kao@impress.co.jp>
制作担当デスク	柏倉真理子<kasiwa-m@impress.co.jp>
編集	荻上　徹<ogiue@impress.co.jp>
編集長	大塚雷太<raita@impress.co.jp>

本書は、PowerPoint 2016/2013/2010/2007を使ったパソコンの操作方法について2016年12月時点での情報を掲載しています。紹介しているハードウェアやソフトウェア、サービスの使用法は用途の一例であり、すべての製品やサービスが本書の手順と同様に動作することを保証するものではありません。
本書の内容に関するご質問は、書名・ISBN・お名前・電話番号と、該当するページや具体的な質問内容、お使いの動作環境などを明記のうえ、インプレスカスタマーセンターまでメールまたは封書にてお問い合わせください。電話やFAX等でのご質問には対応しておりません。なお、本書発行後に仕様が変更されたハードウェア、ソフトウェア、インターネット上のサービスの内容等に関するご質問にはお答えできない場合があります。また、以下のご質問にはお答えできませんのでご了承ください。
・書籍に掲載している手順以外のご質問
・ハードウェアやソフトウェアの不具合に関するご質問
・インターネット上のサービス内容に関するご質問
本書の利用によって生じる直接的または間接的被害について、著者ならびに弊社では一切の責任を負いかねます。あらかじめご了承ください。

●落丁・乱丁本はお手数ですがインプレスカスタマーセンターまでお送りください。送料弊社負担にてお取り替えさせていただきます。但し、古書店で購入されたものについてはお取り替えできません。

■読者の窓口
インプレスカスタマーセンター
〒101-0051　東京都千代田区神田神保町一丁目105番地
TEL　03-6837-5016　／　FAX　03-6837-5023
info@impress.co.jp

■書店／販売店のご注文窓口
株式会社インプレス 受注センター
TEL　048-449-8040
FAX　048-449-8041

できるPowerPoint パーフェクトブック
困った! & 便利ワザ大全 2016/2013/2010/2007 対応

2017年2月1日　初版発行

著　者　井上香緒里&できるシリーズ編集部

発行人　土田米一

編集人　高橋隆志

発行所　株式会社インプレス
　　　　〒101-0051　東京都千代田区神田神保町一丁目105番地
　　　　TEL　03-6837-4635 (出版営業統括部)
　　　　ホームページ　http://book.impress.co.jp/

本書は著作権法上の保護を受けています。本書の一部あるいは全部について (ソフトウェア及びプログラムを含む)、株式会社インプレスジャパンから文書による許諾を得ずに、いかなる方法においても無断で複写、複製することは禁じられています。

Copyright © 2017 Kaori Inoue and Impress Corporation. All rights reserved.

印刷所　株式会社廣済堂
ISBN978-4-295-00044-0　C3055
Printed in Japan